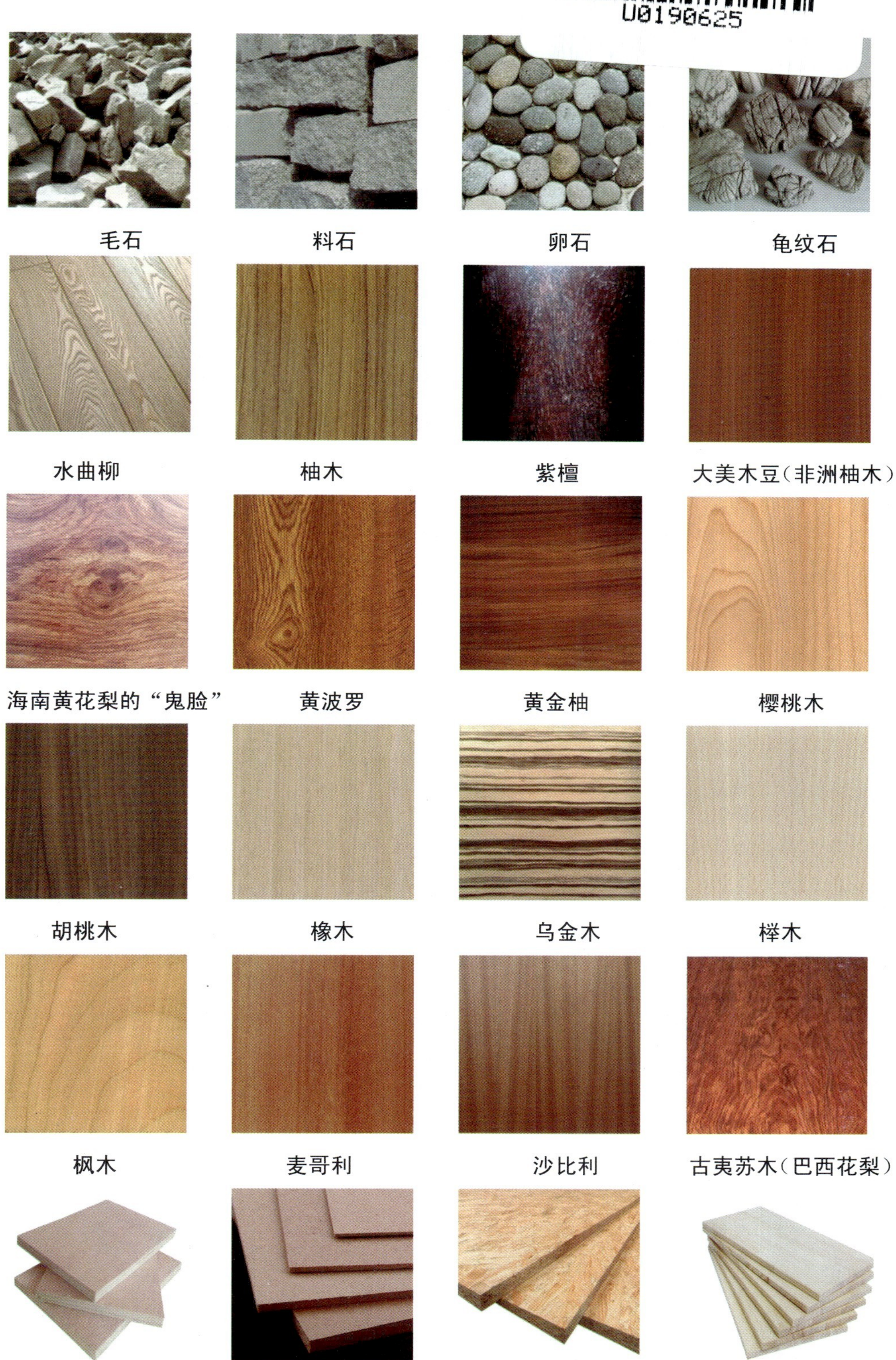

毛石 料石 卵石 龟纹石

水曲柳 柚木 紫檀 大美木豆（非洲柚木）

海南黄花梨的“鬼脸” 黄波罗 黄金柚 樱桃木

胡桃木 橡木 乌金木 榉木

枫木 麦哥利 沙比利 古夷苏木（巴西花梨）

胶合板 密度板 刨花板 实木板

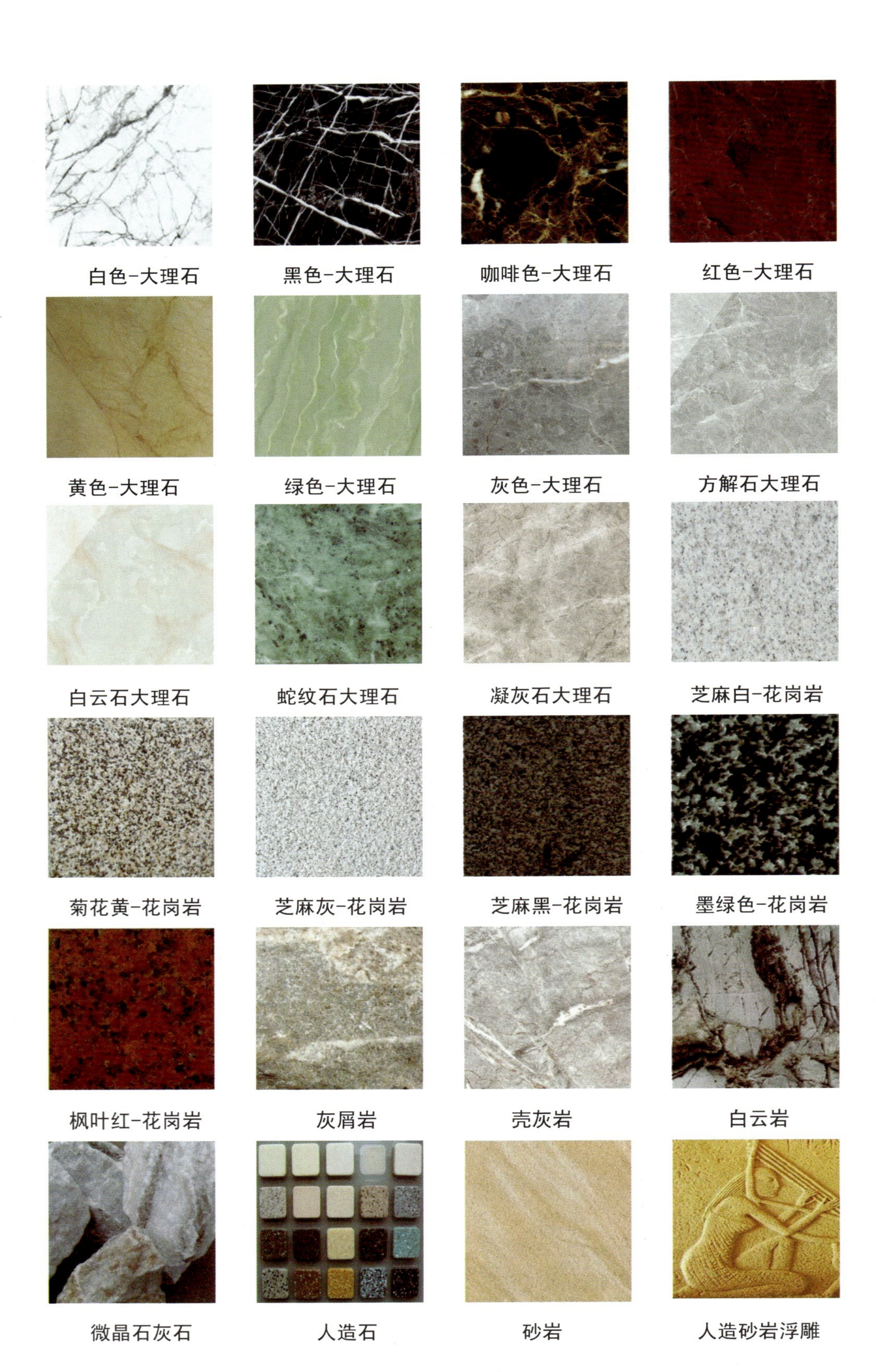
白色-大理石
黑色-大理石
咖啡色-大理石
红色-大理石
黄色-大理石
绿色-大理石
灰色-大理石
方解石大理石
白云石大理石
蛇纹石大理石
凝灰石大理石
芝麻白-花岗岩
菊花黄-花岗岩
芝麻灰-花岗岩
芝麻黑-花岗岩
墨绿色-花岗岩
枫叶红-花岗岩
灰屑岩
壳灰岩
白云岩
微晶石灰石
人造石
砂岩
人造砂岩浮雕

浮法玻璃

彩色加胶玻璃

玻璃砖

夹丝玻璃

彩色乳胶漆

彩色胶砂涂料

多彩漆

环氧地坪漆

多彩沥青

马赛克

砖

通体砖

陶瓷壁画

防火板

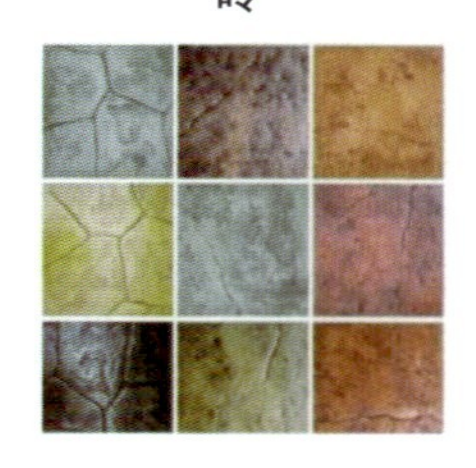

彩色压膜混凝土

透光水泥

光导纤维灯

米字型阳光板

耐力板

橡胶地垫

竹材编织图案

竹材游廊

张拉膜结构

金属小品

金属板

铸铁井盖

仿木纹铝合金凉亭

GRC小品

GRC景观墙

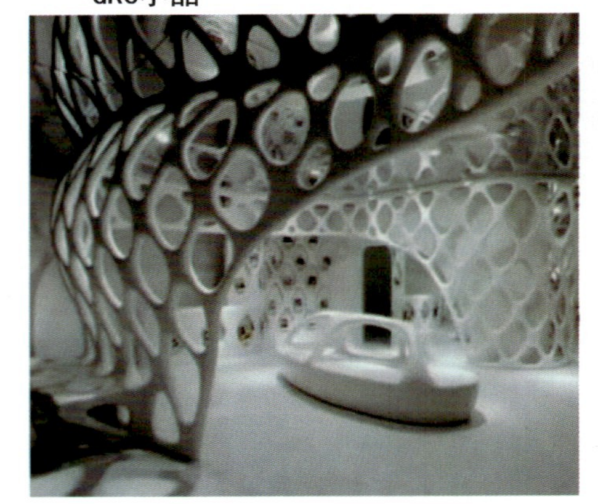

GRG隔断

ECM外立面

碳化木景观

木塑桌椅

木塑平台

高等教育建筑类专业系列教材

# 园林景观工程材料与构造

主编 侯 娇
副主编 阙 怡
参编 付坤林 张志伟 李 莎 王晓晓
李稼祎 何 渝
主审 李 奇

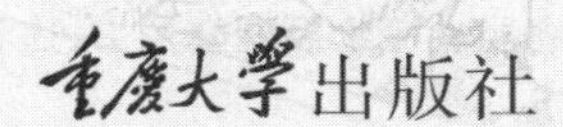
重庆大学出版社

## 内容提要

本书为"高等教育建筑类专业系列教材"之一,全书共9章,主要内容包括概述、用于塑形和结构主体的材料、小型构件制作及装饰用材料、涂料和辅料、景观给排水与喷灌工程材料、景观照明相关材料与构造、景观围护设施构造、建筑小品构造、道路广场及小品构造、景观材料与构造设计实训等。学生在学习本书后,除了能了解景观工程材料,还能对其构造进行了解和熟练的运用,为施工图设计和园林工程打下良好的基础。书中也列举了诸多实例,好学、易懂。

本书适用于风景园林、园林、环境艺术设计、建筑等专业的学生的基础课教学,也可作为相关专业学生及行业内外人士的参考用书。

**图书在版编目(CIP)数据**

园林景观工程材料与构造 / 侯娇主编. -- 重庆 : 重庆大学出版社, 2022.7

高等教育建筑类专业系列教材

ISBN 978-7-5689-3364-3

Ⅰ. ①园… Ⅱ. ①侯… Ⅲ. ①园林建筑—建筑材料—高等学校—教材②园林建筑—建筑构造—高等学校—教材 Ⅳ. ①TU986.4

中国版本图书馆 CIP 数据核字(2022)第 100821 号

高等教育建筑类专业系列教材

**园林景观工程材料与构造**

YUANLIN JINGGUAN GONGCHENG CAILIAO YU GOUZAO

主 编 侯 娇

副主编 阙 怡

主 审 李 奇

责任编辑:王 婷 版式设计:王 婷

责任校对:谢 芳 责任印制:赵 晟

*

重庆大学出版社出版发行

出版人:饶帮华

社址:重庆市沙坪坝区大学城西路 21 号

邮编:401331

电话:(023)88617190 88617185(中小学)

传真:(023)88617186 88617166

网址:http://www.cqup.com.cn

邮箱:fxk@cqup.com.cn (营销中心)

全国新华书店经销

重庆紫石东南印务有限公司印刷

*

开本:787mm×1092mm 1/16 印张:16.75 字数:415 千 插页:16 开 2 页

2022 年 7 月第 1 版 2022 年 7 月第 1 次印刷

ISBN 978-7-5689-3364-3 定价:49.00 元

---

# 前　言

本教材主要分为两大部分:第一部分(1— 6 章)为景观工程涉及的主要材料介绍,第二部分(7—9 章)为景观工程的常用构造介绍;另外,附录为景观工程材料与构造实训,强化及巩固前面两部分所学知识。

本教材的特点是编写时紧密结合工程实际,理论基础部分重点突出实际工程所需要的内容,并与后面安排的实习实训课程密切配合,同时也注重对当今发展迅速的先进技术进行介绍和训练。本教材具有实用性、技术性和可操作性三大特点,具有明显的应用型特点,十分适合目前高等院校教育"弹性教学"的要求,方便各院校及时根据园林行业发展动向和企业需求调整培养方向,根据岗位核心能力的需要灵活构建课程体系并选用教材。本教材可满足培养从事园林规划设计、园林工程施工管理、园林项目管理,以及园林企业经营管理等高级应用型人才的高等院校的风景园林、园林、环境艺术设计、建筑等专业本科大学阶段授课 2 ~4 个学分的教学需求,也可作为相关专业学生及行业内外人士的参考用书。

本书由侯娇担任主编,阙怡担任副主编,李奇担任主审。具体编写分工如下:

第 1 章　李奇、侯娇、阙怡

第 2 章　付坤林、侯娇

第 3 章　侯娇

第 4 章　何渝、侯娇

第 5 章　侯娇

第 6 章　侯娇

第 7 章　张志伟、侯娇

第 8 章　李莎

第 9 章　王晓晓、李稼祎

附录　侯娇

在本教材的编写过程中，得到了重庆城市科技学院领导和老师的大力支持和帮助，感谢学校积极鼓励教师们编写适合应用型大学使用的教材。衷心感谢重庆大学出版社建筑分社全体成员对教材的辛苦付出，感谢参与本书编写以及为本书编写提供过帮助的所有朋友！

在本教材编写过程中，参考了与本书相关的优秀教材、有关专家的书籍和相关文献，在此对其作者表示衷心的感谢。虽然本书在编写过程中力求做到知识讲解和案例分析精准无误，但由于编者掌握的资料不足和能力有限，必定存在一些疏漏之处，恳请有关专家学者和广大师生批评指正。

编　者

2021 年 9 月

# 目　录

# 1

# 概　述

**本章导读**

本章主要介绍园林工程(含园林建筑工程)中常用的各种材料以及加工、安装、连接和固定这些材料的各种方法(即构造方法),为今后的园林工程施工图设计等课程的学习,以及设计工作和施工管理等打下良好的基础。通过学习,学生可以认识各种园林景观工程常用的材料,可以学习构造原理、学习绘制构造大样图,可以接触大量的标准设计图,以此熟知常用的构造方法。

对于工程建设而言,仅熟悉材料还不够,要将材料用于工程,还得熟悉其加工、连接、安装和固定的多种方法,即熟悉构造方法和建造技术,才能进一步胜任设计和施工管理的工作。

园林景观工程,能被绘制出来(设计表达出来)还不够,应该能被建造出来,即仅有设计能力和绘图技能是不够的,重要的是,设计应该具备建造的可行性。本教材力争使学生既能了解各种工程材料,也能了解常用的建造技术。

## 1.1　园林景观工程

园林景观的基本成分可分为两大类:一类是软质的东西,如树木、水体、和风、细雨、阳光、天空等;另一类是硬质的东西,如铺地、墙体、栏杆、景观建筑(建筑物与构筑物)。软质的东西称软质景观,通常是大自然的一部分,如植物和水体;硬质的东西称为硬质景观,通常是人造的,如建筑和地面铺装。

园林景观工程是硬质景观工程和软质景观工程的总和。

## 1.2 园林景观工程材料

本教材所涉及的工程材料,主要以硬质景观材料和建筑材料为主,既包括天然的、没有经过深加工的物质,如太湖石、花岗石、各种木料等,也包括经过加工的天然或人造的物质。未经加工、没有固定形状和规格的物质,一般被称作“料”,如石料和木料;经过加工的天然或人造的物质,有着各种固定的形状、等级和规格的,一般被称作“材”,如石材、木材和金属“型材”等。“料”与“材”在大多情况下被习惯地统称为“材料”。本教材还将一些少量的、常用的小型设备或制成品,也临时归入“材料”一并介绍,因为它们是设计时常选用的“素材”,特此说明。

## 1.3 园林景观工程材料的选材原则

材料选用原则:废材利用,低材巧用,地材广用,中材高用,高材精用。“低材”是指廉价材料;“地材”是指工程所在地方丰产的或易于获得的材料,采购和运输方便,建造成本低;“中材”是指工程中普遍使用的材料;“高材”是指价格昂贵的高级材料,如贵金属等。

## 1.4 园林景观工程材料的性质

各种景观工程材料用于环境或建(构)筑物的部位不同,对材料自身的理化性能等要求也就不同。设计人员能够掌握材料的各种性能,能够适当地选择材料用于工程,这种能力的高低直接影响工程设计和建造的质量。

### 1.4.1 园林景观工程材料的基本性质

材料的基本物理性能包括密度、表观密度与堆积密度,密实度与孔隙率,材料的填充率与空隙率,材料的亲水性与憎水性,材料的吸水性与吸湿性,材料的耐水性,材料的抗渗性等(表1.1)。

表 1.1 材料的基本物理性质

| | | | |
|---|---|---|---|
| 1 | 密度 | 定 义 | 材料在绝对密实状态下单位体积的质量,单位为 $g/cm^3$ |
| | | 表达式 | $\rho = m/V$<br>式中:$m$—材料干燥时的质量,g;<br>$V$—材料在绝对密实状态下的体积,即不包括任何孔隙在内的体积,$cm^3$ |
| | | 意义 | 反映材料的结构状态(如可用密度控制玻璃的生产等) |
| | | $V$ 的测定 | ①比较密实的材料,如玻璃、钢材等,通常认为其处于绝对密实状态下,直接测其体积;<br>②一般多孔材料,如砖,应磨成细粉(粒径小于 0.2 mm),排除其内部孔隙,用密度瓶测其实际体积 |

续表

| | | | |
|---|---|---|---|
| 2 | 表观密度 | 定义 | 材料在自然状态下单位体积的质量,单位为 $g/cm^3$ 或 $kg/m^3$ |
| | | 表达式 | $\rho_0 = m/V_0$<br>式中:$m$—材料的质量,g 或 kg;<br>$V_0$—材料在自然状态下的体积,也称表观体积,包括材料孔隙在内的体积(既包括开口孔隙,也包括闭口孔隙),单位为 $cm^3$ 或 $m^3$<br>开口孔<br>闭口孔 |
| | | 意义 | 反映材料轻重的量,也与材料的强度有关,是选择结构材料和承重材料的依据 |
| | | $V_0$ 的测量 | ①对形状规则的材料,直接测量;<br>②对形状不规则的材料,蜡封后用排水法测量 |
| 3 | 堆积密度 | 定义 | 粉状、粒状或纤维状材料,在堆积状态下单位体积的质量 |
| | | 表达式 | $\rho_{堆} = m/V_{堆}$<br>式中:$m$—材料的质量,kg;<br>$V_{堆}$—堆积体积,$m^3$ |
| | | $V_{堆}$ 的特点 | 包括了材料间的空隙体积 |
| | | $V_{堆}$ 的测定 | 用既定容积的容器测定 |
| 4 | 密实度 | 定义 | 在材料体积内,固体物质的体积占总体积的比例 |
| | | 表达式 | $\frac{\rho_0}{\rho} \times 100\ \%$<br>式中:$\rho_0$—表观密度;<br>$\rho$—密度 |
| 5 | 孔隙率 | 定义 | 块状材料中孔隙体积与材料在自然状态下总体积的百分比。孔隙率包括真孔隙率、闭孔隙率和先孔隙率 |
| | | 表达式 | $P = \frac{V_0 - V}{V_0} \times 100\ \% = \left(1 - \frac{\rho_0}{\rho}\right) \times 100\ \%$ |
| 思考 | | | ①两个孔隙率相同的同种同体积的材料,其吸水率是否一定相同?<br>提示:材料的性质除了与孔隙的多少有关外,还与孔隙的特征、孔隙的形状有关。孔隙的特征包括开口孔隙和闭口孔隙的孔隙尺寸大小、孔隙的形状、孔隙在材料内部的分布均匀程度等。<br>②某工程顶层欲加保温层,以下两图为两种材料的剖面。请问该选择何种材料?<br>A　B<br>设置保温层的目的是降低外界温度变化对住户的影响,材料保温性能的主要描述指标为导热系数和热容量,其中导热系数越小越好。观察两种材料的剖面可见,A 材料为多孔结构,B 材料为密实结构,多孔材料的导热系数较小,适宜用作保温层材料,故选择 A |

续表

| 6 | 填充率 | 定义 | 在散粒材料的堆积体积中，颗粒体积占总体积的比例 |
|---|---|---|---|
| | | 表达式 | $D' = \frac{V_0}{V'_0} \times 100\ \%$ |
| 7 | 空隙率 | 定义 | 在散粒材料的堆积体积中，颗粒体积的空隙占总体积的比例 |
| | | 表达式 | $P' = \frac{V'_0 - V_0}{V'_0} = 1 - \frac{V_0}{V'_0}$ |
| 关于亲水性与憎水性 | | | ①根据材料在空气中与水接触时能否被润湿，分为亲水性、憎水性；<br>②建筑中大部分材料属于亲水材料，沥青、石蜡、塑料等属于憎水材料，可用作防水材料，也可用于亲水材料的表面处理 |
| 8 | 亲水性 | | 润湿角 $\theta \leq 90°$<br>建筑中大部分材料属于亲水材料<br>$q \leq 90°$ $\theta$<br>亲水性材料 |
| 9 | 憎水性 | | 润湿角 $90° < \theta < 180°$<br>沥青、石蜡、塑料等属于憎水材料，可用作防水材料，也可用于亲水材料的表面处理<br>$q > 90°$ $\theta$<br>憎水性材料 |
| 10 | 吸水性 | | 材料在浸水状态下吸收水分的能力称为吸水性<br>材料的吸水性能，不仅取决于材料本身是否具有亲水性，还与其孔隙率的大小及孔隙的构造有关 |
| 11 | 吸湿性 | 定义 | ①材料在潮湿空气中吸收水分的性质称为吸湿性（潮湿材料在干燥的空气中也会放出水分）；<br>②材料的吸湿性用含水率表示。含水率是指材料内部所含水重占材料干重的百分率 |
| | | 表达式 | $W_{含} = \frac{m_{水}}{m_{干}} \times 100\%$ |
| | | | 材料的吸湿性随空气的湿度和环境温度的变化而改变，当空气湿度较大且温度较低时，材料的含水率就大，反之则小 |
| 12 | 耐水性 | 定义 | 耐水性是指材料长期在饱和水作用下而不破坏，其强度也不显著降低的性质，用软化系数表示 |
| | | 表达式 | $K_{软} = \frac{f_{饱}}{f_{干}}$<br>式中：$f_{饱}$—材料吸水饱和状态下的抗压强度，MPa；<br>$f_{干}$—材料干燥状态下的抗压强度，MPa |
| | | | ①一般材料吸水后强度会降低，但降低的程度不同，如石膏和混凝土；<br>②水分会分散在材料内微粒的表面，不同程度地削弱其内部结合力。当材料内含有可溶性物质时（如石膏、石灰等），吸入的水还可能溶解部分物质，造成强度的严重降低；<br>③软化系数的范围为 0 ~ 1，当软化系数大于 0.80 时，认为是耐水性的材料。受水浸泡或处于潮湿环境中的建筑物，则必须选用软化系数不低于 0.85 的材料建造 |

续表

<table>
<tr><td>13</td><td>抗渗性</td><td colspan="2">①材料抵抗水压力或其他液体渗透的性质称为抗渗性；<br>②抗渗性用渗透系数或抗渗等级表示（一定厚度的材料，在一定水压力下，在单位时间内透过单位面积的水量）。抗渗等级是在规定试验方法下材料所能抵抗的最大水压力，用“Pi”表示。如 P6 表示可抵抗 0.6 MPa 的水压力而不渗透；<br>③抗渗性是决定材料耐久性的主要指标（其他还有抗冻性和抗侵蚀性）；<br>④材料的抗渗性与材料内部的孔隙率特别是开口孔隙率有关，开口孔隙率越大，大孔含量越多，则抗渗性越差，材料的抗渗性还与材料的憎水性和亲水性有关，憎水性材料的抗渗性优于亲水性材料；<br>⑤地下建筑及水工建筑等，因经常受水压力的作用，所用材料应具有一定的抗渗性。对于防水材料则应具有好的抗渗性</td></tr>
<tr><td>14</td><td>抗冻性</td><td colspan="2">材料饱水状态下，能经受多次冻融交替作用，既不被破坏且强度又不显著下降的性质，用抗冻等级表示。抗冻等级用 Fi 表示，i 表示冻融循环的次数。例如，F150 混凝土就表示该混凝土能够抵抗的最大冻融循环次数为 150 次</td></tr>
<tr><td rowspan="2">15</td><td rowspan="2">导热性</td><td>定义</td><td>材料传导热量的能力（冬季材料保持热量不传递出去；夏季材料阻碍热量传入室内）</td></tr>
<tr><td>表达式</td><td>导热性用导热系数 $\lambda$ 表示，导热系数的物理意义是：厚度为 1 m 的材料，当温度每改变 1 K 时，在 1 h 内通过 1 $m^2$ 面积的热量。<br>$$\lambda=\frac{Qd}{At(T_2-T_1)}$$<br>式中：$\lambda$—材料的导热系数，W/(m·K)；<br>$Q$—传导的热量，J；<br>$d$—材料的厚度，m；<br>$A$—材料传热的面积，$m^2$；<br>$t$—传热时间，h；<br>$(T_2-T_1)$—材料两侧温度差，K。<br>在建筑工程中的意义：判断材料的保温隔热性能（$\lambda$ 越大，传热越快，保温性越差）。相关指标为材料的蓄热性，它与导热性互为倒数</td></tr>
<tr><td rowspan="2">16</td><td rowspan="2">蓄热性</td><td>定义</td><td>当某一足够厚度的单一材料层一侧受到谐波热作用时，通过表面的热流波幅与表面温度波幅的比值。材料蓄热系数是用于表征材料热稳定性优劣的一种标准，单位为 W/($m^2$·K)</td></tr>
<tr><td></td><td>材料的蓄热系数可通过计算确定，或从《民用建筑热工设计规范》（GB 50176—2016）附录四附表 4.1 中查取。材料的蓄热性也有重要的作用，如木材的蓄热性能好于不锈钢，因此用防腐木制作的户外家具好于不锈钢家具</td></tr>
</table>

注：实际工程设计与建造中，在选择材料时，应充分考查材料的各项属性，用其所长。

### 1.4.2 材料的力学性能

材料的力学性能通常包括强度、弹性与塑性、脆性与韧性等。

材料的强度是材料在应力作用下抵抗破坏的能力。通常情况下，材料内部的应力多由施加的外力(或荷载)作用而引起,随着外力增加,应力也随之增大,直至应力超过材料内部质点所能抵抗的极限(即强度极限)时,材料发生破坏。

在工程上,通常采用破坏试验法对材料的强度进行实测。将预先制作的试件放置在材料试验机上,施加外力(荷载)直至试件破坏。根据试件尺寸和破坏时的荷载值,计算材料的强度(表1.2)。

**表1.2　材料的力学性能强度、弹性与塑性、脆性与韧性、耐久性**

| | |
|---|---|
| 材料的抗压、抗拉、抗剪强度计算公式 | $$f=\frac{F_{max}}{A}$$ 式中:$f$—材料强度, MPa;<br>$F_{max}$—材料破坏时的最大荷载,N;<br>$A$—试件受力面积 |
| 抗弯强度 | 材料的抗弯强度与受力情况有关。试验方法一般是将条形试件放在两支点上,中间作用一集中荷载。对矩形截面试件,则其抗弯强度用下式计算:$$F_w=\frac{3F_{max}L}{2bh^2}$$ 式中:$F_w$—材料的抗弯强度,MPa;<br>$F_{max}$—材料受弯破坏时的最大荷载,N;<br>$L$—两支点的间距,mm;<br>$b$、$h$—试件横截面的宽及高,mm |
| 弹性与塑性 | ①材料在外力作用下产生变形,当外力去除后,能完全恢复到原始形状的性质称为弹性;<br>②材料在外力作用下产生变形,当外力去除后,有一部分变形不能恢复,这种性质称为材料的塑性;<br>③弹性变形与塑性变形的区别在于,前者为可逆变形,后者为不可逆变形 |
| 脆性与韧性 | ①脆性:材料受外力作用,当外力达一定值时,材料发生突然破坏,且破坏时无明显的塑性变形,这种性质称为脆性。砖、石材、玻璃、混凝土等都是脆性材料;<br>②韧性:材料在冲击或振动荷载作用下,能吸收较大的能量,同时产生较大的变形而不被破坏,这种性质称为韧性;<br>③建筑钢材、木材、塑料等是较典型的韧性材料;<br>④路面、桥梁、吊车梁以及有抗震要求的结构都需要考虑材料的韧性 |
| 耐久性 | ①材料在长期使用过程中,能保持其原有性能而不变质、不破坏的性质,统称为耐久性。耐久性是一种复杂的、综合的性质,包括材料的抗冻性、耐热性、大气稳定性(耐候性)和耐腐蚀性等;<br>②材料在使用过程中,除受到各种外力作用外,还要受到环境中各种自然因素的破坏作用,这些破坏作用可分为物理作用、化学作用和生物作用;<br>③要根据材料所处的结构部位和使用环境等因素,综合考虑其耐久性,并根据各种材料的耐久性特点,合理地选用;<br>④材料的耐久性指标是根据工程所处的环境条件来决定的。例如,处于冻融环境的工程,所用材料的耐久性以抗冻性指标来表示;处于暴露环境的有机材料,其耐久性以抗老化能力来表示 |

注:工程设计与建造在选择材料时,应充分考查材料的各项力学性能,合理选用。

## 1.5 园林景观工程材料的发展

中国传统园林中的缀山叠石,常用的材料多为石材、木材、砖、瓦等。

新的工艺与原料带来了不断涌现的园林景观工程新材料。例如,以前较少用于传统园林中的玻璃、金属等材料;在园林道路、景墙、水池中采用的马赛克砖、渗水砖、劈裂砖等不同的铺装材料;在瀑布、喷泉、壁泉、雾泉等景观工程中带来不同效果的各种水处理设备及材料;为普通路面带来特殊视觉效果与良好使用性能的彩色混凝土、压印混凝土;营造出丰富夜景效果的环保光纤灯、芦苇灯等。

## 1.6 园林景观工程构造

构造在这里作为名词,是所有建造做法及要求的总称。构造设计主要体现在施工图中,是施工的目标和建造的要求;而施工是完善构造的手段,与建造(动词)关联。构造设计的性质是技术设计,目的是确保施工建造的可行性和保证工程的质量。

### 1.6.1 构造与施工的关系

**1)相关但有区别**

构造是材料及其安装方法的总称,而施工是制作过程(工艺与工序)和质量控制的总称。

**2)目标和手段**

构造要求首先是体现在工程施工图纸上,施工图的主要内容是构造设计,是施工的目标;而施工是在现场照图实施建造,是实现构造设计的手段。

**3)各自的特点**

构造首先要满足景观工程(指本书)的各项要求,注重材料选择并采用合理的工艺;施工时注重过程的规范和质量的把控,以求达标。

### 1.6.2 构造的要点

**1)构造设计应合理**

构造设计应合理,既要保证建筑属性的要求,又要为施工创造条件,应注意选用合适的工艺。以涂料为例,其工艺有刷涂、滚涂、喷涂、弹涂、抹涂、擦涂(蜡克漆)和刮涂(如自流平地面涂料)等类别,各自的效果不同,造价不同,对施工条件的要求也不同。为实现某一种建造结果,一般会在若干相关的工艺当中选择一种,以追求最合理的方式和最好的性价比,即技术上的先进和经济上的合理。

**2)构造施工应规范**

为保证施工质量,施工建造应严格按照相关的国家标准和行业标准执行,这些标准以各种材料的质量标准、施工操作规范和施工验收规范的形式出现，构造设计时应加以落实。

**3）施工工序应严谨**

工序是工艺实施的具体步骤和先后次序，一个工艺的完成，会经过多道工序才能实现。每一道工序都应按照要求完成，构造设计对此应严格规定。

**4）安装方法应科学**

构造设计与施工过程中，要解决的问题较多地体现在如何将材料与构件牢固安装在景观工程之上，其关键是选择合理而且简便的方法。常用的方法有：

①钉固，指利用水泥钉、木钉、射钉、码钉、螺丝等固定材料或构件，如木质材料的安装。

②黏结，指利用胶黏剂安装固定，如用水泥砂浆黏结地砖。

③嵌固，指将材料或构件插入预留的孔洞或沟槽，再采取加固措施加以固定。

④焊接，利用电焊、氧焊或氩弧焊来连接、固定材料与构件，大多用于金属制品。

⑤铆固，利用铆钉连接或固定。

⑥螺栓连接，利用螺栓固定。

⑦夹固，利用夹具或压条安装固定，常用于玻璃制品。

⑧压固，利用重力，固定材料或构件，如墙悬臂的楼梯踏步安装。

⑨悬挂，利用连接构件，悬吊或悬挂材料与构件，如幕墙等。

⑩卡固，利用专门的构件固定，如大型轻质墙板的安装。

**5）构造层次应完善**

景观工程的各种围护结构或空间界面的表面，为满足设计和使用要求，会用若干的材料进行组合，形成不同的层次，既起到各自的作用，又共同保证达到使用或质量方面的要求。

**6）构件制作应牢固**

保证构件足够牢固，应包括：

①足够的强度。强度是指构件抵抗外力作用而不被破坏的能力，这些外力包括重力、拉力、剪力、推力、扭转力和地震作用力等。

②足够的刚度。刚度是指建筑构件抵抗因外力作用而弹性变形的能力。例如，一个厚度较薄的轻质隔墙，相对于较厚重的轻质隔墙，更容易受外力作用而弯曲变形，甚至破坏。

③合理的挠度。挠度是指构件等在弯矩作用下因挠曲引起的垂直于轴线的线位移。构件的刚度降低，挠度就会增大。大多数水平构件都会产生挠度，过大的挠度即使不破坏构件，也会影响建造的质量和美观。设计和建造时应按照要求控制好构件的挠度。

④足够的整体性。整体性是指构件抵抗因外力作用而被分解和解体的能力。例如，中空玻璃砖隔墙构造会在灰缝中设置拉结钢筋，且与建筑主体牢固连接，就是为增强其整体性。

⑤足够的稳定性。对于构件而言，稳定性是抵抗因外力作用或其他原因而失衡或倾覆的能力。例如，砌体墙面过长或过高时，应利用构造柱等措施来增强其稳定性，使其不易垮塌。所谓“一个篱笆三个桩”，就是要篱笆具备足够的稳定性。

**7）细节处理应精致**

最好的效果是“天衣无缝”，以表面看不出安装工艺和缝隙等为宜，让人感觉环境中的构件和材料等，似乎是自然而然存在的，“虽由人作，宛如天开”。例如：

①石材和木材的拼接,应考虑纹理之间的接续。

②不同构图时,应精心处理图案的对接,避免错位。

③条状块材如石板或木地板,铺装后的长缝不宜对着来人方向,扭转90°后的效果常常会更好。

④不锈钢表面的接缝应做焊接、打磨和抛光处理,这样就看不到接缝。

所谓“细节决定成败”,可用于形容景观工程构造的特点。

## 思考题

1. 本书提到的景观工程是指什么?景观工程材料是指什么?
2. 景观工程材料的选用原则是什么?
3. 景观工程材料的基本性质有哪些?
4. 园林景观工程构造是指什么?

# 用于塑形和结构主体的材料

**本章导读**

本章主要介绍在园林景观工程中用于塑形(例如假山)的材料,以及用于建筑物和构筑物主体建造的材料。这一类材料很丰富,本章着重介绍水泥、砌筑砂浆、混凝土和钢筋混凝土、塑型用的石料、砌筑用砖和砌块、金属、木料等常用的材料。

## 2.1 水　泥

### 2.1.1 定　义

水泥(图 2.1)是粉状水硬性无机胶凝材料。加水搅拌后成浆体,能在空气中硬化或者在水中硬化,并能把砂、石等材料牢固地胶结在一起。

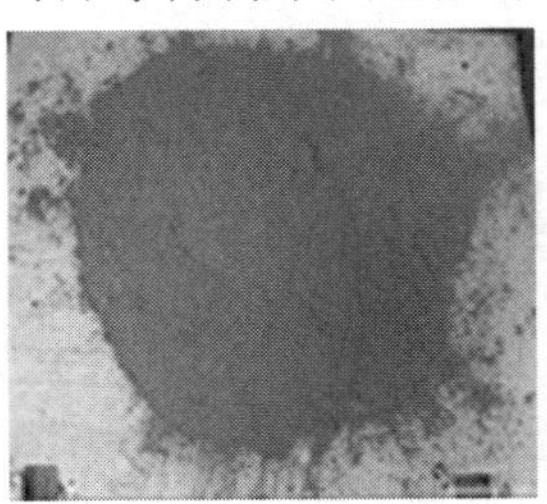

图 2.1　水泥

图 2.2　袋装普通硅酸盐水泥

### 2.1.2 分 类

**1)按用途及性能分类**

①通用水泥:主要是指《通用硅酸盐水泥》(GB 175—2020)中规定的六大类水泥,即硅酸盐水泥、普通硅酸盐水泥(图2.2)、矿渣硅酸盐水泥、火山灰质硅酸盐水泥、粉煤灰硅酸盐水泥和复合硅酸盐水泥是一般土木建筑工程通常采用的水泥,见表2.1。

**表2.1 通用硅酸盐水泥分类**

| 序号 | 品种 | 代号 | 备注 |
| --- | --- | --- | --- |
| 1 | 硅酸盐水泥 | P·Ⅰ | 按组分要求不同分为1、2、3三大类 |
| | | P·Ⅱ | |
| 2 | 普通硅酸盐水泥 | P·O | |
| | 矿渣硅酸盐水泥 | P·S·A | |
| | | P·S·B | |
| | 粉煤灰硅酸盐水泥 | P·F· | |
| | 火山灰质硅酸盐水泥 | P·P | |
| 3 | 复合硅酸盐水泥 | P·C | |

②专用水泥:专门用途的水泥,如G级油井水泥、道路硅酸盐水泥。

③特性水泥:某种性能比较突出的水泥,如快硬硅酸盐水泥、低热矿渣硅酸盐水泥、膨胀硫铝酸盐水泥、磷铝酸盐水泥和磷酸盐水泥。

**2)按其主要水硬性物质名称分类(表2.2)**

**表2.2 水泥按其主要水硬性物质名称分类表**

| 序号 | 名 称 |
| --- | --- |
| 1 | 硅酸盐水泥(波特兰水泥) |
| 2 | 铝酸盐水泥 |
| 3 | 硫铝酸盐水泥 |
| 4 | 铁铝酸盐水泥 |
| 5 | 氟铝酸盐水泥 |
| 6 | 磷酸盐水泥 |
| 7 | 以火山灰或潜在水硬性材料及其他活性材料为主要组分的水泥 |

**3)按主要技术特性分类**

①按快硬性(水硬性),分为快硬和特快硬两类。

②按水化热,分为中热和低热两类。

③按抗硫酸盐性,分为中抗硫酸盐腐蚀和高抗硫酸盐腐蚀两类。

④按膨胀性,分为膨胀和自应力两类。

⑤还可以按耐高温性来分类,其中铝酸盐水泥的耐高温性以水泥中氧化铝的含量来分。

## 2.1.3 应用范围

**1)硅酸盐水泥的适用范围**

硅酸盐水泥适用于地上、地下和水中重要结构的高强度混凝土和预应力混凝土工程、早期强度高和冬期施工的混凝土工程、严寒地区遭受反复冻融的混凝土工程以及空气中二氧化碳浓度较高的环境,如铸造车间;适用于干燥环境下的混凝土工程和地面以及道路工程等。不宜用于受流动的和有压力的软水作用的混凝土工程;不宜用于受海水及其他腐蚀性介质作用的混凝土工程;不得用于大体积混凝土工程;不得用于耐热混凝土工程。

**2)普通硅酸盐水泥的适用范围**

普通硅酸盐水泥适用于地上、地下、水中的不受侵蚀性水作用的混凝土工程;适用于配置高强度等级混凝土及早强工程;不适用于大体积混凝土工程、冬期施工工程及高温环境的工程。

**3)矿渣硅酸盐水泥**

矿渣硅酸盐水泥适用于受溶出性侵蚀,以及硫酸盐、镁盐腐蚀的混凝土工程;适用于大体积混凝土工程、受热的混凝土工程,若掺入耐火砖粉等材料可制成耐更高温度的混凝土。不宜用于早期强度要求高的混凝土,如现浇混凝土、冬期施工混凝土等;不宜用于严寒地区水位升降范围内的混凝土工程及有耐磨要求的混凝土工程;不适合处于二氧化碳浓度高的环境(如铸造车间)中的混凝土工程;不宜用于要求抗渗的混凝土工程和受冻融干湿交替作用的混凝土工程。

**4)火山灰质硅酸盐水泥的适用范围**

火山灰质硅酸盐水泥适用于要求抗渗的水中混凝土工程;适用于大体积混凝土工程;适用于受溶出性侵蚀以及硫酸盐、镁盐腐蚀的混凝土工程;不适用于干燥或干湿交替环境下的混凝土以及有耐磨要求的混凝土工程;不宜用于早期强度要求高的混凝土,如现浇混凝土、冬期施工混凝土工程等;不宜用于严寒地区水位升降范围内的混凝土工程及有耐磨要求的混凝土工程;不适合处于二氧化碳浓度高的环境(如铸造车间)中的混凝土工程。

**5)粉煤灰硅酸盐水泥的适用范围**

粉煤灰硅酸盐水泥适用于受溶出性侵蚀以及硫酸盐、镁盐腐蚀的混凝土工程;适用于大体积混凝土工程;不宜用于早期强度要求高的混凝土,如现浇混凝土、冬期施工混凝土等工程;不宜用于严寒地区水位升降范围内的混凝土工程及有耐磨要求的混凝土工程;不适合处于二氧化碳浓度高的环境(如铸造车间)中的混凝土工程。

**6)白色及彩色硅酸盐水泥的适用范围**

白色及彩色硅酸盐水泥主要用于建筑装饰工程,可做成人造大理石、水磨石、斩假石等,或用于玻璃马赛克的粘贴。

**7)快硬硅酸盐水泥的适用范围**

快硬硅酸盐水泥适用于早强、高强混凝土工程以及紧急抢修工程和冬期施工等工程;不得用于大体积混凝土工程和与腐蚀介质接触的混凝土工程。

**8）道路硅酸盐水泥的适用范围**

道路硅酸盐水泥主要用于道路施工工程。

**9）高铝水泥的适用范围**

高铝水泥适用于紧急抢修工程和早期强度要求高的特殊工程；不宜用于大体积混凝土工程；可作为耐热混凝土的胶结材料。

**10）硫铝酸盐水泥的适用范围**

硫铝酸盐水泥主要用来配制结构节点或抗渗用的砂浆或混凝土；还可配制自应力混凝土，如钢筋混凝土压力管。用于玻璃纤维增强水泥制品时，还可起到预防玻璃纤维腐蚀的作用。

**11）膨胀水泥的适用范围**

硅酸盐膨胀水泥可用作防水层及防水混凝土，加固地脚螺栓等结构、浇灌机器座，用作修补或接缝工程，不可使用于有硫酸盐侵蚀性介质工程中。硅酸盐自应力水泥可用于制造自应力钢筋（或钢丝网）混凝土压力管，各种管接头衔接的黏结剂。

**12）大坝水泥的适用范围**

目前常用的3种大坝水泥都适用于要求水化热较低和大体积的混凝土工程。硅酸盐大坝水泥与普通大坝水泥更适用于有抗冻性与耐磨性要求的水中大体积混凝土工程及构件的表层结构，而矿渣大坝水泥更适用于水下工程及大体积混凝土工程的内部结构。

## 2.2 砌筑砂浆

### 2.2.1 定　义

砌筑砂浆是指将砖、石、砌块等块材经砌筑成为砌体时使用的砂浆，它起黏结、衬垫和传力作用，是砌体的重要组成部分。

### 2.2.2 分　类

工程中用于砌筑的砂浆主要包括水泥砂浆（图2.3）、混合砂浆（图2.4）和石灰砂浆（图2.5）。

①水泥砂浆是采用水泥、细沙和水混合而成，强度高，防水，一般应用于基础、长期受水浸泡的地下室和承受较大外力的砌体，使用成本相对较高。

②混合砂浆是在水泥砂浆中添加了石灰石，水泥砂浆成为混合砂浆，特点是和易性好，方便施工，而且便宜，但强度较低。

③石灰砂浆由石灰膏和细沙（图2.6），以及水混合而成，强度较低，目前很少使用，仅用于临时性的建筑物或构筑物。

图2.3　水泥砂浆

图2.4　混合砂浆

图2.5　石灰砂浆

图2.6　石灰膏和细沙

### 2.2.3　技术性质

①流动性(稠度),是指在新拌的情况下,由于其自重以及外力作用而产生流动的性质。

②保水性,是指新拌砂浆保持水分的能力,或者砂浆中各部分不易分离的性质。

③强度,是指砌筑砂浆必须具有一定的抗压强度,如M10,是指它的强度为100 $kg/cm^2$,即10 MPa(10兆帕)。砌筑砂浆在设计图中必须标明强度,如M5(或M10)水泥砂浆。砂浆强度等级分为M5、M7.5、M10、M15、M20、M25、M30七个等级。而用于抹面的抹灰砂浆,它们的区别通常是用体积比来表示,如1∶2水泥砂浆,1∶3水泥砂浆等。

④耐久性,是指其具有的抗渗、抗冻、抗侵蚀性能。

⑤黏结力,是指其能将砖、石、砌块等块材黏结砌筑的性能。

⑥变形,是指由于外界受力或者环境变化时的收缩性而引发沉降或裂缝。

### 2.2.4　应用范围

水泥砂浆主要应用于湿度较大的墙体,基础部位和室外环境工程中;混合砂浆主要用于地面以上墙体的砌筑;石灰砂浆主要用于临时性建筑和半永久性建筑中砌筑墙体。

## 2.3　混凝土和钢筋混凝土

### 2.3.1　定　义

混凝土(图2.7)是当代最主要的土木工程材料之一。它是由胶凝材料(以水泥居多)、颗粒状集料(也称为骨料)、水,以及必要时加入的外加剂和掺合料,按一定比例配制,经均匀搅拌、密实成型、养护硬化而成的一种人工石材。

图2.7 混凝土

图2.8 钢筋混凝土

钢筋混凝土(图2.8),使抗压性好的混凝土与抗拉性好的钢筋相结合,因而被广泛应用于建筑结构中。浇筑混凝土之前应先进行绑筋支模,用铁丝将钢筋固定成想要的结构形状,然后用模板覆盖在钢筋骨架外面,最后将混凝土浇筑进去,经养护达到强度标准后拆模,所得即为钢筋混凝土。

### 2.3.2 混凝土分类

按不同标准,混凝土可分为不同的类别。

**1)按胶凝材料分类**

混凝土按胶凝材料可分为无机胶凝材料混凝土(如水泥混凝土、石膏混凝土、硅酸盐混凝土、水玻璃混凝土等),和有机胶凝材料混凝土(如沥青混凝土、聚合物混凝土等)。

**2)按表观密度分**

混凝土按照表观密度的大小可分为重混凝土、普通混凝土和轻质混凝土。这3种混凝土不同之处就在于骨料的不同。

①重混凝土是表观密度大于2 500 $kg/m^3$,用特别密实和特别重的集料制成的,如重晶石混凝土、钢屑混凝土等,它们具有不透X射线和γ射线的性能。

②普通混凝土即我们在建筑中常用的混凝土,表观密度为1 950~2 500 $kg/m^3$,集料为砂、石。

③轻质混凝土是表观密度小于1 950 $kg/m^3$的混凝土,它又可分为3类:

a.轻集料混凝土,其表观密度在800~1 950 $kg/m^3$,轻集料包括浮石、火山渣、陶粒、膨胀珍珠岩、膨胀矿渣、矿渣等。

b.多空混凝土(泡沫混凝土、加气混凝土),其表观密度为300~1 000 $kg/m^3$。泡沫混凝土是由水泥浆或水泥砂浆与稳定的泡沫制成的。加气混凝土是由水泥、水与发气剂制成的。

c.大孔混凝土(普通大孔混凝土、轻骨料大孔混凝土),其组成中无细集料。普通大孔混凝土的表观密度范围为1 500~1 900 $kg/m^3$,是用碎石、软石、重矿渣作集料配制的。轻骨料大孔混凝土的表观密度为500~1 500 $kg/m^3$,是用陶粒、浮石、碎砖、矿渣等作为集料配制的。

**3)按使用功能分类**

混凝土按照使用功能可分为结构混凝土、保温混凝土、装饰混凝土、防水混凝土、耐火混凝土、水工混凝土、海工混凝土、道路混凝土、防辐射混凝土等。

**4)按施工工艺分类**

混凝土按照施工工艺可分为离心混凝土、真空混凝土、灌浆混凝土、喷射混凝土、碾压混凝土、挤压混凝土、泵送混凝土等。

**5）按配筋方式分类**

混凝土按照配筋方式可分为素混凝土（即无筋混凝土）、钢筋混凝土、钢丝网水泥、纤维混凝土、预应力混凝土等。

**6）按拌合物的和易性分类**

混凝土按照拌合物的和易性可分为干硬性混凝土、半干硬性混凝土、塑性混凝土、流动性混凝土、高流动性混凝土、流态混凝土等。

**7）钢筋混凝土按施工方法分类**

钢筋混凝土按照施工方法可分为现浇式、装配式或装配整体式和现浇钢筋混凝土楼板。

①现浇钢筋混凝土楼板：在施工现场通过支模，绑扎钢筋，浇筑混凝土，养护等工序而成型的楼板。

优点：整体性好，抗震能力强，形状可不规则；也可预留孔洞，方便布置管线。

缺点：模板的用量大，施工速度慢。

②预制装配式钢筋混凝土楼板：在预制厂或施工现场预制。

缺点：楼板的整体性差，板缝嵌固不好时易出现通长裂缝。

③装配整体式钢筋混凝土楼板：部分构件预制→现场安装→整体浇筑。

### 2.3.3 技术性质

混凝土的主要技术性质包括混凝土拌合物的和易性、硬化混凝土的强度及耐久性。混凝土在未凝结硬化以前，称为混凝土拌合物或称新拌混凝土，这是相对“硬化混凝土”而言的。

①和易性是指混凝土拌合物易于各工序（搅拌、运输、浇筑、捣实）施工操作，并获得质量均匀、成型密实的混凝土性能。

②混凝土的强度包括抗压强度、抗拉强度、抗弯强度、抗剪强度及与钢筋的黏结强度等。混凝土的强度主要是指抗压强度，普通混凝土划分为 14 个强度等级：C15、C20、C25、C30、C35、C40、C45、C50、C55、C60、C65、C70、C75 和 C80。其中，C15 ~ C25 在园林工程中使用得较多。

③混凝土的耐久性包括抗渗、抗冻和抗侵蚀的性能等。

混凝土强度及耐久性与混凝土的其他性能关系密切，混凝土的强度越大，其刚度、不透水性、抗风化及耐蚀性通常也越高，常用混凝土强度来评定和控制混凝土的质量。

### 2.3.4 应用范围

在现代建造工程中，混凝土和钢筋混凝土的应用十分广泛，在园林景观工程中，混凝土主要用于受力较小或仅要求抗压、不考虑抗拉、抗折的结构，或者装饰装修等，如道路的混凝土垫层、房屋建筑中的墙面混凝土抹面、底层建筑物的基础、涵洞过水（图 2.9、图 2.10）等。而钢筋混凝土，主要用作建筑等工程的结构构件（受力构件），如梁、板、柱和基础等，具体应用实例如图 2.11—图 2.14。轻质混凝土常用于保温隔热的墙面和屋面、轻质隔墙、人造假山等。

图2.9　钢筋混凝土圆管涵

图2.10　钢筋混凝土圆管涵涵洞

图2.11　清水混凝土外墙板建筑

图2.12　钢筋混凝土基础

图2.13　钢筋混凝土拱桥

图2.14　混凝土桌椅

## 2.4　塑形用石料

### 2.4.1　分　类

塑形用石料是由天然岩石开采的,经过或不经过加工而制得的材料。它没有固定的精准规格,分毛石(图2.15)和料石(图2.16)两类,是各种挡土墙、驳岸、基础或其他造形砌筑用的石料,具有质地坚实、无风化剥落和裂纹的特点。

图2.15　毛石

图2.16　料石

### 2.4.2 砌筑用石料

**1)毛石**

毛石是不成形的石料,处于开采以后的自然状态。它是岩石经爆破后所得形状不规则的石块,其中形状不规则的称为乱毛石,有两个大致平行面的称为平毛石。

①乱毛石:乱毛石形状不规则,一般要求石块中部厚度≥150 mm,长度为 300~400 mm,质量为 20~30 kg,其强度应≥10 MPa,软化系数应≥0.75。

②平毛石:平毛石由乱毛石略经加工而成,形状比乱毛石整齐,其形状基本上有 6 个面,但表面粗糙,中部厚度≥200 mm。

毛石常用于砌筑基础、勒脚、墙身、堤坝、挡土墙等,也可用于配制片石混凝土等。

**2)料石**

料石是指经人工凿琢或机械加工而成的大致规则的六面体块石,其宽度和厚度均≥ 20 cm,长度≤厚度的 4 倍。按表面加工和平整度可分为以下 4 种:

①毛料石外观大致方正,一般不加工或者稍加调整。料石的宽度和厚度≥200 mm,长度≤厚度的 4 倍。叠砌面和接砌面的表面凹入深度≤25 mm。

②粗料石规格尺寸同上。叠砌面和接砌面的表面凹入深度≤20 mm;外露面及相接周边的表面凹入深度≤20 mm。

③半细料石指表面加工成凹凸深度≤10 mm 的料石。

④细料石表面通过细加工,规格尺寸同上,叠砌面和接砌面的表面凹入深度≤10 mm,外露面及相接周边的表面凹入深度≤2 mm。

料石常用致密的砂岩、石灰岩、花岗岩等凿琢而成。料石常用于砌筑墙身、地坪、踏步、柱和纪念碑等,形状复杂的料石制品也可用于柱头、柱基、窗台板、栏杆及其他装饰。

### 2.4.3 观赏用石料

观赏用石料是传统的塑形材料,用于置石、假山和驳岸,常用的品种包括湖石、黄石、英石、石笋石、千层石、龟纹石、灵璧石等。

①湖石(图 2.17):石灰岩。色以青黑、白、灰为主,产于江浙一带的山麓水旁。其质地细腻,易为水和二氧化碳溶蚀,表面产生很多皱纹涡洞,宛若天然抽象图案一般,例如太湖石。

图 2.17 湖石

图 2.18 黄石

②黄石(图 2.18):细砂岩。色灰、白、浅黄不一,产于江苏常州一带。材质较硬,因风化冲刷造成崩落,沿节理面分解后形成了许多不规则的多面体,石面轮廓分明,锋芒毕露。

③英石(图 2.19):又名英德石,石灰岩。色呈青灰、黑灰等,常夹有白色方解石条纹,产

于广东英德一带。因山水溶融风化，其表面涡洞互套、褶皱繁密。

图2.19　英石

图2.20　斧劈石

④斧劈石（图2.20）：沉积岩。有浅灰、深灰、黑、土黄等色，产于江苏常州一带。具有竖线条的丝状、条状、片状纹理，又称剑石。其外形挺拔有力，但易风化剥落。

⑤石笋石（图2.21）：竹叶状灰岩。色淡灰绿、土红，带有眼窠状凹陷，产于浙、赣常山、玉山一带。其形状越长越好看，往往三面已风化而背面有人工刀斧痕迹。

图2.21　石笋石

图2.22　千层石

⑥千层石（图2.22）：沉积岩。铁灰色中带有层层浅灰色，变化自然多姿，产于江、浙、皖一带。沉积岩中有多种类型、色彩。

⑦龟纹石（图2.23）：石质硬度较高，石纹酷似龟壳的纹理，以其裂纹纵横、雄奇险峻、酷肖名山而著名。产于青海省兴海县境内的龟纹石硬度一般可达7度，是国内龟纹石中最好的，可用于制作不同风格的山水、树石盆景、假山和驳岸等。

图2.23　龟纹石

图2.24　灵璧石

⑧灵璧石（图2.24）：隐晶质石灰岩。产于安徽省灵璧县渔沟镇，由颗粒大小均匀的微粒方解石组成，因含金属矿物或有机质而色漆黑或带有花纹。灵璧石形成于8亿多年前，其主要特征概括为“三奇、五怪”。“三奇”即色奇、声奇、质奇；“五怪”即瘦、透、漏、皱、丑。

此外，适于制作假山的天然石材还有吸水石、昆石、五彩石、海母石、鹅卵石、鸡骨石、浮石、木化石、松皮石、石珊瑚、石蛋、慧剑等。

# 2.5 用于砌筑的砖和砌块材料

## 2.5.1 砌筑用砖

砌筑用砖常用于砌筑墙体、基础、柱子、建筑小品或其他造型,常用类型有烧结砖和非烧结砖两种。

**1)烧结砖**

(1)烧结普通砖

烧结普通砖(图 2.25)包括页岩砖、煤矸石砖、粉煤灰砖、灰砂砖、炉渣砖和陶土砖等,实心砖标准尺寸为九五砖尺寸:240 mm×115 mm×53 mm;八五砖尺寸为 216 mm×105 mm×43 mm;七五砖尺寸为 190 mm×90 mm×40 mm。

(2)烧结多孔砖(图 2.26)

其长度和宽度尺寸多为 290 mm、240 mm、190 mm、180 mm 和 175 mm、140 mm、115 mm、90 mm 等。

(3)烧结空心砖(图 2.27)

其烧制、外形和尺寸与烧结多孔砖一致,在与砂浆的接合面上设有可增加结合力的深度在 1 mm 以上的凹线槽,并有数量不一的孔洞。

**2)非烧结砖**

非烧结砖包括蒸养砖、蒸压砖和碳化砖。

①蒸养砖包括用经常压蒸汽养护硬化的蒸养粉煤灰砖(图 2.28)、蒸养矿渣砖、蒸养煤渣砖。

②蒸压砖包括用经高压蒸汽养护硬化的蒸压粉煤灰砖、蒸压矿渣砖、蒸压灰砂砖(图 2.29)。

③以石灰为胶凝材料,加入骨料成型后经二氧化碳处理硬化而成的碳化砖(图 2.30)。

图 2.25 烧结普通砖

图 2.26 烧结多孔砖

图 2.27 烧结空心砖

图 2.28 蒸养粉煤灰砖

图 2.29 蒸压灰砂砖

图 2.30 碳化砖

砌筑用砖，根据抗压强度分为 MU20、MU15、MU10、MU7.5、MU5、MU3.5 共 6 个强度等级，园林工程中常用的是 MU5 ~ MU10。

## 2.5.2 砌筑用砌块

砌块是砌筑用的人造块材，是一种新型墙体材料，大多为直角六面体，也有各种异型体砌块。砌块系列中主要规格的长度、宽度或高度有一项或一项以上分别超过 365 mm、240 mm 或 115 mm，但砌块高度一般不大于长度或宽度的 6 倍，长度不超过高度的 3 倍。

**1）混凝土小型空心砌块**

普通混凝土小型空心砌块（图 2.31）以水泥、砂、碎石或卵石加水预制而成。其主要规格尺寸为 390 mm × 190 mm × 190 mm，有两个方形孔，空心率不小于 25%。

图 2.31 混凝土小型空心砌块

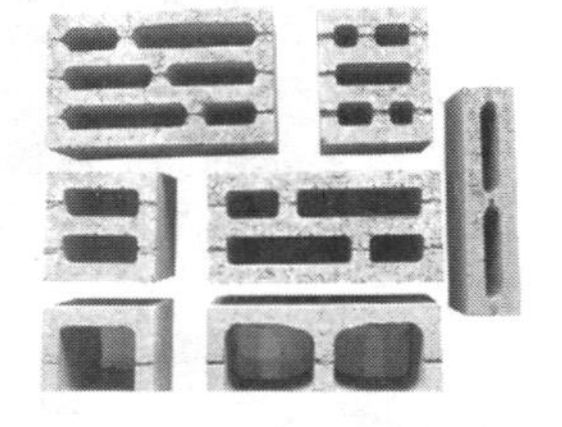

图 2.32 轻集料混凝土小型空心砌块

**2）轻集料混凝土小型空心砌块**

轻集料混凝土小型空心砌块（图 2.32）主要以水泥、砂、轻集料加水预制而成。其主要规格尺寸为 390 mm × 190 mm × 190 mm。按其孔的排数分为单排孔、双排孔、三排孔和四排孔。

3)蒸压加气混凝土砌块

蒸压加气混凝土砌块(图2.33)俗称泡沫砖,容重小(有的甚至小于水的容重),厚度有100 mm、150 mm、200 mm等,长宽尺寸通常为400 mm × 300 mm、600 mm × 300 mm。

图2.33 蒸压加气混凝土砌块

图2.34 粉煤灰砌块

4)粉煤灰砌块

粉煤灰砌块(图2.34)以粉煤灰、石灰、石膏和轻集料为原料,加水搅拌,震动成型,蒸汽养护而成的密实砌块。其主规格尺寸为880 mm × 380 mm × 240 mm,砌块端面应加灌浆槽,坐浆面宜设抗剪槽。

砖及砌块的连接固定可以通过以下两种方法:一是通过水泥砂浆黏接,砌筑时避免出现通缝;二是设置钢筋拉接,例如墙与构造柱的连接。

各种砌筑用砌块,根据抗压强度分为MU10、MU7.5、MU5、MU3.5、MU2.5、MU1.5共6个强度等级。

## 2.6 金属材料

人类文明的发展与金属材料的运用密切相关,金属材料的生产和使用极大地推进了人类社会的进步及经济的发展。人类社会先后经历了“铜器时代”“铁器时代”的洗礼,逐步迈入“轻金属时代”。

金属材料已广泛运用于景观设计中,它在园林景观的墙体、构筑物和小品上经常使用,能产生高科技和未来感。

金属材料的发展史,从金→铜→铁、锌→钢铁→金属与数字技术,如图2.35所示。

面具(金)

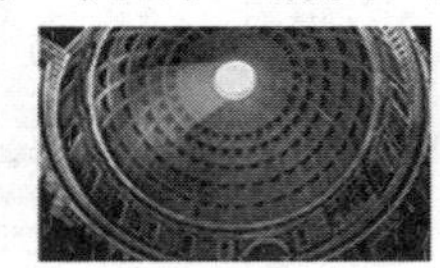

万神殿铜顶

泸定桥(铁)

建筑立面(锌)

水晶宫(钢)

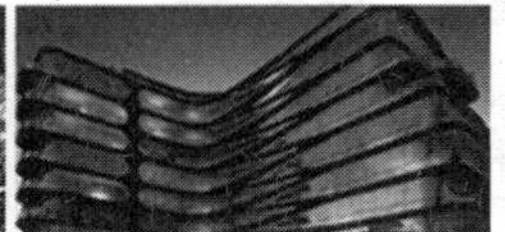

金属与数字技术

图2.35 金属材料发展简史示意图

## 2.6.1　定　义

金属材料是指金属元素或以金属元素为主构成的具有金属特性的材料的统称。本书中主要指在景观工程构筑中应用的纯金属或合金，它们主要通过热熔后浇筑的方式来塑造各种不规则造型，如塑造雕塑等。

## 2.6.2　分　类

金属材料通常分为钢铁材料、有色金属材料和其他合金金属及特殊工艺的金属材料，如图 2.36 所示。

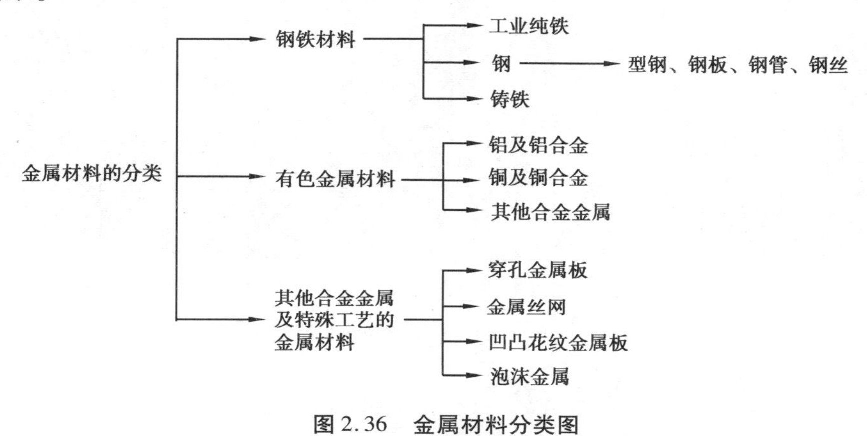


图 2.36　金属材料分类图

## 2.6.3　金属材料的特性

金属材料具有以下特征：

①表面具有金属所特有的色彩，具有良好的反射能力和不透明性，且具有金属特有的光泽。

②具有优良的力学性能：金属材料的强度、熔点、刚度和韧性较高。正是由于金属材料具有优良的力学性能，才能作为工程结构的材料而被广泛应用。

③具有优良的加工性能：金属材料可通过锻造、铸造等成型，也可通过深冲加工成型，还可进行各种切削加工，同时还可以进行焊接性连接装配，所以金属材料的加工性能良好，易造型。

④具有良好的导电、导热性能：金属具有良好的导电性和导热性，是电与热的良导体。

⑤可制成金属合金：金属可以与其他金属或非金属元素在熔融态下形成合金，制成金属间化合物以改善金属的性能。合金可根据添加元素的多少，分为二元合金、三元合金等。

⑥金属的氧化、腐蚀：金属材料具有易腐蚀的特性，除贵金属之外，绝大多数的金属易于氧化生锈，产生腐蚀。

⑦具有良好的表面工艺性：在金属的表面上可以进行各种装饰工艺，从而获得理想的质感。如利用切削精加工，能得到不同的肌理质感效果；又如镀铬抛光的镜面效果，给人以华贵的感觉；而镀铬喷砂后的表面成微粒肌理，产生自然温和雅致的灰白色，且手感好；另外，在金

属表面上进行涂装、电镀、金属氧化着色,可获得各种色彩,做成装饰性工业产品。

## 2.6.4 钢铁材料

### 1)铁

铁是一种高强度、高密度的金属,用于建造人工环境中最耐久的一部分。

铸铁是通过铸造成型的,经常用作井盖、水渠等地面开口的覆盖物,承担繁重的交通负荷。铺装区域的树池也是我们熟悉的铸铁构件,如图2.37(a)、图2.37(b)所示。锻铁是经过锻打成型来制作各种构件的,如锻铁栏杆[图2.37(c)]、景观小品(如图2.38)等。

(a) 井盖图

(b) 树池图

(c) 栏杆图

图2.37 铸铁构件图

图2.38 铸铁雕塑图

### 2)钢

钢在景观中的用途广泛,常用作座椅和长凳的扶手、护栏和矮柱。钢筋则可以为混凝土提供抗拉强度(图2.39)。

### 3)不锈钢

该材料的加工方法常有抛光(镜面)、拉丝、网纹、蚀刻、电解着色、涂层着色等,也可轧制、冲孔成各种凹凸花纹、穿孔板,可以运用于重要的景观部位。

图2.39 揽翠阁金属栏杆(刘家琨作品)

**4）耐候钢板**

耐候钢会带来种丰富、温暖的红棕色。

为追求钢板自然锈蚀的效果，将未处理的钢板直接用于室外，则钢板在大气环境中表层会逐渐氧化变色，形成特殊的效果。在园林景观中，耐候钢板可用于景墙、雕塑、特色小品等，体现了现代工业感及历史感（图2.40、图2.41、图2.42）。

图2.40　北京798艺术中心

图2.41　成都音乐公园小品

图2.42　青海朱育帆设计的原子城

**5）各种钢铁型材**

（1）型材（表2.3）

表2.3　型材的分类

| 分类方法 | 型材的类型 |
|---|---|
| 生成方法分类 | 热轧型钢、弯曲型钢、挤压型钢、拔制型钢、焊接型钢 |
| 截面形状分类 | 圆钢、方钢、扁钢、六角钢、角钢、工字钢、槽钢、异型钢 |
| 尺寸分类 | 大型型钢、中型型钢、小型型钢 |

钢结构中的元件是型钢及钢板。型钢的定义是指具有确定断面形状且长度和截面周长之比相当大的直条钢材。钢结构构件一般宜直接选用型钢，这样可减少制造工作量，降低造价。型钢尺寸不合适或者构件很大时则用钢板制作。景观中的型钢应用：大型型钢可以用于亭、廊、桥等景观构筑的结构，如梁、柱、檩等；小型型钢可以用做栏杆扶手和景墙、屏障。型钢构件之间可直接连接或附以连接钢板进行连接，连接方式有铆接、螺栓接和焊接。型钢中常用的几类是角钢、圆钢、工字钢。

角钢（图2.43）是指两边互相垂直成角形的长条钢材。分为等边角钢和不等边角钢。等边角钢的规格以边宽×边宽×边厚表示(单位:mm),如"∠230×30×3"。也可用型号表示,型号是边宽的厘米数,如∠3#。通常生产的等边角钢的规格为2#~20#。角钢可按结构的不同需要组成各种不同的受力构件,也可作构件之间的连接件。圆钢是指截面为圆形的实心长条钢材。其规格以直径的毫米数表示,如"50"即表示直径为50 mm的圆钢。热轧圆钢的规格为5.5~250 mm。而直径在6.5~9.0 mm的小圆钢称为线材,常用作拉拔钢丝的原料。目前用量最大、使用最广的线材是低碳热轧圆盘条,盘条的公称直径有5.5 mm、6.0mm、6.5 mm、7.0 mm、8.0 mm、9.0 mm。11.0 mm,12.0 mm,13.0 mm,14.0 mm等。

工字钢也称为钢梁,是截面为工字形状的长条钢材。工字钢(图2.44)广泛用于各种建筑结构。它分普通工字钢、轻型工字钢和H型钢3种。普通工字钢和轻型工字钢的规格用腰高×腿宽×腰厚的毫米数表示,如"普工160×88×6""轻工160×81×5"。

普通工字钢的规格也可用型号表示,型号表示腰高的厘米数,如普工16#。热轧普通工字钢的规格为10#~63#,H型钢是一种比工字钢截面面积分配更加优化、强重比更加合理的经济断面高效型材,因此广泛应用于大跨度的钢结构。

(2)板材(表2.4)

钢板的定义是指厚度与宽度、长度比相差较大的平板钢材。钢板在景观中的使用是最为广泛的,不仅可以用做各种景观界面,如墙体,铺装和顶棚。也可以用做景观小品,如花池、水池、家具等,此外,精美加工的板材还可以作为装饰部件。选择钢板的时候,材质和厚度都是非常重要的因素。材质不同,用到的地方也不同,因此钢板的选择很大程度上是按照材质来分,如景观中常用的不锈钢板、花纹钢板、耐候钢板等。再者,虽然钢板按照厚度大致分为3类,但是不同材质的钢板的厚度也是有范围的,如花纹钢板一般是厚2.5~8 mm,不锈钢板则分为厚度0.02~4 mm的薄冷板和1.5~100 mm的中厚板。景观中的一般使用薄板不锈钢,常用的厚度为0.2~20 mm。

**表2.4　钢板的分类**

| 分类方法 | 钢板的类型 |
| --- | --- |
| 品质分类 | 普通钢板、优质钢板、复合钢板 |
| 生成方法分类 | 冷轧钢板、热轧钢板 |
| 表面处理方式分类 | 涂层钢板、镀层钢板 |
| 厚度分类 | 薄钢板(0.35~4 mm)、厚钢板(4.5~60 mm)、特厚钢板(大于60 mm) |

(3)钢筋

钢筋(图2.45):主要用于钢筋混凝土,也可做栏杆、宾格石笼等。截面形式有圆形、方形和多边形。其中圆形最常用,又分为光圆和变形钢筋,它们又分别称为冷拔钢筋和热轧钢筋(也称螺纹钢筋)。光圆钢筋的直径为6.5~12 mm时,大多数卷成盘条,12~40 mm时,做直条。变形钢筋常采用的直径为8 mm、12 mm、16 mm、20 mm、25 mm、32 mm、40 mm。冷拉钢筋是钢筋在经冷拉并产生一定的塑性变形后,其屈服强度、硬度提高,而塑性韧性有所降低,这种现象称为冷加工强化,对承受冲击和振动荷载的结构不允许使用冷拉钢筋。

(4)管材(表2.5)

**表2.5 管材的分类**

| 分类方法 | 管材的类型 |
| --- | --- |
| 材质分类 | 碳素管、合金管、不锈钢管 |
| 生产方法分类 | 无缝钢管、有缝钢管 |
| 连接方式分类 | 光管(管端不带螺纹)、车丝管(管端带有螺纹) |
| 镀涂特征分类 | 黑管(不镀涂)、镀涂层管 |
| 断面形状分类 | 圆钢管、异形钢管 |

钢管(图2.46)是中空的棒状钢材。钢管的规格一般都是用钢管的外径、壁厚和长度来表示,单位一般都是用mm。例如,$\phi$20×2.0×4 000就是外径20 mm、壁厚为2 mm、长度为4 000 mm的钢管。大型钢管用于铺设管道,中型钢管可以作为钢结构的受力构件,如桁架结构,圆钢管桁架外形美观、轻巧,特别适用于对透视要求较高的高架桥及城市景观桥梁中。也可用于廊架、亭子、植物攀缘架等构筑物的结构件,或用于街道家具,如庭院灯柱、标示牌、坐凳等。小型钢管可用于装饰性部件,如栏杆的栏板可选用$\phi$20的钢管。

(5)钢丝

钢丝(表2.6)钢材经冷拉加工而得的直径小于8 mm(大多数情况下小于4 mm)的钢材产品。钢丝在景观中可以单独使用,编织成钢网屏障,也可以和型钢搭配成栏杆扶手、围栏,或是用于景观小品、雕塑等。景观中常用2.5~5 mm规格的钢丝,常用的材质有Q235钢材和不锈钢。

**表2.6 钢丝的分类**

| 分类方法 | 钢丝的类型 |
| --- | --- |
| 截面形状分类 | 椭圆形钢丝、圆形钢丝、三角形钢丝、异型钢丝 |
| 尺寸分类 | 特细(小于0.1 mm)、较细(0.1~0.5 mm)、细(0.5~1.5 mm)、中等(1.5~3.0mm)、粗(3.0~6.0 mm)、较粗(6.0~8.0mm)、特粗(大于8.0 mm) |
| 化学成分分类 | 低碳钢丝、中碳钢丝、高碳钢丝、低合金钢丝、中合金钢丝、高合金钢丝 |
| 表面状态分类 | 抛光钢丝、磨光钢丝、酸洗钢丝、氧化处理钢丝、镀层钢丝 |
| 用途分类 | 普通钢丝、结构钢丝、弹簧钢丝、不锈钢钢丝、电工钢丝、钢绳钢丝 |

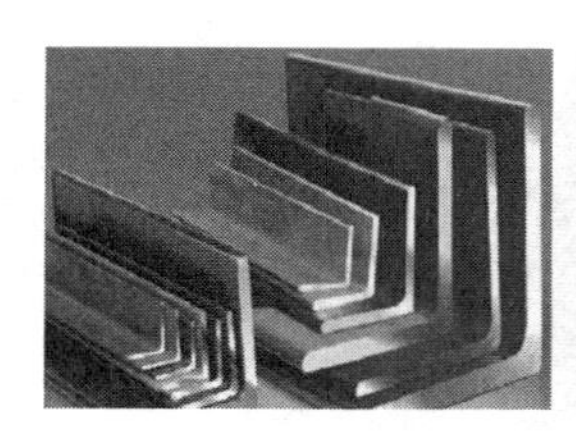

**图2.43 角钢**

**图2.44 工字钢**

**图2.45 钢筋**

**图2.46 钢管**

## 2.6.5 有色金属材料

**1)铝及铝合金**

铝是强度低、塑性好的金属。除部分纯铝外,为了提高强度及综合性能,也可在铝中加入其他合金元素,配成合金,能使其组织结构和性能发生改变,使其适宜用作各种加工材料或零件铸造。经常加入的合金元素有铜、镁、锌、硅、锰等。

铝的延展性很好,可以耐受明显的变形而不断裂,而且能够抗腐蚀。

在景观设计中,铝多用于制作户外家具,包括长椅、矮柱、旗杆、格栅等。

铝及铝合金是常用的现代材料。作为现代十分流行的新型、高档的装饰材料,铝及铝合金装饰板由铝合金板材经工艺加工制成,装饰板表面经加工处理而获得各种色彩及肌理,以其特有的光泽及质感丰富着现代城市环境艺术词汇[图2.47、图2.48(a)—(c)]。

(a) 铝板 (b) 保温铝皮 (c) 指针花纹 (d) 五条花纹

(e) 拉丝铝板 (f) 铝带 (g) 三条花纹 (h) 橘皮花纹

(i) 氧化铝板 (j) 中厚铝板 (k) 瓦楞压型 (l) 铝卷

图2.47 铝合金产品图

(a)铝合金栏杆 (b)铝合金车棚 (c)水印氟碳木纹铝型材亭

图2.48 铝合金建筑

哈佛三杰之一的艾科伯在自己洛杉矶的住所完成的场地设计被认为是展现新材料——

铝材最富想象力的代表作，如图 2.49 所示。艾科伯还将加工成各种形式和不同色彩的铝材用于帐篷、建筑小品和百叶窗甚至喷泉的设计中，实现了他对人造空间所寄予的理想和利用新材料设计的追求。

图 2.49　铝合金雕塑

2）铜及铜合金

铜是紫红色金属，铜材较软，易加工，可制成管、棒、线、带以及箔等型材。

铜是一种古老的建筑材料，被广泛应用于建筑装饰及各种零部件。在传统建筑中，铜材还用作高档的装饰材料。铜构件之间的连接方法，同其他金属构件一样，可以有焊接、螺钉或螺栓、铆接等方法。

铜以加工方式分，主要有铸铜与锻铜；以色泽分，可分为黄铜、红铜、紫铜、白铜和青铜等。

铜具有很多优秀的物理和化学性质。铜导电性导热性好，化学稳定性好，抗张拉强度大，易延展、易塑型、易熔焊、耐腐蚀；铜不需要特殊维护，并且具有抑制细菌的作用。

铜还具有其他材料无法比拟的美学特征。铜在其自然氧化的过程中会随时间推移呈现不同色彩变化，从金黄色到紫红色，再到茶褐色，直至最终的水绿色，铜的独特色彩语言赋予建筑更为直观可触的历史感。

青铜一直被认为是适合铸造室外雕塑的金属，如图 2.50 所示。在景观中，它的用途与铸铁类似，如运用于树池、水槽、排水渠盖、井盖、灯柱等处，但是青铜在景观要素的价格中较高。

图 2.50　铸铜雕塑

3）钛

金属钛在自然界中存量位居第四，仅次于铁、铝、镁，大大超过铜、镍、铅、锌的储量总和。钛最早应用于航天航空和军工领域，而日本人则首次将钛材应用于建筑材料。

钛的颜色可以在数年内保持不变，经过电荷处理的钛则可以逐渐出现银色、金色、蓝色或紫色，电压不同，色调也不相同。

阿布扎比机场就使用了钛，且用量近百吨。该机场是世界上第一个用钛作为建筑结构材料的应用范例，如图 2.51 所示。

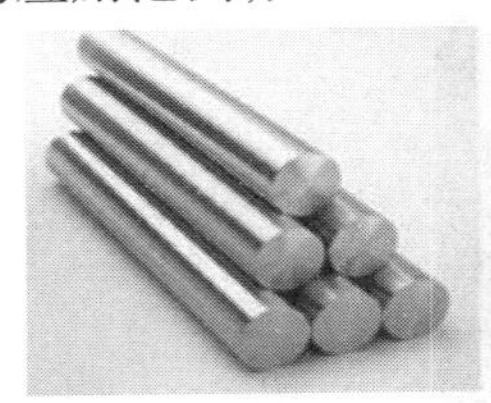

图 2.51　金属钛及钛在阿布扎比机场的应用

## 2.6.6　其他合金金属材料及特殊工艺的金属材料

### 1）穿孔金属板

穿孔金属板：该材料是以各种金属板材为原料，通过冲孔机械将板材局部打出各种孔洞，形成特殊的质感和肌理。在景观设计上可用来制作特色小品及室外设备的装饰挡板，如图 2.52所示。

图 2.52　上海世博主题馆

### 2）金属丝网

金属丝网：该材料是把金属进行编织所形成的网状材料，具有不同于玻璃的朦胧透视感，并反射出一种金属的光泽。使用的金属包括未经处理的铁、镀锌钢、不锈钢、高强度耐腐蚀铬镍钢、铝、青铜、红铜、黄铜、锡等。金属丝网的稳定性较高，在大面积使用时不需用连接工具也没有接缝。在景观设计中，该材料可用于构筑物的立面、内部隔断中，如图 2.53 所示。

图 2.53　同济大学 C 楼

**3）凹凸花纹金属板**

凹凸花纹金属板是采用铸造、冲压等工艺，制造出金属板表面的凹凸花纹。它在建筑上常用作防滑、耐磨的地面材料；在景观上，既可作为地面铺装材料，也可作为构筑物的饰面材料。

苏州园融广场的部分铺地就是由凹凸花纹金属板来表现，具有工业化的特殊肌理效果，如图2.54所示。

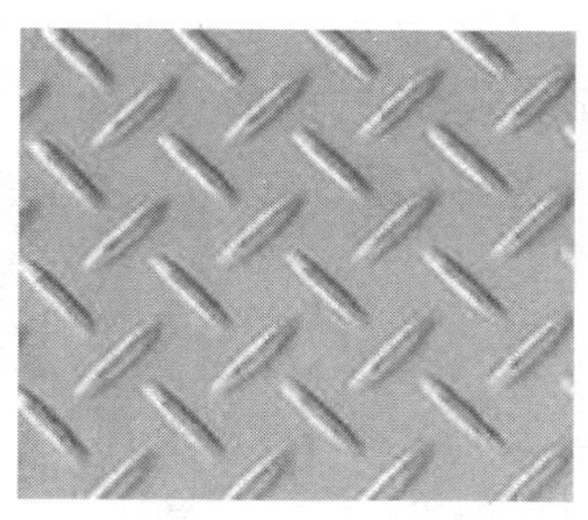
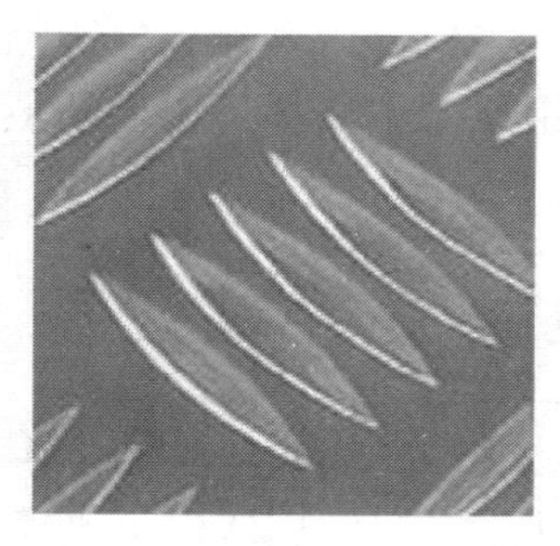

图2.54　凹凸花纹金属板示意图

**4）金属波纹涵管**

金属波纹涵管也称金属波纹管涵、波纹管涵、波纹涵管或钢制波纹涵管，是指铺埋在公路、铁路下面的涵洞所采用的螺纹波纹管。它是由波形金属板卷制成或用半圆波形钢片拼制成的圆形波纹管，广泛应用于公路、铁路、小桥、通道、挡土墙以及各种矿场、巷道挡墙支护等工程中的涵洞（管）中，如图2.55和图2.56所示。

金属波纹涵管的特点如下：

①工程实际造价比同类跨径的桥、涵洞低。

②施工工期短，主要为拼装施工。

③采用标准化设计、生产，设计简单，生产周期短。

④生产不受环境影响，进行集中工厂化生产，有利降低成本，控制质量。

⑤现场安装不需使用大型设备，方便安装。

⑥减少了水泥、块片石或碎石、砂等的用量，有利于环保。

⑦有利于改善软土、膨胀土、湿陷性黄土等特殊地基结构物具有的不均匀沉降问题，提高了公路服务性能，减少了工后养护成本。

⑧解决了北方寒冷地区（霜冻）对桥梁混凝土结构的破坏。

图2.55　金属波纹管

图2.56　金属波纹管涵洞

# 2.7 木 料

## 2.7.1 木料结构

从外观来看,树木主要分为3个部分:树冠、树干、树根。其中,树干(图2.57)由树皮、形成层、木质部和髓心组成。木质部是树干的主要组成部分,也是木料的主要使用部分。

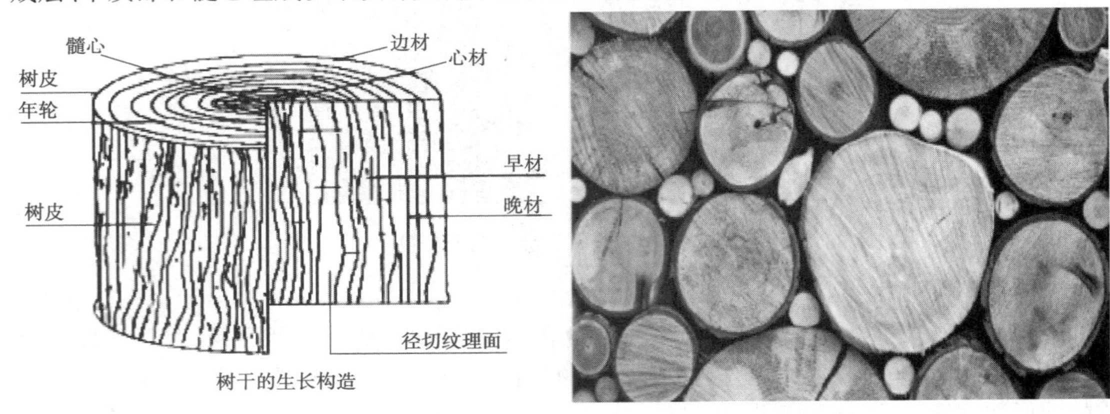


图2.57 木料结构示意图

## 2.7.2 木料性质

木料具有质量小、强度高的特点,并具有弹性和韧性较好,耐冲击和震动,保温性好,易着色和上油漆,装饰性好,易加工的优点。特别是木料的天然纹理、温暖的视觉和触觉感受,是其他工业材料所无法比拟的。

但它存在内部结构不均匀,易吸水吸湿,易腐朽,虫蛀,易燃烧,天然瑕疵多,生长速度缓慢等缺点。

## 2.7.3 木料分类

**1)按树种分类**

按树种分类,一般分为针叶树材料和阔叶树材料。

①针叶树:红松、马尾松、杉木、银杏树等,树叶细长如针,多为常绿树(软木材)。

特点:树干通直而且高大,易得大材,纹理直且粗犷、清晰,价格较低廉;材质均匀且较软,易加工,属软质木材;材质强度高,表面密度和胀缩变形小,耐腐蚀性强。

用途:板、方材可做基材,承重构件,饰面。

②阔叶树:水曲柳、樟木、胡桃木、樱桃木、柚木、紫檀、白杨、黄杨木、红榉木、白榉木等,树叶宽大,叶脉成网状,属落叶树(硬木材)。

特点:树干通直部分较短,材质较硬,加工较难,属硬质木材。表观密度大,其胀缩变形较大,易手开裂。经过加工处理后,性能可得到提高。但其色泽丰富,大多树种纹理细而直,自然美丽。

用途:广泛用于地板材料和墙面、柱面、门窗、家具等主要饰面用材以及各种装饰线材。

**2)按照加工程度和用途分类**

按加工程度和用途分类,可分为原木、原条、板枋材(图 2.58)。

①原条:已经去皮、根、树梢的,但尚未按一定尺寸加工成规定的材类。

用途:建筑工程的脚手架,建筑用材,家具装潢,景观小品等。

②原木:是由原条按一定尺寸加工成规定直径和长度的木材,又分为直接使用的原木和加工原木。

a. 直接使用的原木:用于建筑工程(如屋梁、檩、椽等)、桩木、电杆、坑木等。

b. 加工原木:用于胶合板、造船、车辆、机械模型及一般加工用材等。

③板枋材:已经加工锯解成材的木料。凡宽度为厚度 3 倍或 3 倍以上的,称为板材;不足 3 倍的称为枋材。普通锯材的长度:针叶树 1 ~8 m,阔叶树 1 ~6 m。长度进级:东北地区 2 m 以上按 0.5 m 进级,不足 2 m 的按 0.2 m 进级;其他地区按 0.2 m 进级。

用途:建筑工程、桥梁、木制包装、家具、装饰等。

(a)原条　(b)原木　(c)板枋材

图 2.58　原条、原木、板枋材示意图

## 2.7.4　加工技术

传统加工工具包括锯子、斧头、钻、錾子、手刨等;现代使用电动工具,包括电动锯台、手提圆盘锯、电刨、电钻、电动镙机、电动曲线锯等。

## 2.7.5　应用范围

图 2.59　亭子

1)建(构)筑物

木料(图2.59)常用作园林景观中重要的建(构)筑物的构件,如亭、廊架、景墙等的构件,并常和钢、石、砖、混凝土以及有机玻璃材料结合使用。

2)木质铺装

木质铺装(图2.60)能营造雅致宁静柔和温暖和亲切的自然氛围,是种极富吸引力的铺装材料。在实际工程中常用原木桩、木块、木质面板来代替各种坚硬的石材和砖等材料进行铺装,创造出宜人舒适的生态环境。而且利用原木建造的木栈道,亲水平台,港口码头平台等,有大气磅礴之感。

3)木质设施

木料的可塑性较强,经过艺术处理制作可做出与环境特色相呼应的景观设施,如木墙、木门、木窗等(图2.61),也可做台阶和木质扶手,用作过渡材料。

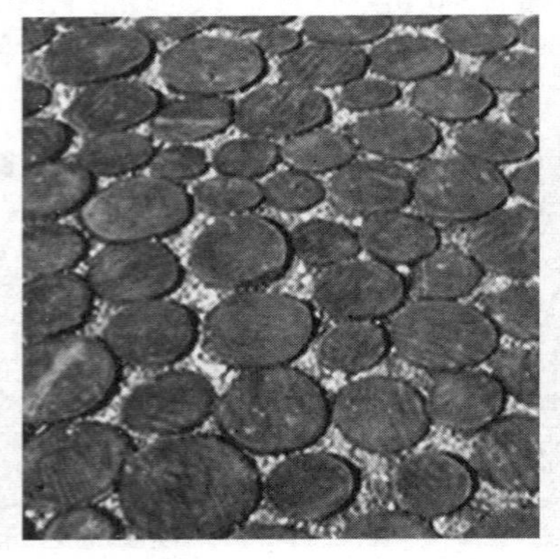

图2.60　木质铺装

图2.61　木质设施

## 2.7.6　木构件的连接

木构件一般采用白乳胶、万能胶、环氧树脂胶等进行黏结,用连接件铆接、栓接或钉接,也可以用榫卯结构连接,如图2.62、图2.63所示。

图2.62　木构件之间钉接与栓接

图2.63　木构件之间榫卯连接

## 2.7.7　木料在景观中的运用优势

### 1)运用优势

木料和其他景观材料相比,有其独特的优势。它美观、柔韧、灵活、轻质、环保,是可回收的天然材料。树木利用太阳能生长,吸收并固定二氧化碳,可循环、可生物降解;用树木生产出的木料易加工,有适中的强度、较好的弹性和韧性、良好的耐抗冲击、耐震动性和蓄热性,还具有悠久的历史认同感和深厚的文化积淀。我们可以通过现代的技术手段,提高木材的使用性能和使用寿命。

### 2)案例赏析

木料在景观中运用颇多,可以用通过木料不同的混搭堆叠,打造出生动活泼的景观场景。例如图 2.64 中的“丛林猪”、圆球、木房子、人造蜂巢、蘑菇屋、动能展示装置及特色园路等。

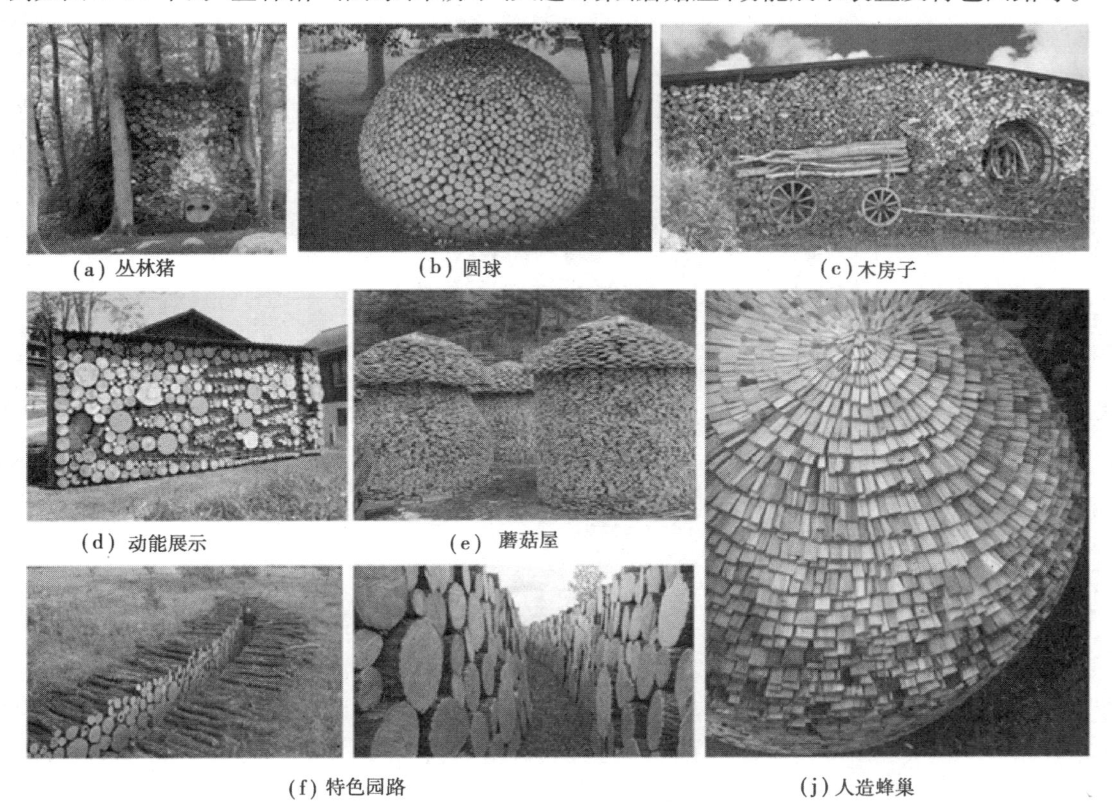

(a) 丛林猪　(b) 圆球　(c) 木房子　(d) 动能展示　(e) 蘑菇屋　(f) 特色园路　(j) 人造蜂巢

图 2.64　天然木料创意案例图

## 2.7.8　木料在景观中的运用缺陷

木料在自然环境中(尤其是在比较潮湿的环境中)受自然环境的冻融变化影响,生物的侵蚀,很容易产生开裂变形、霉变、腐烂、虫蛀、掉漆、褪色等不良现象,这将严重影响木质景观设施的美观性和安全性。为了延长木制品的使用寿命,需要对木材进行相应的烘干、防腐、油漆、表面碳化等二次处理,以提高木材的使用寿命,减少其维护和维修成本。

## 思考题

1. 本书提到的景观工程用于塑形和机构的主体材料有哪些?
2. 水泥按用途及性能分为哪几类?
3. 钢筋混凝土的应用范围有哪些?
4. 砌筑用的石料主要是指哪些? 观赏用石料有哪些?
5. 金属材料的定义是什么? 有哪些分类?
6. 木料的应用范围有哪些?

# 3 小型构件制作及装饰用材料

**本章导读**

本章主要介绍在园林景观工程中小型构件的制作及其装饰用材料，主要包括玻璃、复合材料、木材、装饰用水泥与混凝土、竹材、膜材、塑料、橡胶及木塑材料、铺装用砖、砌块、石材和陶瓷等。

## 3.1 玻　璃

玻璃，这一具有神秘与梦幻色彩的特殊材质，在公共艺术领域运用历时已久。它集材料、技术、科学、艺术多方面因素于一体，呈现出精神和物质两个方面的内涵。玻璃品种的多样性，决定了它在工程中的应用会越来越广泛，也为设计师的灵感提供了更为广泛的创意空间。

玻璃是非晶无机非金属材料，一般是用多种无机矿物（如石英砂、硼砂、硼酸、重晶石、碳酸钡、石灰石、长石、纯碱等）为主要原料，另外加入少量辅助原料制成。它的主要成分为二氧化硅和其他氧化物。

玻璃混入某些金属的氧化物或者盐类会显现出颜色，成为有色玻璃，或通过物理或者化学的方法能制得钢化玻璃。

### 3.1.1 平板玻璃

**1）材料简介**

平板玻璃也称白片玻璃或净片玻璃，其化学成分一般为钠钙硅酸盐玻璃。平板玻璃包括普通平板玻璃、浮法玻璃(图 3.1)等。其中浮法玻璃由于生产工艺不同,平度好,没有水波纹。

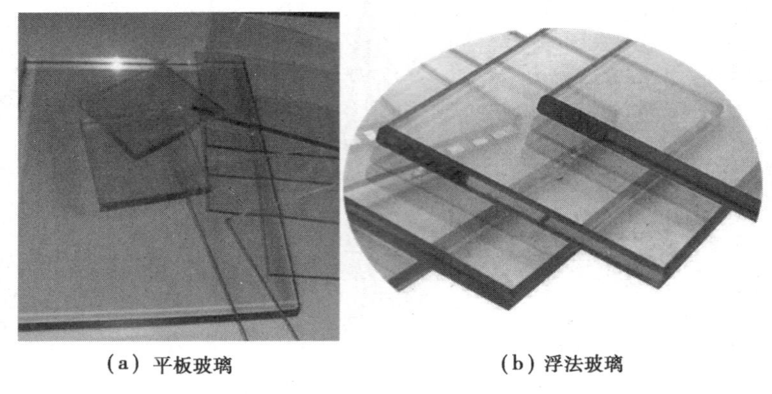

(a) 平板玻璃　　(b) 浮法玻璃

图 3.1　平板玻璃及浮法玻璃

**2)性能及特征**

①平板玻璃具有良好的透视性,透光性能好(3 mm 和 5 mm 厚的无色透明平板玻璃的可见光透射比分别为 88% 和 86%),对太阳中近红热射线的透过率较高,但对可见光通过室内墙顶地面和家具、织物而反射产生的远红外长波热射线却能有效阻挡,故可产生明显的“暖房效应”。

②无色透明平板玻璃对太阳光中紫外线的透过率较低。

③平板玻璃具有隔声和一定的保温性能,其抗拉强度远小于抗压强度,是典型的脆性材料。平板玻璃具有较高的化学稳定性,通常情况下,对酸、碱、盐及化学试剂及气体有较强的抵抗能力,但若长期遭受侵蚀也能使其性质破坏,如玻璃的风化和发霉都会导致其外观的破坏和透光能力的降低。

平板玻璃热稳性较差,急冷急热,易发生爆裂。

平板的玻璃是一种比较薄的玻璃,主要应用于普通居民家的玻璃门窗的使用,还可经过一定的喷砂、雕磨或做一定的腐蚀处理,使其具备装饰性。

**3)产品工艺**

平板玻璃的传统成型方法主要有手工成型和机械成型两种。

①平板玻璃手工成型:主要有吹泡法、冕法、吹筒法等。这些方法由于生产效率低,玻璃表面质量差,已逐步被淘汰,只有在生产艺术玻璃时采用。

②平板玻璃机械成型:主要有压延、有槽垂直引上、对辊(也称旭法)、无槽垂直引上、平拉和浮法等方法。

**4)常用参数**

根据国家标准《平板玻璃》(GB 11614 —2009)的规定,平板玻璃按其公称厚度,可分为 2 mm、3 mm、4 mm、5 mm、6 mm、8 mm、10 mm、12 mm、15 mm、19 mm、22 mm、25 mm 共 12 种规格,3 mm 厚的玻璃用量最大,主要用于建筑门窗。

**5)设计注意事项**

①平时所说的 3 厘玻璃,是指厚度为 3 mm 的玻璃。这种规格的玻璃主要用于画框表面。

②5～6 mm 玻璃，主要用于外墙窗户、门扇等小面积透光造型中。

③7～9 mm 玻璃，主要用于室内屏风等较大面积但又有框架保护的造型之中。

④9～10 mm 玻璃，可用于室内大面积隔断、栏杆等装修项目。

⑤11～12 mm 玻璃，可用于地弹簧玻璃门和一些活动和人流较大的隔断之中。

⑥15 mm 以上玻璃，一般市面上销售较少，往往需要订货，主要用于较大面积的地弹簧玻璃门外墙整块玻璃墙面。

### 3.1.2 经加工的平板玻璃

经过加工的平板玻璃包括磨光玻璃、磨砂玻璃、喷砂玻璃、磨花玻璃、压花玻璃、冰花玻璃（冰裂玻璃）、蚀刻玻璃、钢化玻璃等。

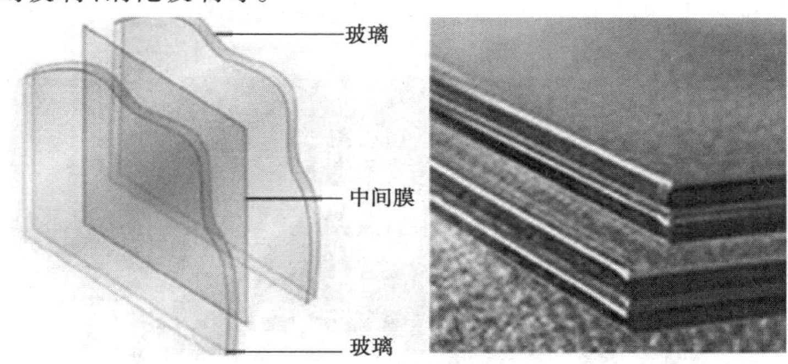


图 3.2 夹胶玻璃示意图

### 3.1.3 夹胶玻璃

**1）材料简介**

夹胶玻璃（图 3.2）是由两片或多片玻璃，中间夹上一层或多层透明有机聚合物的中间膜，经过特殊的高温预压（或抽真空）及高温高压工艺处理后，使玻璃和中间膜永久粘合为一体的复合玻璃产品。较厚的夹胶玻璃俗称防弹玻璃，是一种“安全玻璃”。常用的夹胶玻璃中间膜有：PVB、SGP、EVA、PU 等有机聚合物。夹胶玻璃还可以有多种色彩。

**2）材料分类**

根据中间膜的熔点不同，可分为低温夹层玻璃、高温夹层玻璃、中空玻璃。

根据中间所夹材料不同，可分为夹纸、夹布、夹植物、夹丝、夹绢、夹金属丝玻璃等众多种类。

根据夹层间的黏结方法不同，可分为混法夹层玻璃、干法夹层玻璃、中空夹层玻璃；根据夹层的层类不同，可分为加胶玻璃、夹丝玻璃等。

**3）材料特性**

夹胶玻璃即使碎裂，碎片也会被粘在薄膜上，破碎的玻璃表面仍保持整洁光滑。这就有效防止了碎片扎伤和穿透坠落事件的发生，确保了人身安全。在欧美，大部分建筑玻璃都采用夹胶玻璃，这不仅为了避免伤害事故，还因为夹胶玻璃有极好的抗震入侵能力。有的中间膜能抵御锤子、劈柴刀等凶器的连续攻击，还能在相当长时间内抵御子弹穿透，其安全防范程度可谓极高。玻璃的安全破裂是指在重球撞击下可能碎裂,但整块玻璃仍保持为一体,碎块和锋利的小碎片仍与中间膜粘在一起。由于破碎时碎片不会分散,故这种玻璃多用在汽车等交通工具上。钢化玻璃需要较大撞击力才碎,一旦破碎,整块玻璃爆裂成无数细微颗粒,框架中仅存少许碎玻璃。普通玻璃一撞就碎并产生许多长条形的锐口碎片。

夹胶玻璃的缺点就是容易被水渗透,如果夹胶玻璃发生了水渗透,夹胶玻璃表面就会出现模糊状,在视觉美观方面会有影响。

**4)案例赏析**

在建筑中运用较多的一种特色夹胶玻璃就是彩色夹胶玻璃。彩色夹胶玻璃也称彩色夹层安全玻璃,是在两片或多片浮法玻璃中间夹以强韧的 PVB(乙烯聚合物丁酸盐)胶膜,经热压机压合并尽可能排出中间空气,然后放入高压蒸汽机内利用高温高压将残余的少量空气溶入胶膜而成的彩色玻璃。

图 3.3　Museum atPrairiefire

PVB 中间膜是半透明的薄膜,外观为半透明,无杂质,表面平整。对无机玻璃有很好的黏结力,具有透明、耐热、耐寒、耐湿、机械强度高等特性。

正是此中间薄膜,才使它区别于彩色玻璃而被赋予其更多的可能性,能满足设计师天马行空的设计思想。除了 PVB 薄膜,其常用的中间膜还有 EVA(乙烯—醋酸乙烯共聚物)、PU 聚氨酯等。例如,图 3.3 是美国堪萨斯博物馆建筑,通过彩色夹胶玻璃打造的特色建筑外立面,使这个建筑看起来像是一簇簇在田野里熊熊燃烧的火焰。

位于爱尔兰的 Athy 图书馆通过彩色夹胶玻璃结合光影展示了幻彩的效果(图 3.4)。在景观中运用较多的有风景区的玻璃栈道(图 3.5)所使用的夹胶玻璃,还有稻穗图案、水草图案的工艺夹胶玻璃(图 3.6、图 3.7)。

图 3.4 Athy 图书馆(爱尔兰)

图 3.5 玻璃栈道(夹胶玻璃)

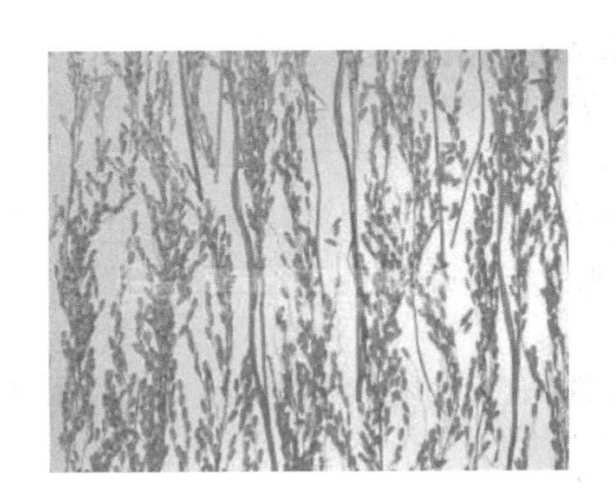

图 3.6 工艺夹层玻璃(稻穗图案)

图 3.7 工艺夹层玻璃(水草图案)

### 3.1.4 夹丝玻璃

**1)材料简介**

夹丝玻璃(图3.8)又称防碎玻璃,它是将普通平板玻璃加热到红热软化状态时,再将预热处理过的铁丝或铁丝网压入玻璃中间而制成的。其特性是防火性优越,可遮挡火焰,高温燃烧时不炸裂,破碎时不会造成碎片伤人。另外它还有防盗性能,即使玻璃破碎还有铁丝网阻挡,故主要用于屋顶天窗、阳台窗,而园林工程一般将其用于温室等处。

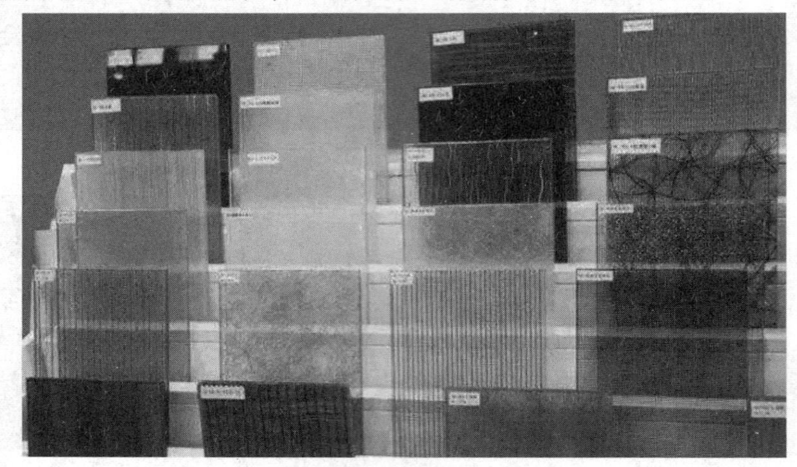

图3.8 夹丝玻璃示意图

**2)材料特性**

(1)防火性

夹丝玻璃即使被打碎,线或网也能支住碎片,很难崩落和破碎。即使被火焰穿破,也可遮挡火焰和火星的侵入,有防止从开口处扩散延烧的效果。

(2)安全性

夹丝玻璃能防止碎片飞散。即使遇到地震、暴风、冲击等外部压力使玻璃破碎时,碎片也很难飞散,所以与普通玻璃相比,夹丝玻璃不易造成碎片飞散而伤人。

(3)防盗性

普通玻璃很容易被打碎,所以小偷可以潜入进行非法活动,而夹丝玻璃则不然。即使玻璃破碎了,仍有金属线网在起作用,所以小偷不可能轻易入室盗窃。夹丝玻璃的这种防盗性,给人们心理上带来了安全感。

夹丝、夹网玻璃改善了平板玻璃易碎的脆性性质,是一种价格低廉,应用广泛的建筑玻璃。

**3)制作工艺**

夹丝玻璃是采用压延工艺生产出来的一种安全玻璃。成卷的金属丝网由供网装置展开后送往熔融的玻璃液中,随着玻液一起通过上、下压延辊后制成夹丝玻璃。夹丝玻璃中的金属丝网网格形状一般为方形或者六角形,而玻璃表面可以带花纹,也可以是光面。夹丝玻璃厚度一般为6~16 mm(不含中间丝的厚度),安全玻璃可在建筑物顶棚等场合使用。

#### 4)案例赏析

夹丝调光玻璃不通电时，它是不透明的，因此完全隔断了两个空间的联系；而玻璃通电后，呈现出隐约的通透效果，又变成了普通的夹丝玻璃，使得被隔断的空间又变得若隐若现。如图3.9所示，调光玻璃的科技感与丝的艺术感完美结合，给整个空间提升了不少层次感。

图3.9　夹丝调光玻璃示意图

夹画(夹丝)调光玻璃的应用：

①屏风应用。水墨画调光玻璃屏风不管是用于家装还是商业场所，都是高端大气上档次的代表。用于家装，既可作为隔断，创造私密空间，也可用山水画图案营造强烈的艺术氛围，展示主人的良好品位；用于商业场所(比如休闲娱乐区)，可为工作人员营造良好的放松氛围，能极为有利地提升工作效率。

②隔断应用。隔断相比屏风而言，面积更大，通常在办公室或大型别墅中应用较多。大面积水墨画办公室的调光玻璃创造出开放与隐秘二合一的全新效果，不仅能从视觉上带给同事或客户非凡享受，还可随心控制空间大小变化。利用背投投影技术，还可将调光玻璃幻化为投影幕墙，加入触控功能，实现多媒体应用(图3.10)。

图3.10　夹丝调光玻璃隔断、屏风示意图

### 3.1.5　钢化玻璃

#### 1)材料简介

钢化玻璃是将普通玻璃先切割成需要的形状和大小，然后加热到接近软化点的700 ℃左右，再快速均匀地冷却而制成，制成后不能再进行切割和钻孔等加工。钢化玻璃不易破碎，一旦破碎时会分解为细小碎粒，不会伤人，常用来制作门窗、隔断和栏板等。

**2)材料特性**

(1)安全性好

当玻璃受外力破坏时,碎片会类似蜂窝状的钝角碎小颗粒,不易对人体造成严重的伤害。

(2)强度高

同等厚度的钢化玻璃的抗冲击强度是普通玻璃的3~5倍。

(3)挠度大

其抗弯强度是普通玻璃的3~5倍。

(4)热稳定性高

钢化玻璃具有良好的热稳定性,能承受的温差是普通玻璃的3倍,可以承受300 ℃的温差变化。

**3)案例赏析**

钢化玻璃用于玻璃幕墙、玻璃地面(图3.11)。

图3.11　钢化玻璃幕墙、地面示意图

### 3.1.6　玻璃马赛克

**1)材料简介**

玻璃马赛克是呈透明或半透明状,色泽丰富,质地坚硬,具有耐热、耐寒和防水特点的小块玻璃,一般采用牛皮纸组成0.3 m×0.3 m的板块,便于施工,在现场采用白水泥白砂(石英砂)浆粘贴,能保持色彩的纯正。它可用作墙面和地面的装修材料(图3.12)。

图3.12　玻璃马赛克示意图

**2)材料特性**

玻璃马赛克色彩多样,有红、紫、蓝、灰、黑、咖啡、豆沙、菊黄、奶黄、翠玉、翡翠、水粉红、西洋红和深柠檬等多种颜色,既可以拼为单一色,也可以拼为各种不同颜色组成的复合色图案。

与传统装饰材料相比,玻璃马赛克具有以下几大特点:

①原料来源丰富,其主要成分为纯碱、纯砂、长石、石灰石、方解石、着色剂、乳化剂,来源有保障,还可以利用废玻璃作为熟料生产。

②生产工艺简单,一般用烧结法和熔融法,也有冷压法。其工艺简单,既便于实现机械化和自动化生产,又有利于降低成本。

③产品性能好。

④施工方便快捷。

⑤装饰效果明显,品种多样,色彩丰富,且表面光滑,不易藏污垢,能雨天自涤,日晒雨淋不褪色,日久长新。其内部含有一定量的气泡,既减轻了自重,同时在室内采光或室外阳光的照射下能产生散射或折射,质感柔和,光彩夺目,色彩绚丽。

**3)案例赏析**

玻璃马赛克用作立柱的外饰面(图3.13),犹如水晶艺术效果,还可以组合成特色图样。

图3.13 玻璃马赛克立柱外饰面图

## 3.1.7 玻璃砖

**1)材料简介**

玻璃砖是用透明或颜色玻璃料压制成形的块状或空心盒状,且体形较大的玻璃制品。其品种主要有玻璃空心砖、玻璃实心砖,马赛克不包括在内。多数情况下,玻璃砖并不作为饰面材料使用,而是作为结构材料,作为墙体、屏风、隔断等类似功能使用。

据智研数据研究中心统计,玻璃砖在装修市场占有相当的比例,一般用于装修比较高档的场所,用于营造琳琅满目的氛围。另外,由于玻璃制品所具有的特性,用于采光及防水功能的区域也非常多。

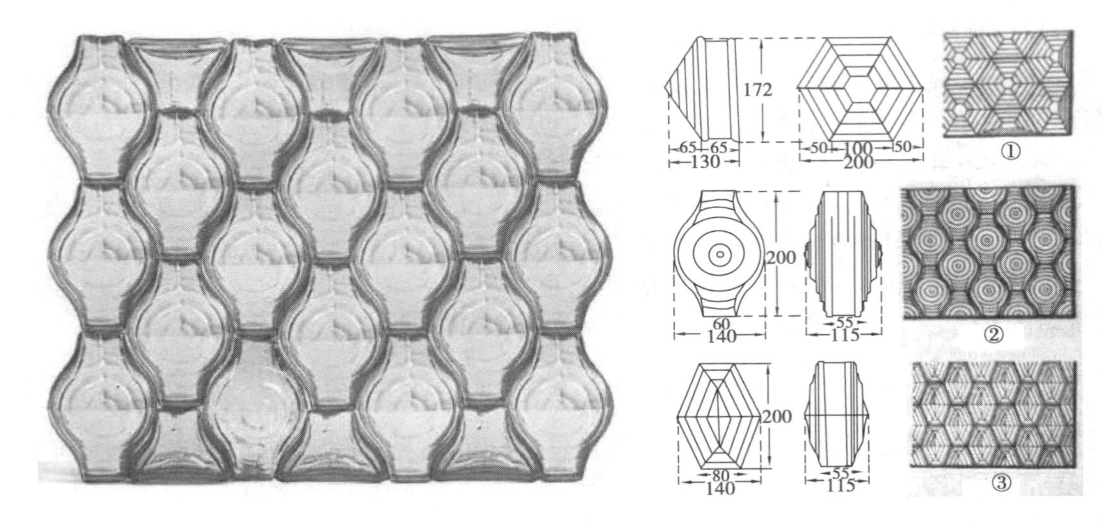


图 3.14　玻璃砖示意图

玻璃砖的结构隔音性、通透性相当好,又非常结实,所以也很适合作为建筑的外墙建材。玻璃砖的历史,可以追溯到 19 世纪的 80 年代末,当时瑞典建筑师古诗塔夫·法尔科尼耶把玻璃制作成这样的造型(图 3.14),并且拼接起来,他设计了 3 种不同类型的手工吹制玻璃砖,这就是世界上第一批玻璃砖。

到了 20 世纪 30 年代,机器更加发达以后,进一步发展创造了更先进的玻璃砖类型。玻璃砖适应性强、模块化和稳定的性质,使它成为了一个非常棒的材料(图 3.15)。

现代主义建筑师皮埃尔·查罗 1932 年在巴黎的"玻璃之家",就是一个非常好的设计,标志着工业玻璃砖正式进入建筑材料应用之中(图 3.16)。

图 3.15　模块化玻璃砖示意图

图 3.16　巴黎"玻璃之家"

**2)性能及特征**

①高透光性和选择透视性:玻璃砖的高透光性是一般装饰材料无法相比的,用玻璃砖砌成的墙体具有高采光性,玻璃砖还使光线通过漫反射使整个房间充满柔和光线,解决了阳光直射引起的不适感。阳光通过玻璃砖墙能达到二次透光甚至是三次透光,大大提高室内的光环境水平。玻璃砖能使光线扩散,从而使室内的氛围稳定、柔和。

②节能环保:玻璃砖属钠钙硅酸盐玻璃系统,不含有醇、苯等有害物质,它能减弱其他物质带来的光污染,调整室内布局。

③防火、防尘、防潮、防结露:玻璃砖经过特殊工艺加工和处理,在规定的耐火实验中能保持其完整性和隔热性,其防潮和防结露的特性也优于双层玻璃。

④隔音:每一块玻璃砖部分都是空心的,能够隔绝外部的噪声。

⑤使用灵活:可以根据个人喜好任意组合不同规格玻璃砖,能呈现出空间美感。

⑥安全性能好:玻璃砖抗压强度高,配合钢筋做处理的墙体也比较结实。

⑦抗压强度高、抗冲击力强、安全性能高:单个玻璃砖的最小抗压强度为 6.0 $MN/m^2$,优于普通红砖,和空心砖的强度相近。由钢筋做出的墙体,结实牢稳。玻璃砖散弹冲击实验值为 1.2 m/45kg(冲击力值),是普通玻璃的 5~10 倍,钢化玻璃的抗冲击力为 1 m/1.04 kg,从这个指标看玻璃砖的抗冲击力比钢化玻璃还要好。因而玻璃砖还具有高度的防盗安全性。

⑧价格便宜:玻璃砖相对于其他的装饰材料来说不算贵。

**3)玻璃砖的分类**

①玻璃饰面砖:又被称为"三明治砖",因为它采用了两块透明的材料,中间具有夹层存在(在这层夹层的位置处,也可以放入使用者需要的材料)。不过它的装饰作用需要特定的载体才能体现,所以一般运用得不是特别广泛。

②玻璃锦砖:主要运用在墙体和墙面。它不吸水,表面比较光滑,清洗方便,而且体积小、质量较轻,所以在施工的时候也比较方便操作。

③实心玻璃砖。这种砖的质地比较适中,一般在使用实心玻璃砖的时候,需要有其他的借助物,它的颜色选择还是比较丰富的。

**4)案例赏析**

20 世纪 90 年代后期,奢侈品牌爱马仕还邀请了伦佐·皮亚诺设计了东京银座总部,用了整整 13 000 个定制的方形玻璃砖构成建筑表面(图 3.17)。

离我们最近的 2016 年,香奈儿委托 MVRDV 设计其在阿姆斯特丹的旗舰店,于是水晶屋就出现了(图 3.18)。

让人惊喜的是,玻璃砖的发展还在进行。如 Brickworks 就在最近推出了一款名为 Poesia 的玻璃砖,是澳大利亚首款水晶透明玻璃砖系列(图 3.19)。

图 3.17　东京银座

图 3.18　香奈儿水晶屋

图 3.19　水晶透明玻璃砖

### 3.1.8 其他玻璃

此外,玻璃还有许多类型,如镀膜玻璃、隔热玻璃、低辐射玻璃等,因为在园林工程中应用较少,所以不再赘述。

## 3.2 复合材料

### 3.2.1 GRC、GRG、GRP

建造技术和材料行业的发展,使得越来越多非线性的、具有流线感的设计,得以脱离纸面,落地成型,其中就离不开 GRC、GRG 和 GRP 这 3 种材料的运用。

这 3 种材料都是与玻璃纤维复合而成的材料,使用前景广泛。

1)GRC

(1)GRC 的概念

GRC 的全称为 GlassFiber Reinforced Concrete,中文名称是玻璃纤维增强混凝土,是以耐碱玻璃纤维作为增强材料,硫铝酸盐低碱度水泥作为胶结材料并掺入适宜集料构成基材,通过喷射、立模浇注、挤出、流浆等生产工艺而制成的轻质、高强高韧、多功能的新型无机复合材料。

它具有与混凝土同等的性能及寿命,是一种可再生循环利用的绿色建筑材料(图 3.20)。

图 3.20 GRC 在建筑中的运用

(2)GRC 的适用范围

GRC 主要运用在建筑领域,用于建筑外立面装饰以及室内空间的外墙面装饰,也可以用于建筑装饰构件、景观小品和各种塑形(如假山等)。

GRC 在建筑外表皮的运用最为多见。现代建筑中有各种各样的建筑造型,以及各种外立面设计,GRC 都能够很好地满足其设计要求,实现设计效果。

GRC 在室内空间的运用多见于具有开放性的大型公共空间,可赋予空间未来感和科幻感。

建筑装饰构件是 GRC 运用最多的地方,市场上有各种 GRC 构件制品,如 GRC 罗马柱、GRC 檐线、GRC 装饰线条、GRC 角线、GRC 门窗套、GRC 花瓶栏杆等(图 3.21—图 3.24)。

图3.21　GRC建筑外立面示意图

图3.22　GRC室内示意图

图3.23　GRC建筑装饰构件示意图

图3.24　景观小品示意图

(3)GRC的特性

①抗弯强度>18 MPa,是石材的2~3倍,比例极限达到7 MPa。

②质感和色彩丰富,可多种颜色选择,立面色差可有效控制。

③轻质、高强,可提高建筑施工的速度。

④可塑性强,适合用于非线性现代建筑。

⑤实际应用的最大尺寸已达到:边长为7.5~8.0 m,面积为60 $m^2$/块。

⑥抗化学腐蚀性较强,耐碱纤维不会像混凝土内的钢筋那样容易被锈蚀。

⑦耐候性好,适合各种气候环境。

⑧GRC材料属于A级不燃材料。

⑨表面带有自洁功能。

(4)GRC的运用

设计师对图纸进行深化设计,根据生产要求进行分块处理,然后交到生产部。生产部根据造型选择模具材料进行生产。

生产流程:制作模具→模具喷浆→产品养护。

施工流程:测量、放线→GRC 板块加工图排版加工→钢龙骨制作安装→龙骨验收→安装 GRC 板块→表面饰面处理(图 3.25)。

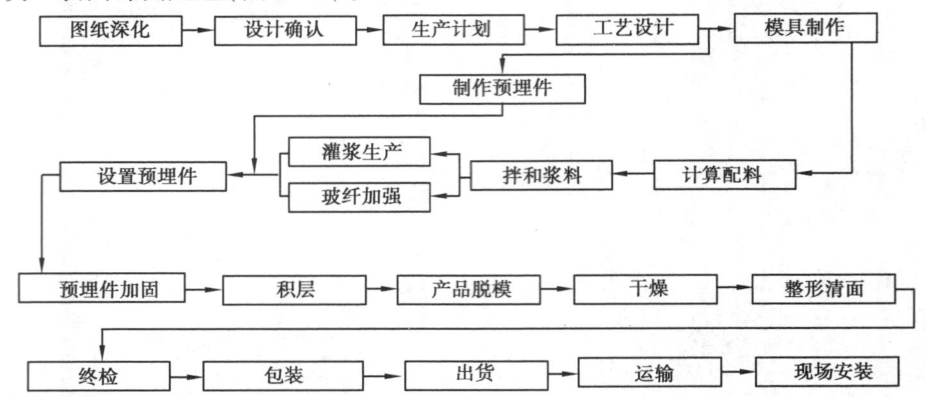


图 3.25　生产工艺流程图

幕墙材料通过干挂的方式,安装固定。通过膨胀螺栓将幕墙材料及骨架与建筑进行连接,通过幕墙干挂件控制幕墙悬挑的长度。

本部分主要讲解 GRC 材料在建筑、室内、景观领域中的运用;运用 GRC 材料可以解决目前建筑领域面临的哪些问题;GRC 材料都是使用哪些干挂的方式进行安装的。

(5)GRC 案例赏析

GRC 不但在建筑上应用较多,同样在景观方面也有较多应用,如图 3.26—图 3.30 所示。

图 3.26　江苏省美术馆老馆

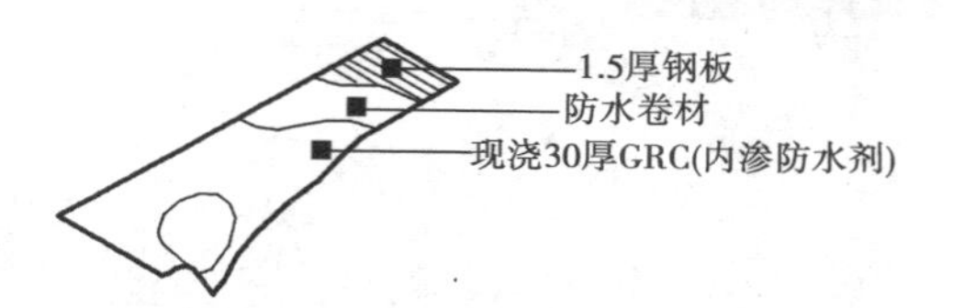


图3.27　钢结构异型外表皮示意图

图3.28　武汉园博会展园——沉淀园景观墙(日景)

图3.29　武汉园博会展园——沉淀园景观墙(夜景)

图 3.30　同济大学建筑学院在上海人民广场创作的《数字花朵》

2)GRG

(1) GRG 的概念

GRG,全称为 GlassFiber Reinforced Gypsum,中文名称是玻璃纤维加强石膏板。它是一种特殊改良纤维石膏装饰材料,因其造型的随意性而成为要求个性化的建筑师的首选,它独特的材料构成方式也足以抵御外部环境造成的破损、变形和开裂。

(2)GRG 性能

①强度高、质量轻——GRG 产品的弯曲强度达到 20 ~ 25 MPa(ASTMD790—2002 测试方式)。拉伸强度为 8 - 15 MPa(ASTMD256—2002 测试方式,且 6 ~ 8 mm 厚的标准板质量仅为 6 ~ 9 kg/$m^2$,能满足大板块吊顶分割需求的同时,减轻主体质量及构件负荷。

②不变形、不开裂——由于石膏热膨胀系数低,干湿收缩率小于 0.01% , GRG 产品不受环境冷、热、干、湿变形的影响,性能稳定且不易变形。独特布纤加工工艺使产品不易龟裂,使用寿命长。

③声学反射性能——GRG 具有良好的声波反射性能,经同济声学研究所测试:30 mm 单片质量 48 kg 的 GRG 板,声学反射系数 $R \geqslant 0.97$,符合专业声学反射要求,适用于大剧院、音乐厅等声学原声厅。

它主要有壁薄、质轻、强度高及不易燃(A 级防火材料)等特性,并可对室内环境的湿度进行调节,以期能构造舒适的生活环境。其具有的高强度、高硬度和很好的柔韧性,能被制成任意造型。

(3)案例赏析

GRC 的运用较为广泛,例如可作为吊顶、柱子、景墙等与灯光结合,景观效果如图所示(图 3.31—图3.34)。

GRG 用于室外时,外表面应施以憎水剂作为保护层。

图 3.31 GRG 吊顶示意图

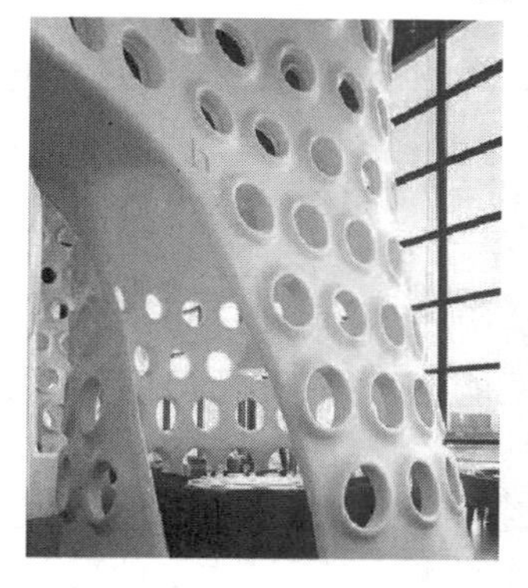

图 3.32 GRG 柱子示意图

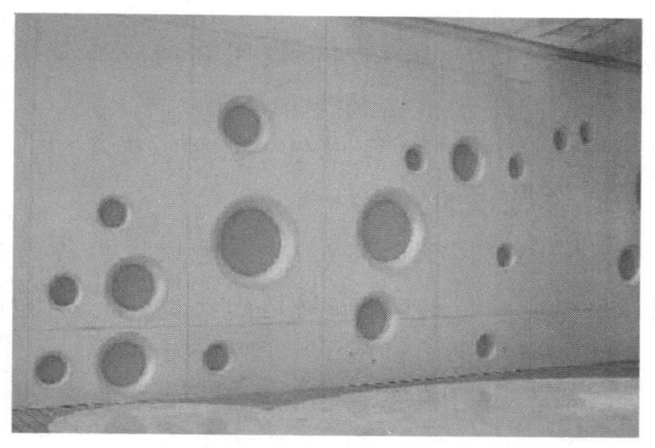

图 3.33 GRG 景墙示意图

图 3.34 GRG 配合灯光投影示意图

3)GRP

(1) GRP 的概念

玻璃钢(GRP),即纤维强化塑料,一般指用玻璃纤维增强不饱和聚酯、环氧树脂与酚醛树脂基体。以玻璃纤维或其制品作增强材料的增强塑料,称为玻璃纤维增强塑料,或称为玻璃钢。

由于所使用的树脂品种不同,因此有聚酯玻璃钢、环氧玻璃钢、酚醛玻璃钢之分,可以用它来代替钢材制造机器零件和汽车、船舶外壳等。

园林工程中,GRP 常用于雕塑、假山、假树、建筑小品的制作。

(2)GRP 特性

①轻质高强:相对密度为 1.5 ~ 2.0($g/cm^3$),只有碳钢的 1/5 ~ 1/4,但是拉伸强度却接近,甚至超过碳素钢,而其强度可以与高级合金钢相提并论。

②耐腐蚀:GRP 是良好的耐腐材料,对大气、水和一般浓度的酸、碱、盐以及多种油类和溶剂都有较好的抵抗能力。已应用到化工防腐的各个方面,正在取代碳钢、不锈钢、木材、有色金属等。

③电性能好:是优良的绝缘材料,用来制造绝缘体。高频下仍能保护良好介电性。微波透过性良好,已广泛用于雷达天线罩。

④热性能良好:GRP 热导率低,室温下为 1.25 ~ 1.67 kJ/(m · h · K),只有金属的 1/1000 ~ 1/100,是优良的绝热材料。

⑤可设计性好:可以根据需要,灵活地设计出各种结构产品,来满足使用要求,可以使产品有很好的整体性。可以充分选择材料来满足产品的性能,如可以设计出耐腐的、耐瞬时高温的、在某方向上有特别高强度的、介电性好的等。

⑥工艺性优良:可以根据产品的形状、技术要求、用途及数量来灵活地选择成型工艺。

⑦工艺简单:可以一次成型,经济效果突出,尤其对形状复杂、不易成型的数量少的产品,更能突出它的工艺优越性。

(3)安装工艺

GRP 的连接通常有两种方式,即机械连接和胶接。胶接是采用胶接剂将被接材料黏结在一起;机械连接是指铆接、螺栓连接和销钉连接等。

一般对于玻璃钢薄壁结构,要求耐腐蚀和密封性高的结构应采用胶接的方式;而对于那些壁厚较大、常拆卸的结构,则应采用机械连接。

黏结玻璃钢件最常用的胶粘剂一般为聚氨酯胶和硅胶,这些胶黏结玻璃钢件后, 形成弹性体, 与玻璃钢件黏结牢固, 安全可靠,如图 3.35 所示。

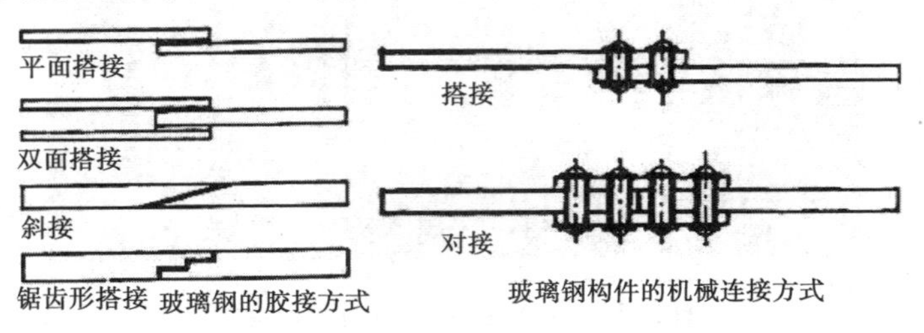


图 3.35 GRP 安装工艺示意图

(4)案例赏析

GRP 在景观小品中的运用如图 3.36—图 3.40 所示。

图 3.36　GRP 假山示意图

图 3.37　GRP 假树示意图

图 3.38　GRP 景墙示意图

图 3.39　GRP 雕塑(踢足球)示意图

图 3.40　GPR 雕塑(小黄人)示意图

### 3.2.2 ECM

**1）材料简介**

ECM 是一种新型纤维增强的复合材料，它采用独特原料配方和先进的生产工艺，成为能为建筑装饰带来质轻、强韧和具有丰富表现力的创新材料，包括轻型配方和重型配方两大系列。可使建筑更美观、更安全、更舒适，更持久，同时它也是低能耗生产、安装便捷、无环境污染的绿色材料。

**2）适用范围**

外墙装饰：公共艺术建筑、商业建筑、住宅、别墅等。

景观雕塑和装饰构件：城市景观雕塑、园林小品、建筑构件等。

**3）ECM 的优势**

①质轻：质量是天然石材的 50%，能降低建筑荷载，提高建筑安全系数。

②安全性：采用先进纤维增强结构，韧性强、稳定性强、抗老化、抗裂纹，能提高结构强度和安全性；

③耐候性：通过 25 次标准冻融实验；

④节能环保：废固利用，节能、环保、无污染；

⑤高塑性：读模能力强，且还原度非常高，从细腻到粗糙，从随机到有序均可表达，也可以实现从平面到三维立体造型的多样性选择，为设计师提供更丰富的想象空间；

⑥耐久性：ECM 独特创新技术更持久更稳定，具有耐酸碱腐蚀、防霉变、防白蚁、A 级防火等性能；

⑦安装便捷：可以像木头一样进行切割，钉，刨，钻孔或者黏结；

⑧应用特性：荷载为 $<60\ \text{kg/m}^2$，抗压强度为 60 MPa，抗拉强度和弯曲强度为 10.3 MPa；

⑨技术革新：产品本身具有通体发色的特点，仿自然效果逼真，又可以省去最后的涂装材料费用以及人工成本。

**4）ECM 案例**

运用 ECM 制作建筑外立面景观（图 3.41）。

图 3.41　ECM 制作建筑外立面景观

# 3.3 木 材

木材是加工后的木料，有各种规格，木材漂亮、柔韧、灵敏、质轻、环保，是可回收的天然物质，利用太阳能生长，吸收并固定 $CO_2$，可循环和被生物降解；木制品易加工，有着适中的强度、较好的弹性和耐性。木材的优点可以从视觉、触觉、调湿等特性来进行阐述。

木材的视觉：木材在视觉上能产生调和感，是因为木材可以吸收与反射阳光中的紫外线，从而使木材产生了温馨与舒服的感受。

木材的触觉：人对物质外表的冷暖感知主要由物质的导热系数所决定。导热系数大的物质，如混凝土构件、金属等物质接触时会有凉的触觉。而木材这种物质它的导热系数适中，人接触的感受是很温和的。

木材的调湿特性：木材具有调湿特性。当周围环境湿度发生变化时，其本身就有平衡含水的特性，人类居住环境的相对湿度坚持在 45% ~60% 为宜，木材可以根据湿度吸收或排放水分来调整环境的湿度。

## 3.3.1 常用木材简介

常用的普通木材包括杉木、松木、杨木、柳桉等；色彩纹理效果较好、常用于装饰薄木的品种有榉木、樱桃木、桦木、水曲柳、核桃木、柚木、梨木、枫木、铁刀木、橡木等；我国传统用于制作家具的木材有黄花梨、紫檀、酸枝木、鸡翅木、黄杨木、楠木、榆木、椿木、樟木、槐木等；近年来，用于实木地板的进口木材种类有橡木、桃花芯木、甘巴豆、大甘巴豆、龙脑香、木夹豆、乌木、印茄、重蚁木、白山榄长、水青冈等。

**1）杉木**

特点是生长快，材质好，木材纹理通直，结构均匀，材质轻韧，强度适中，杉木含有“杉脑”，能抗虫耐腐。杉木属于软木，表面硬度较软，易引起的划痕，结疤也多，因此杉木一般用来制作纸浆、细木工板、密度板、刨花板，或是做成指接板，用来做家具的内挡板。

**2）松木**

松木（马尾松、樟子松）材质较强，纹理比较清晰，木质较好。相对于杉木，松木木纹会更加漂亮一些，木结疤也比较少，常用来制作原木家具、防腐木。

**3）水曲柳**

水曲柳（图 3.42）学名白蜡木，环孔材，心材黄褐色至灰黄褐色，边材狭窄，黄白至浅黄褐色，具有光泽，弦面具有生长轮形成的倒“V”形或山水状花纹，常用于装饰薄木、实木家具、实木地板等。

**4）柚木**

柚木（胭脂木），珍贵木材，主要产于缅甸、泰国等地。具备金黄褐色的色泽、丰富的油性、极佳的尺寸稳定性、不腐烂不蛀虫等特点，广泛用于装饰薄木、实木家具、实木门窗、实木地板等（图 3.43）。

**5）紫檀**

紫檀历来是世界上最名贵的木材之一。紫檀的颜色紫红到紫黑，在红底色中透出高贵的紫黑色，雍容华贵；紫檀经细砂纸打磨之后，会透出绸缎般光洁的质感，而不需上漆或打蜡；紫檀的纹理致密，细如发丝，有着牛毛状的卷曲纹路。一些紫檀老木料表面还密布着金色的细丝（俗称金星金丝），如星空闪烁。紫檀气干密度达到了 1.05～1.26 g/cm$^3$，属于最重的深色名贵硬木之一，木材入水即沉。紫檀木还是一种十分适合精细雕刻的木材，可以雕刻出极其精细的花纹图案，同时木质不会碎裂（图 3.44）。

图 3.42　水曲柳

图 3.43　柚木

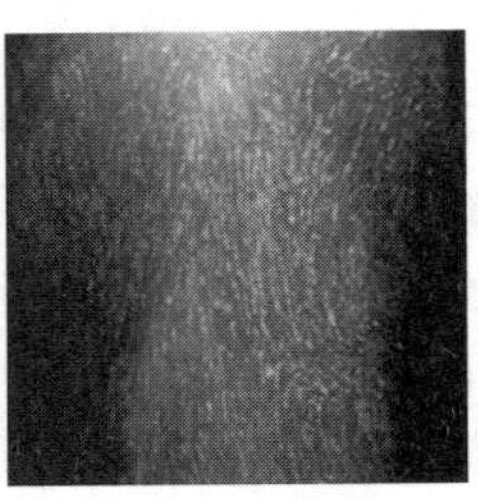

图 3.44　紫檀

**6）降香黄檀**

降香黄檀俗称海南黄花梨，特产于中国海南岛。还有花黎、降香木、花榈木、香枝木、香红木等别称，木性极其稳定，不腐不蛀，不开裂不变形，木纹如行云流水，纹理清晰呈雨线状，或隐或现，生动多变（图 3.45）。油性大的海黄老料，表面经打磨后会呈现出琥珀般金黄色的光泽，而且细看时还似乎有微微晃动的水波纹。海黄纹理的另一特征是具有“鬼脸”（图 3.46），即在树的分叉处产生的木疖，形态似狸斑，花狸（梨）之名由此而生。海黄会散发出淡淡的清香（降香味），这个味道是海黄木材本身特有的，还有药用功能。

图 3.45　海南黄花梨

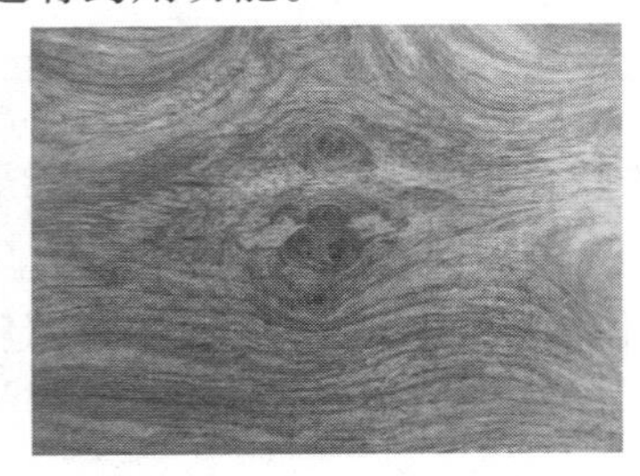

图 3.46　海南黄花梨的“鬼脸”

**7）其他常用装饰木材的纹理**（图 3.47—图 3.58）

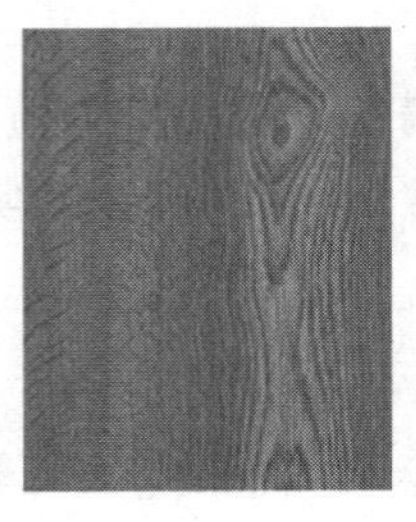

图 3.47　黄波罗

图 3.48　胡桃木

图 3.49　橡木（白橡、红橡）

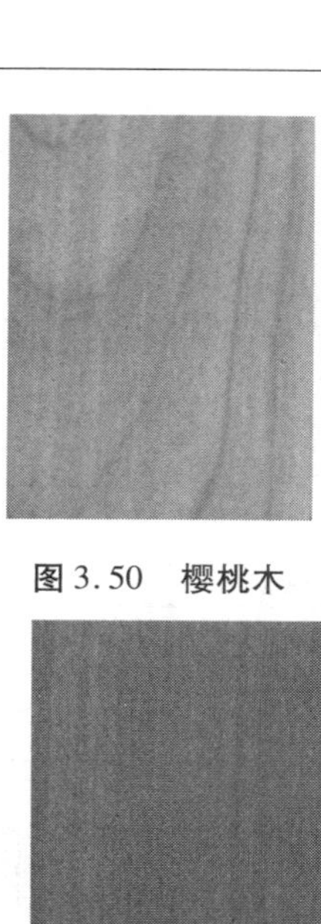

图3.50　樱桃木

图3.51　榉木

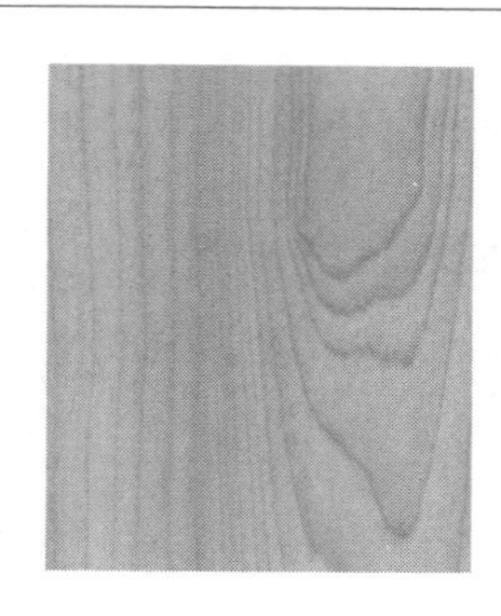

图3.52　枫木

图3.54　麦哥利

图3.53　沙比利

图3.55　大美木豆(非洲柚木)

图3.56　绿柄桑(黄金柚)

图3.57　古夷苏木(巴西花梨)

图3.58　斑马木(乌金木)

## 3.3.2 木材的分类

### 1)按材质和成型分类

按材质和成型可分为密度板、刨花板、胶合板、细木工板、装饰面板、防火板等(图3.59、图3.60)。

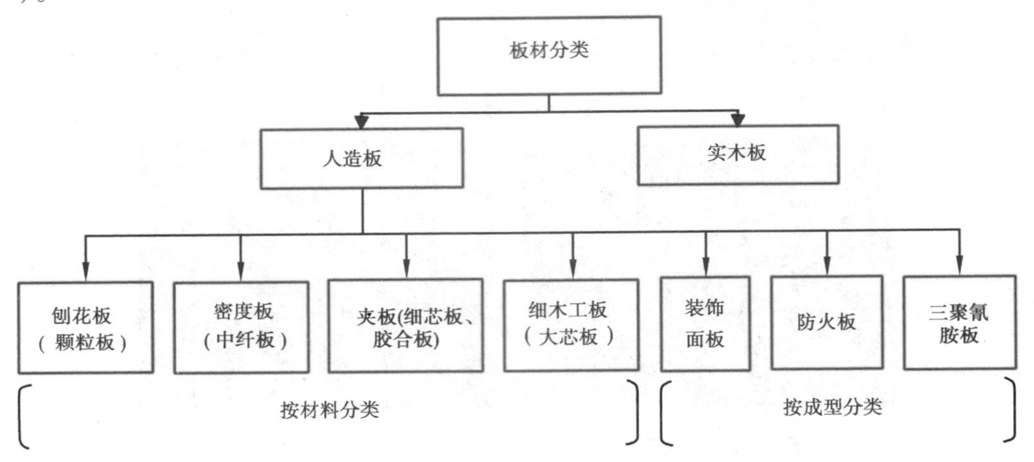


图3.59 木材的分类

①密度板:也称纤维板,是以木质纤维或其他植物纤维为原料,施加脲醛树脂或其他适用的胶黏剂制成的人造板材,按其密度的不同,分为高密度板、中密度板、低密度板。密度板质软耐冲击,也容易再加工。在国外,密度板是制作家私的一种良好材料,但由于国家关于高度板的标准比国际的标准低数倍,所以,密度板在我国的使用质量还有待提高。

②刨花板:刨花板是以木材碎料为主要原料,再掺加胶水,添加剂经压制而成的薄型板材。按压制方法可分为挤压刨花板、平压刨花板两类。此类板材的主要优点是价格极其便宜;其缺点也很明显,即强度极差,一般不适宜制作较大型或者有力学要求的家私。

③胶合板:行内俗称细芯板,由三层或多层一毫米厚的单板或薄板胶贴热压制而成。夹板一股分为3厘板、5厘板、9厘板、12厘板4种规格(1厘即为1 mm)。

④细木工板:行内俗称大芯板。大芯板是由两片单板中间黏压拼接木板而成。大芯板的价格比细芯板要便宜,其竖向(以芯材走向区分)抗弯压强度低,但横向抗弯压强度较高。

⑤实木板:采用完整的木材制成的木板材。这些板材坚固耐用、纹路自然,是装修中的优先之选。但由于此类板材造价高,而且施工工艺要求高,在装修中使用反而并不多。实木板一般按照板材实质名称分类,没有统一的标准规格。

实木地板以阔叶材为多,档次较高,针叶材较少,档次较低。国产阔叶材常见的有榉木、柞木、花梨木、檀木、楠木、水青冈、水曲柳、麻栎、高山栎、黄锥、红锥、白锥、红青冈、白青冈、槐木、白桦、红桦、枫桦、檫木、榆木、黄杞、槭木、楝木、荷木、白蜡木、红桉、柠檬桉、核桃木、硬合欢、楸木、樟木、椿木等。针叶材通常用于生产防腐木地板,包括红松、广东松、落叶松、红杉、铁杉、云杉、油杉、水杉等。近年来很多进口材涌入市场,包括紫檀、柚木、花梨木、酸枝木、榉木、桃花芯木、甘巴豆、大甘巴豆、重蚁木、二翅豆、龙脑香、木夹豆、乌木、维腊木、印茄、蚁木、白山榄长、水青冈和木莲等。

⑥装饰面板:将实木板精密刨切成厚度为0.2 mm左右的微薄木皮,以夹板为基材,经过胶粘工艺制作而成的具有单面装饰作用的装饰板材。它是夹板存在的特殊方式,厚度为3 mm。

⑦防火板:防火板是采用硅质材料或钙质材料为主要原料,与一定比例的纤维材料、轻质骨料、黏合剂和化学添加剂混合,经蒸压技术制成的装饰板材。它是目前使用得越来越多的一种新型材料,其使用不仅仅是因为防火的因素。防火板的施工对于粘贴胶水的要求比较高,质量较好的防火板价格比装饰面板还要贵。防火板的厚度一般为0.8 mm,1 mm和1.2 mm。

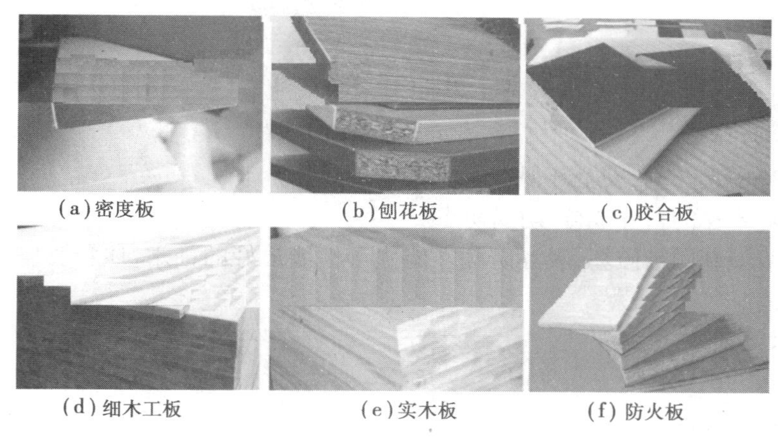
(a)密度板 (b)刨花板 (c)胶合板
(d)细木工板 (e)实木板 (f)防火板

图3.60 各种板材示意图

**2)按价格分类**

①一类:橡木(非橡胶木)、红檀、紫檀、酸枝木、红木、楠木、枫木、柚木等(8 000元/$m^3$以上);

②二类:水曲柳、样木、榆木、柞木、胡桃木、樱桃木等(6 000~10 000元/$m^3$);

③三类:橡胶木、椒木、桦木、椴木、铁杉等(3 000~6 000元/$m^3$);

④四类:松木、水杉木、樟木、杨木等(1 500~3 500元/$m^3$);

⑤五类:桐木、柯木等(2 000元/$m^3$以下)。

注:以上价格是2021年的市场价。

木料还可按后期处理工艺的不同,分为碳化木和防腐木,因为这两类木材在景观中的运用较广,所以下文将重点介绍。

## 3.3.3 碳化木

**1)材料简介**

碳化木(图3.61),源于欧洲,有"物理防腐木"之称,又称热处理木。碳化是将木材里的营养成分破坏,利用高温对木材进行热解处理,从而达到耐久效果。由于其吸水官能团半纤维素被重组,因而具有较好的尺寸稳定性,同时具有较好的防腐、防虫功能。碳化木的碳化与碳化温度有关,温度过低,难以达到深层均一碳化,从而导致户外耐久性不足,易出现腐烂等现象。采用高温均一碳化(多年试验证明:220 ℃以上碳化的碳化木,可安心用于室外),可大大提高木材的使用寿命。

图 3.61　碳化木示意图

2)碳化木的特点

①处理过程中无药剂,安全环保。

②高温破坏木材的营养成分,防腐防虫。

③木材的吸湿基团被破坏,吸湿防潮性能优于性能最好的柚木,体积膨胀率和抗变形能力均优于柚木。

④能脱脂,好油漆。

⑤具有高贵的褐色。

⑥具有绢丝的光泽。

3)碳化木的分类

根据使用区域不同分为户外碳化木和室内碳化木,如表 3.1 所示。根据木材材质不同,可以分为阔叶材碳化木和针叶材碳化木;根据产地不同可分为国产碳化木和进口碳化木。

表 3.1　碳化木按使用区域分类

| 项　目 | 室内碳化木 | 户外碳化木 |
| --- | --- | --- |
| 产品等级 | L190 | L212 |
| 产品级别等同 | 欧洲标准 T1 | 欧洲标准 T2 |
| 碳化处理的温度 | 190℃ | 212℃ |
| 耐用性(耐腐) | 有所提高 | 显著提高 |
| 稳定性 | 有所提高 | 显著提高 |
| 抗弯强度 | 有所降低 | 有所降低 |
| 颜色深度 | 有所提高 | 显著提高 |
| 使用环境 | 主要用于室内 | 室内外均可使用 |
| 应用范围 | 室内墙板,房间装饰,室内家具,桑拿房长椅,门窗结构,地板 | 户外墙板,码头木栈道,园艺小品,户外木门窗,户外地板,模板 |

**4）碳化木的应用**

碳化木的应用范围非常广泛，可用在室内也可用在户外，小型的可做成木质挂板、木挂墙板、外墙挂板、户外墙板、木屋外墙板、别墅外墙饰面板、椽板、室内护墙板、背景墙、招牌墙、门窗结构、户外园林资材等；大型的可以做成碳化木花架、廊架、木结构阳光房、木屋、木景观产品、碳化木地板等。

为了更好地了解什么是深度碳化木，其有什么优势，现将其与表面碳化木进行性能对比。

**5）深度碳化木与表面碳化木的对比**

表面碳化木是用加热设备烧烤表面，使木材表面具有一层很薄的碳化层，对木材性能的改变可以类比木材的油漆，但可以突显表面凹凸的木纹，使其产生立体效果。应用方面集中在工艺品、装修材料和水族馆制品，也称为工艺碳化木/炭烧木。

深度碳化木也称为完全碳化木、同质碳化木，其是让木材从里到外的所有组分在同等的条件下得到高温无水无氧碳化处理。深度碳化木具有了更好的物理使用性能。类比于胶合产品（表面碳化木皮、表面贴皮板），深度碳化木更像实木板。深度碳化木广泛应用于墙板、户外地板、厨房装修、桑拿房装修、家具等许多方面。

**6）深度碳化木的使用注意事项**

①使用环境：碳化木不宜用于直接接触土壤和水的环境，不推荐用于承载构件。远离有铁锈的环境，以免跟其他木材一样，引起铁变色。远离水泥等碱性污染物，以避免产生碱性污染。

②连接件：为了减少木材变色的危险应该使用不锈钢的钉子，最好的钉子类型是带大头的钉子。碳化木较未处理材料而言其握钉力有所下降，脆性较大，所以推荐使用先打孔再钉孔安装来减少和避免木材开裂，必须强调的是不要用铁锤直接敲打木材表面。

③表面处理：碳化木在室内使用时，对表面处理没有特别的要求。碳化木在室外使用时，由于碳化木与其他木材一样不耐紫外线的侵害，所以建议采用有色防紫外线木材涂料，以防木材退色，色素越多抗紫外线的能力越强。

④维护：涂料颜色越深，以后的维护成本越低，为了最大限度地维护表面涂料，表面应该每年进行清洗和检查，一旦发现缺陷就立刻进行修补。如果可能的话，应考虑按涂料的维护说明操作。

**7）案例赏析**

碳化木可以做各种景观小品及建筑立面的装饰材料，如图 3.62、图 3.63 所示。

图 3.62　碳化木在景观中的应用

图 3.63　隈研吾东京帝京大学的附属小学

## 3.3.4　防腐木

### 1)材料简介

人工防腐木(图 3.64)是指普通木材经过人工添加化学防腐剂之后,具有防腐蚀、防潮、防真菌、防虫蚁、防霉变以及防水等特性的木材。经常使用在户外地板、工程、景观、防腐木花架等处,供人们歇息和欣赏自然美景,是户外地板、园林景观、木秋千、娱乐设施、木栈道等的理想材料,深受园艺设计师的青睐。随着科学技术的发展,防腐木已经非常环保,故也经常使用在室内装修,地板及家具中,室内装修设计师也非常喜欢使用防腐木。

图 3.64 防腐木示意图

**2)防腐木的特点**

(1)防腐木的性能优势

①防腐木与其他木材相比,具有密度高、强度高、握钉力好等优点。

②防腐木纹理清晰,装饰效果非常好。

③可以抗拒恶劣的户外环境,能够防止和减少腐烂,抵抗白蚁害虫及抗真菌生物的侵蚀。

④能够防止水生寄生虫的寄生,而且维护起来比较方面,用材环保。所以,相比起其他原材料来讲,防腐木显得经济耐用,得体美观。

(2)防腐木的性能劣势

①存在一定色差,天然的树木之间本身就有颜色的差别,防腐木本身就是树木,自然无法避免。

②容易开裂变形。有关专家介绍说,木材的变形与开裂和含水率的多少有关。木材的变形是由内部压力引起的,而木材开裂则是由于木材表面起了新变化,但变化的根本原因在于木材内部的含水率发生了变化。

**3)防腐木产品工艺流程**

如图 3.65 所示,防腐木生产工艺流程为:木材装入处理罐→抽真空→注入防腐剂→升压、保压→解压、排液→后真空→出罐。

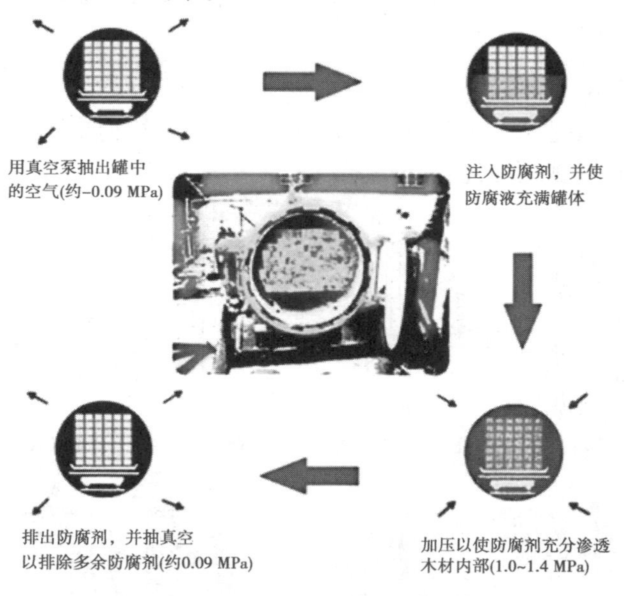


图 3.65 防腐木产品工艺流程示意图

### 4)防腐木分类

常见的防腐木按照是否经过化学处理,可分为天然防腐木和人工防腐木。天然防腐木包括印茄木(俗称菠萝格)、巴劳木、加拿大红雪松等。人工防腐木包括俄罗斯樟子松、北欧赤松、美国南方松、碳化木(图3.66)。

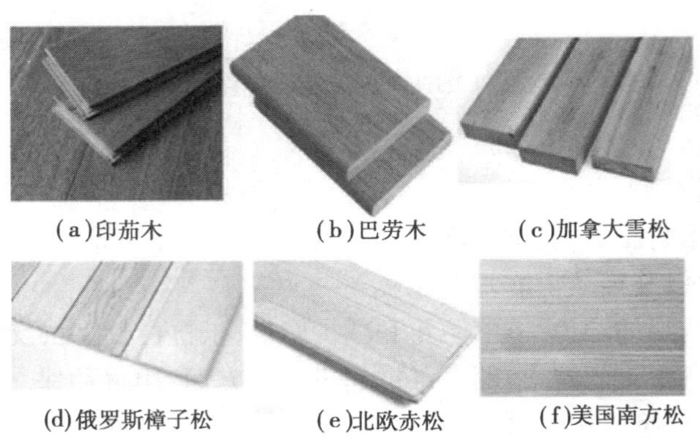

(a)印茄木　(b)巴劳木　(c)加拿大雪松

(d)俄罗斯樟子松　(e)北欧赤松　(f)美国南方松

图3.66　各种防腐木示意图

印茄木材质比较重,又硬又坚韧,纹理交错,材性极其稳定,花纹很美观,心材十分耐久。巴劳木的使用寿命比普通防腐木长(1~2倍),高耐磨度。

加拿大红雪松是高品质的天然防腐木,散发清香,遇水越浓,可用于高湿度环境。

俄罗斯樟子松材质防腐木主要是进口原木在国内做的防腐木处理,多为CCA药剂处理。这种药剂处理的材料不得用于家居结构、人体常接触的部位(座椅、栏杆等)以及河水、海水浸泡的地方。

北欧赤松材质防腐木是在国外做好防腐处理后进口到国内直接销售的防腐木材,均由ACQ药剂处理。ACQ药剂是一种人畜无害的环保型防腐剂。美国南方松是加压处理防腐木最好的树种。

### 5)防腐木安装要点

外常用的木板外墙构造形式主要有搭接式、锁扣平接式、格栅式和板条式。固定木板材的金属构件有露明式及暗藏式两种(图3.67)。

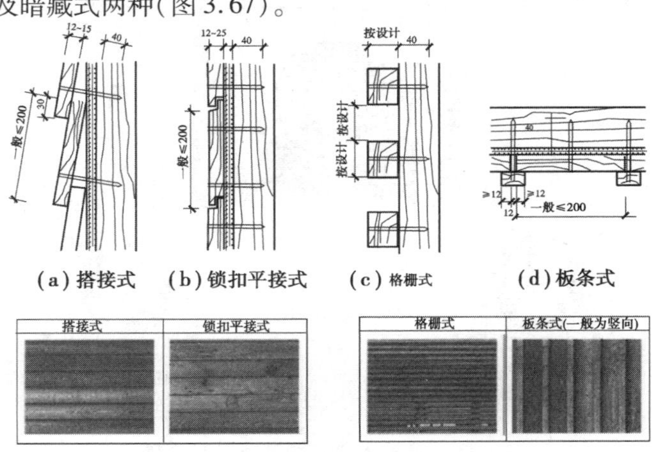


(a)搭接式　(b)锁扣平接式　(c)格栅式　(d)板条式

图3.67　防腐木安装示意图

6)案例赏析

案例分别为赫尔辛基海边桑拿房、上海世博会加拿大馆、阿姆斯特丹的老人住宅、景观木平台、特色景观、特色座椅(图3.68)。

(a)赫尔辛基海边桑拿房

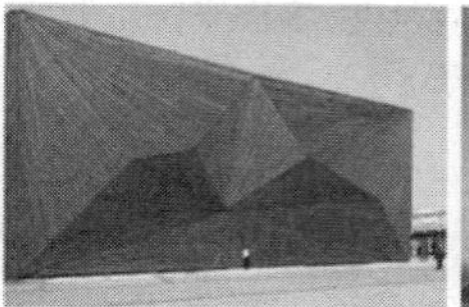
(b)上海世博会加拿大馆

(c)阿姆斯特丹的老人住宅

(d)景观木平台

(e)特色景观

(f)特色座椅

图3.68 防腐木案例示意图

## 3.3.5 木塑产品

1)材料简介

木塑复合材料(Wood-Plastic Composites,WPC)是国内外近年蓬勃兴起的一类新型复合材料,是指以聚乙烯(PE)、聚丙烯(PP)、聚氯乙烯(PVC)、聚苯乙烯(PS)等塑料和木粉、植物秸秆粉、植物种壳等木质粉料为原料,经挤压、注塑、压制成型所制成的复合材料。它兼有木材和塑料的性能与特征,能替代木材和塑料的新型环保高科技材料(图3.69)。

图3.69 木塑产品示意图

将塑料和木质粉料按一定比例混合后经热挤压成型的板材,称为挤压木塑复合板材,主要用于建材、家具、物流包装等行业。

2)材料特性

①防水、防潮。从根本上解决了木质产品对潮湿和多水环境中吸水受潮后容易腐烂、膨胀变形的问题,可以使用到传统木制品不能应用的环境中。

②防虫、防白蚁,有效杜绝虫类骚扰,延长使用寿命。

③多姿多彩,可供选择的颜色众多。其既具有天然木质感和木质纹理,又可以让人们根

据自己的个性来定制需要的颜色。

④可塑性强,能非常简单地实现个性化造型,充分体现个性风格。

⑤高环保性、无污染、无公害、可循环利用。产品不含苯物质,甲醛含量为0.2,低于E0级标准,为欧洲定级环保标准,可循环利用而大大节约木材使用量。

⑥高防火性。能有效阻燃,防火等级达到B1级,遇火自熄,不产生任何有毒气体。

⑦可加工性好,可钉、可刨、可锯、可钻、表面可上漆。

⑧安装简单,施工便捷,不需要繁杂的施工工艺,节省安装时间和费用。

⑨不龟裂,不膨胀,不变形,无须维修与养护,便于清洁,节省后期维修和保养费用。木塑和木质粉料按一定比例混合后经热挤压成型得到木塑板材。

**3)材料分类**

木塑可运用于室内外各种地方。国内木塑主要的材料分为PE木塑和PVC木塑两大类。PVC木塑又称作生态木。

**4)PE木塑和PVC木塑的差别**

制法不同:PE塑产品的制备主要采取冷推法;PVC木塑产品的制备可分真空成型、冷推法和三辊法。

原料不同:PE木塑的材料主要是二、三级PE回收料加木粉、钙粉和少量改性剂。制造PVC木塑的材料主要是PVC树脂粉、PVC回收料、木粉、石粉和部分改性剂等。

性能不同:PE木塑产品重、硬度高、脆性大、蠕变也大。PVC木塑产品质量轻、硬度差、韧性好、有蠕变,没有PE木塑产品大。

用途不同:PE木塑的产品主要是以室外园林建设为主,绿可木如护栏、地板、垃圾桶、花池、托盘等。PVC木塑产品主要是室内装饰材料,如门、地板、踢脚线、门套等。

**5)案例赏析**

木塑产品如图3.70所示,即木平台、木墙、储物架、座椅。

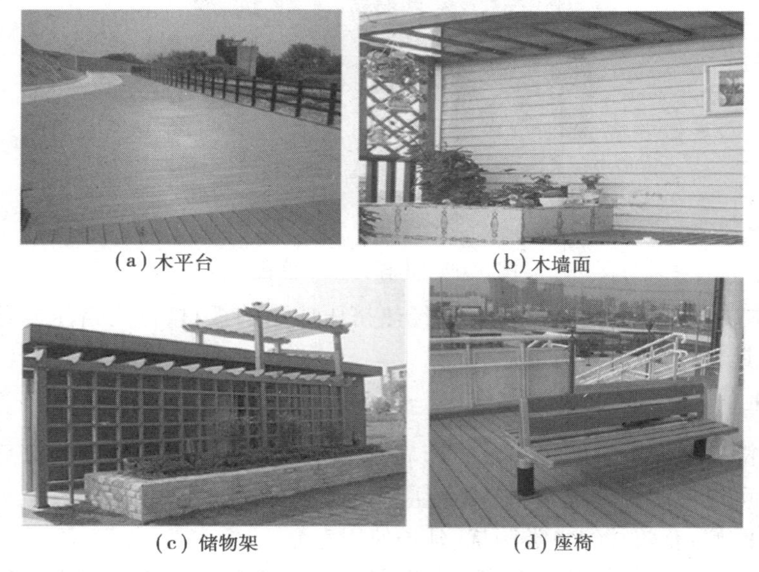

(a)木平台　(b)木墙面

(c)储物架　(d)座椅

图3.70　木塑产品示意图

# 3.4　装饰水泥与混凝土

## 3.4.1　装饰水泥

**1)材料简介**

水泥作为一种很原始的建筑材料,除了做混凝土其实还有很多其他功能。装饰水泥不仅具有强大的使用功能,还有独特的艺术特质,从一块简单的装饰面,到一个艺术的装饰品,再到一个独特艺术的生活空间,都独具魅力。装饰水泥常用于装饰建筑物的表层,施工简单,造型方便,容易维修,价格便宜。

**2)常见品种**

常见品种如下:

①白色硅酸盐水泥:以硅酸钙为主要成分,加少量铁质熟料及适量石膏磨细而成。

②彩色硅酸盐水泥:以白色硅酸盐水泥熟料和优质白色石膏,掺入颜料、外加剂共同磨细而成。常用的彩色掺加颜料有氧化铁(红、黄、褐、黑),二氧化锰(褐、黑),氧化铬(绿),钴蓝(蓝),群青蓝(靛蓝),孔雀蓝(海蓝)、炭黑(黑)等。

装饰水泥与硅酸盐水泥相似,施工及养护相同,但比较容易污染,器械工具必须清理干净。

**3)案例赏析**

装饰水泥做的汀步、地面、墙面、种植池、特色小品、景观墙等,如图3.71所示。

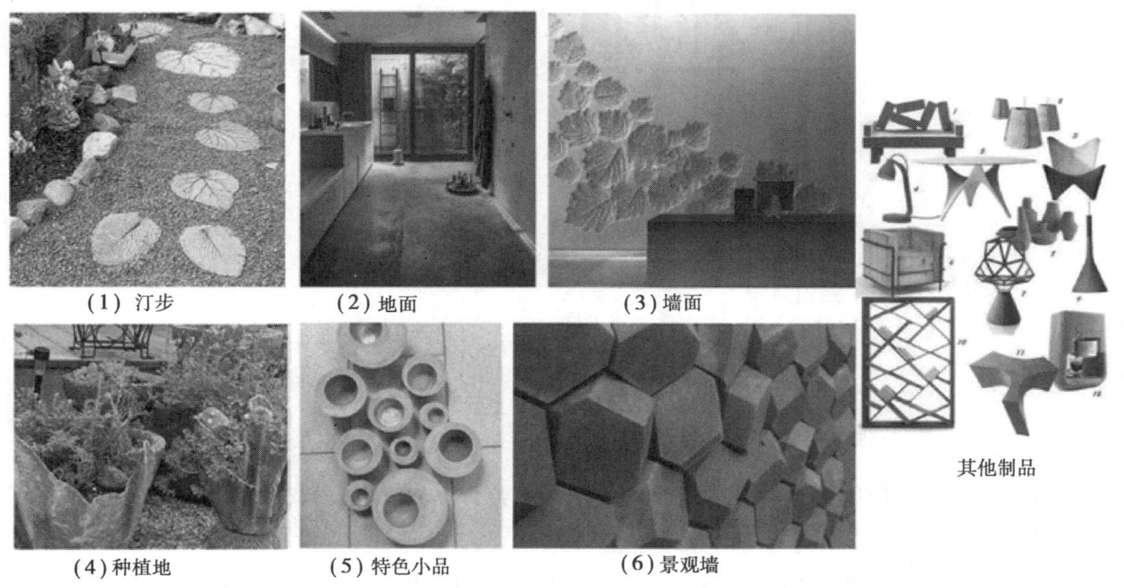
(1) 汀步　(2) 地面　(3) 墙面　(4) 种植地　(5) 特色小品　(6) 景观墙　其他制品

图3.71　装饰水泥示意图

## 3.4.2 装饰以及铺装用混凝土

常用的装饰混凝土有彩色混凝土、透光混凝土、透水混凝土、清水混凝土、玻璃混凝土。

**1)彩色混凝土**

本书讨论的彩色混凝土是广义的彩色混凝土,相对于清水混凝土而言,其主要包括两种:一种是白色混凝土,另一种是除了白色和灰色外的其他彩色混凝土。

第一,彩色混凝土所用原材料与普通混凝土基本相同。只是要达到装饰的要求,在原材料骨料和水泥质量控制上更加严格。同批次,无色差,浇筑工艺更高,表面更加细腻。

第二,彩色混凝土与普通混凝土的最大差别在于水泥选择上,彩色混凝土一定倚赖一个重要元素,那就是白色水泥。白色是基础,而彩色就是在白色基础上的衍生。两者相比,原材料基本一致,只是彩色混凝土在白色基础上,还要使用彩色骨料和彩色颜料等。

(1)白色混凝土

①材料简介。

白色混凝土最关键的是白色水泥成分。白色水泥(图3.72)是白色硅酸盐水泥的简称,以适当成分的生料烧至部分熔融,所得以硅酸钙为主要成分,铁质含量少的熟料加入适量的石膏,磨细制成的白色水硬性胶凝材料。

白水泥的典型特征是拥有较高的白度,色泽明亮,一般用作各种建筑装饰材料,典型的有粉刷、雕塑、地面、水磨石制品等。

白色混凝土是除清水混凝土外被采用最多的装饰性混凝土。很多白的外墙其实都是白色混凝土,而非简单的外墙涂料。

图3.72 白色混凝土示意图

②案例赏析。

西泽立卫事务所的丰岛美术馆(图3.73)就是整体采用白色混凝土浇筑,完成清水整体效果,整个建筑显得异常白皙、轻盈。

丰岛美术馆显得异常白净无瑕,不仅是其白水泥的作用,而且在骨料的选择上也特意挑选了白色石英砂和花岗石骨料。

图 3.73　丰岛美术馆示意图

淮安实联水上大楼(图 3.74)也采用的是白色清水混凝土,于 2014 年 8 月 31 日正式启用。

作为景观构件装饰了大楼的净水池,增加了景观趣味性,也说明了白色混凝土不仅可用作建筑立面及勾缝,也可用在景观构件上作为景观小品。

图 3.74　淮安实联水上大楼示意图

成都来福士广场(图 3.75)是由全白色清水混凝土建造,并且是目前世界上最大的清水混凝土建筑。项目使用普通硅酸盐水泥、常规集料、聚羧酸减水剂配制出表观颜色均匀,施工性能和耐久性能良好的 C60 自密实白色饰面清水混凝土,饰面总面积达 53000 $m^2$。

图 3.75　成都来福士广场示意图

建筑所有立面的白色饰面清水混凝土属于一次浇筑成型,不做任何外装饰,直接采用现浇混凝土的自然表面效果作为饰面;而且刻意调整了传统支模方式,在立面上避免了螺栓孔的出现,取得了更加简练的整体效果。

(2)除白色和灰色外的其他彩色混凝土

①材料简介。彩色混凝土是一种防水、防滑、防腐的绿色环保地面装饰材料,是在未干的水泥地面上加上一层彩色混凝土(装饰混凝土),然后用专用的模具在水泥地面上压制而成。彩色混凝土能使水泥地面永久地呈现各种色泽、图案、质感,逼真地模拟自然的材质和纹理,

彩色混凝土适用于装饰室外、室内水泥基等多种材质的地面、墙面、景点，如园林、广场、酒店、写字楼、居家、人行道、车道、停车场、车库、建筑外墙、屋面以及各种公用场所或旧房装饰改造工程。

②材料特性。优势：它能够使地面或墙面永久地呈现丰富的色彩，如果采用模压混凝土工艺，则能够逼真地模拟天然石材的材质和纹理，而且愈久弥新。

③材料分类。要得到色彩通常有两种方式：一种是添加带颜色的彩色骨料，另一种则是通过添加彩色颜料来实现。

④施工及安装节点。模板安装——混凝土浇筑——撒粉收平——压模成型——保湿养护——切缝填料——封面保护（图3.76）。

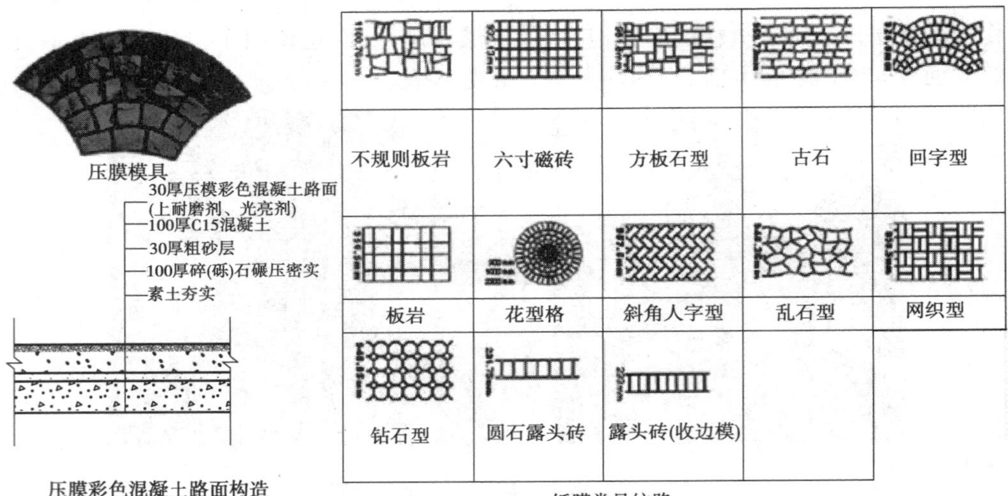


图3.76 施工工艺示意图

⑤案例赏析。彩色混凝土可用于景观铺装，也可用于建筑装饰。

详见扫码：

2）**透光混凝土**

①材料简介。透光混凝土的制造工艺与普通混凝土基本相同，只是用透光材料（如玻璃颗粒）替代传统骨料，或者在混凝土中加入导光材料如光导纤维（尾部发光纤维），使其端头置于构件表面，然后将另一端与光源连接。无论是自然光或是灯光都可以通过透光混凝土显出不同的色彩。

②材料特性。优势：让景观设施集艺术性、多变性、实用性于一体；专用扣件加黏合剂连接，施工更便易；使用期限长，等同于建筑物本身。

利用透光混凝土的透光性，可以让人隐约看到放置在透光混凝土装饰墙后物体的影子，正是这种朦胧的感觉，让透光混凝土具有一种神秘色彩(图3.77)。

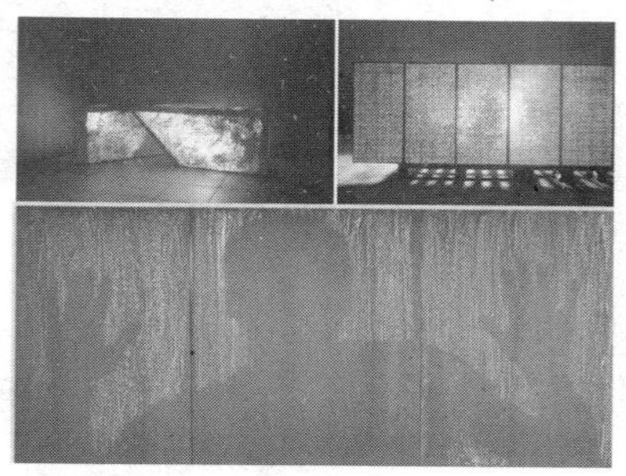

图3.77　透光混凝土示意图

③案例赏析。可透光混凝土用于地面铺装、城市改造的导示牌、休憩的座椅，坐椅与花池，作为装饰性的景墙，透光混凝土在花园里的应用如图3.78所示。

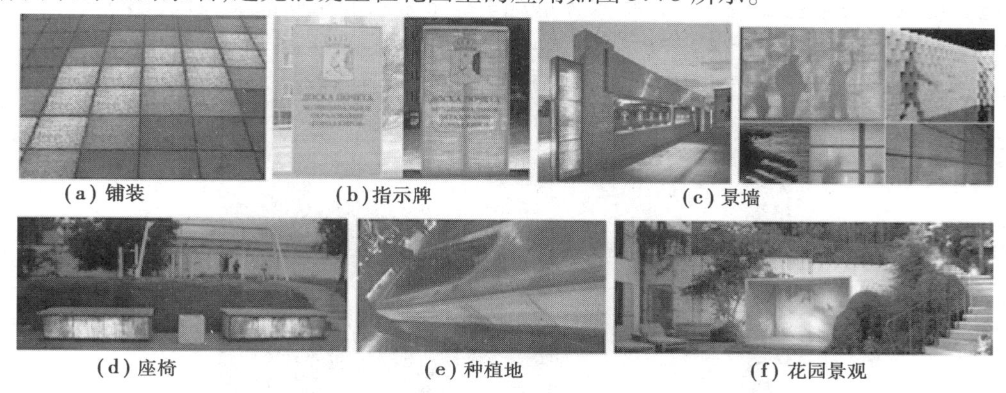

(a) 铺装　(b)指示牌　(c) 景墙

(d) 座椅　(e) 种植地　(f) 花园景观

图3.78　透光混凝土在景观中的应用示意图

**3)透水混凝土**

①材料简介。

透水混凝土(图3.79)又称多孔混凝土，无砂混凝土，透水地坪，其是由骨料、水泥和水拌制而成的一种多孔轻质混凝土，它不含细骨料，由粗骨料表面包覆一薄层水泥浆相互黏结而形成，呈孔穴均匀分布的蜂窝状结构，具有透气、透水和质量小的特点，也可称无砂混凝土。

②材料特性。

优势：具备良好的透水透气性，可增加地表透水、透气面积，调节环境温度、湿度，减少城市热岛效应，维持地下水位和植物生长。

③透水原理。

透水混凝土是采用水泥、碎石、胶黏剂等材料制成路面，但材料之中不含沙子，将这些材料按照合理的配合比搅拌摊铺成型。成型以后最终成品具有大量的孔隙。因为它是形成了许多相互连通的孔隙网络，所以能够将较多的雨水迅速排到地面以下。

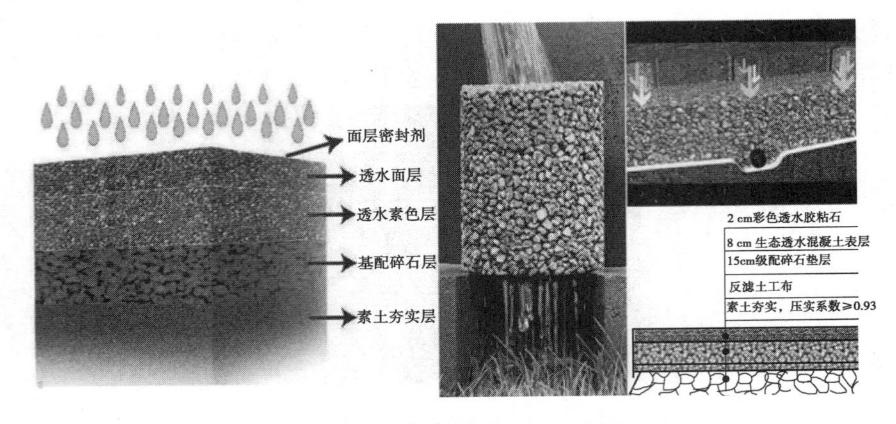


图 3.79　透水混凝土原理示意图

④案例赏析。

透水混凝土与彩色混凝土结合是园林景观中经常采用的路面铺装形式(图 3.80)。

图 3.80　透水混凝土在景观中的应用示意图

**4)清水混凝土**

①材料简介。

清水混凝土又称装饰混凝土,因其极具装饰效果而得名。它属于一次浇注成型,不做任何外装饰,直接采用现浇混凝土的自然表面效果作为饰面,因此不同于普通混凝土,其表面平整光滑、色泽均匀、棱角分明、无碰损和污染,只是在表面涂一层或两层透明的保护剂,显得十分天然、庄重。

②材料特性。

优势:混凝土结构不需要装饰,舍去了涂料、饰面等化工产品,有利于环保;清水混凝土结构一次成型,不剔凿修补、不抹灰,减少了大量建筑垃圾,有利于保护环境。

③施工原理。

清水混凝土施工原理如图 3.81 所示。

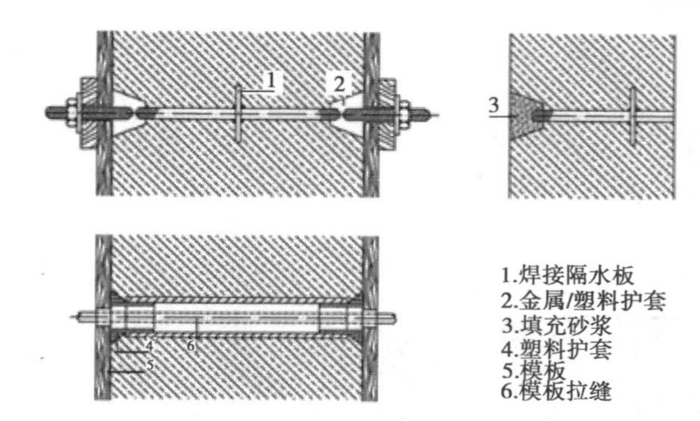


图 3.81　清水混凝土施工原理示意图

④案例赏析。

清水混凝土在景观中的运用如图 3.82 所示。

(a) 座椅

(b) 种植地　(c) 景墙　(d) 跌水景观

(e) 景观小品

图 3.82　清水混凝土在景观中的应用示意图

**5) 玻璃混凝土**

①材料简介。

废玻璃作为一种不可生物降解的材料，对其进行循环利用能够有效利用资源，降低成本，起到保护环境的作用。

②材料特性。

玻璃混凝土自身具有良好的物理性能和较高的抗压强度、抗拉强度，其与钢材、玻璃、陶瓷、玻璃钢等材料一样，都拥有着较好黏结力。

③案例赏析。

玻璃混凝土在景观中的运用如图 3.83 所示。

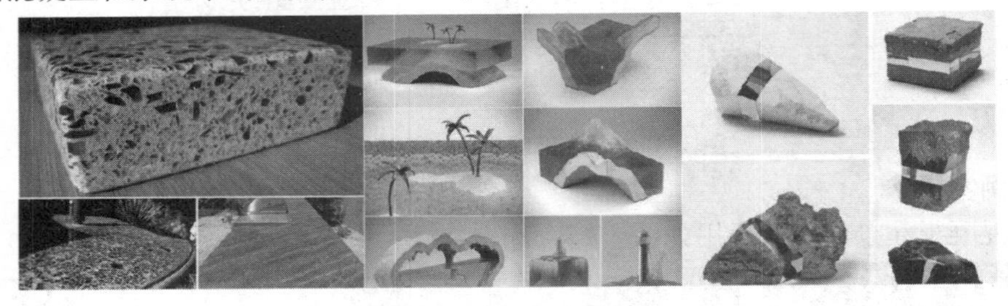

图 3.83　玻璃混凝土在景观中的应用示意图

**6)夜光混凝土**

夜光混凝土是在普通混凝土里面加入人造的蓄能发光材料而成。其在白天吸取光能，夜晚和环境黑暗时发光。例如铝酸盐蓄光型自发光材料(图 3.84)。

图 3.84　夜光混凝土在景观中的应用示意图

## 3.5　竹　材

**1)材料简介**

竹与人一样都是自然的生命体，其纹理在规则中又有不规则的变化，颜色自然，纹理别致，是高雅与富贵的象征，更是家居材料中的君子，能够提升整体家居空间的品位。

**2)材料特性**

竹材料本身密度高、韧性好、触感自然、色泽柔和而典雅。同时在居住环境方面，竹子作为房屋的一部分，对维系居住环境方面，具有其他材料所不具备的优势。

(1)通透性强

竹长势迅猛，堪称植物界的冠军，故而在生长过程中需要大量水分来维系，竹剖面有许多点，如人身上的毛孔一般，能够进行水分、空气的流通，具有非常强的通透性。

(2)纹理丰富

竹可以像木头一样，自由裁出各式各样的形态，其本身具有丰富多彩的纹理，自然而然带给产品丰富的纹理。

(3)质感自然

竹材强度和密度都高于一般木材,可用较小厚度的竹材产品替代较大厚度的木材产品,以取得经济上的优势。竹材纹理通直,质感爽滑,色泽简洁,顺应人们回归自然的心态。

(4)坚韧耐用

在全球木材资源缺乏的情况下,全竹家具将成为未来家具的一个重要分支。处理后的竹材板材能防虫蛀、变形、脱胶,更不会像一般实木那样出现开裂现象。

(5)天然舒适

冬暖夏凉,由于竹子的天然特性,其吸湿、吸热性能高于木材,故在炎热的夏季坐在上面,清凉吸汗,冬天则有温暖感。

(6)易于搭配

竹子较木材来说具有独特性,它的纹路通直,质感爽滑,色泽简洁,与其他颜色搭配,能显示出产品时尚、细腻的特质。

(7)装饰效果好

竹片可保持天然的本色,竹材易于漂白、染色和碳化等处理,在造型设计中,可利用不同颜色的竹片构成美丽的图案,这些固有的造型要素具有很强的装饰效果。

(8)造型丰富

竹材具有刚性与力的美学,纵向具有较好的柔韧性,充分利用这一特性,可以制作出造型更为丰富、优美的竹集成材料。

**3)竹材的材料工艺**

竹材料韧性好且不易破损,吸水膨胀率、加热干燥收缩率较小,以前常用于制作计量规尺。与木材相比,其有更强的柔韧性与抗菌保鲜力,竹竿可用于制作竹水筒,竹皮可用于包裹餐食,无不显现出前人来自生活的智慧。

(1)选竹

要求壁厚 7 ~9 mm,竹龄 4 ~6 年。竹龄小于 4 年时,其细胞内含物的积累尚少,纤维间的微孔径较大,纤维强度尚未完全形成,在干燥后易引起变形,制成品干缩湿涨系数大,几何变形也大,故不宜选用;竹龄大于 7 年时,在干燥后,硬度过大,强度开始降低,对刀具的损伤也大,不宜大量选用。故竹龄 4 ~6 年最佳。

(2)开条

将大径级毛竹横截成竹段,铣去外节后纵剖成 2 ~4 块,为了获取直度满足要求的竹片,宜采用工作台可移动的开条锯来加工生产。

(3)粗刨

在上压式单层平压机上加热加压,将弧形竹块展开成平面。最后经过双面压刨将其加工成无竹青、竹黄的等厚竹片。

(4)组坯

采用手工组坯,根据要求可以搭配出多种组合方式,也为家具制作提供了多种材料组合。

(5)碳化和冷压

碳化的原理是将竹片置于高温、高湿、高压的环境中,使竹材中的有机物质如糖、淀粉、蛋白质分解变性,使真菌等虫类失去营养来源,同时又将附着在竹材中的虫卵及真菌杀死。竹材经高温、高压后,竹纤维焦化变成古铜色类似于咖啡色。而冷压地板最大限度地保持竹子本色的同时具备组织致密、质感细腻、触感温和等特点。

(6)纹理

根据不同组坯和不同工艺处理方式,可以生产出多种纹理和颜色的全竹材料。通常包括本色侧压、本色平压、本色两头压、碳化侧压、碳化平压、碳化两头压等。

(7)成型

板材以优越的物理性能广泛应用于建材、运输设备、体育设施、家具,经久耐用,美观大方。

**4)选　材**

竹子的种类和产地很重要,因为材料的运输会消耗大量的人力和财力。竹子的类别超过100属,1 000类。经过长时间的经验总结,这三类竹子脱颖而出:刚竹属,刺竹属,巨竹属。

刚竹属:是一种被广泛种植在亚洲的竹子(俗称毛竹),高30 m,可以说是竹子里最典型的类别了。毛竹的强度可以和红橡媲美,被广泛地运用在了房屋结构、门框、地板、家具和器皿上。

刺竹属:被广泛地种植在南美洲和大洋洲,主要用来造纸。虽然刺竹属中也有少数竹材可以用作装饰材料,但大部分从中国出口到北美和欧洲的竹子都是毛竹。用来建造房屋时,因为刺竹属富含淀粉,所以十分容易被腐蚀。

巨竹属:是除毛竹之外的另一种亚洲竹类,生于海拔400~800 m的热带季雨林中。其物理特性让它普遍被作为一种承重材料用在房屋和桥梁建造中(图3.85)。

刚竹　　刺竹　　巨竹

图3.85　竹子示意图

**5)案例赏析**

(1)结构竹

①德中同行之家——竹+钢构件结构。

来自中国的巨龙毛竹与德国的钢筋共同组成了德中同行之家的立面(图3.86)。

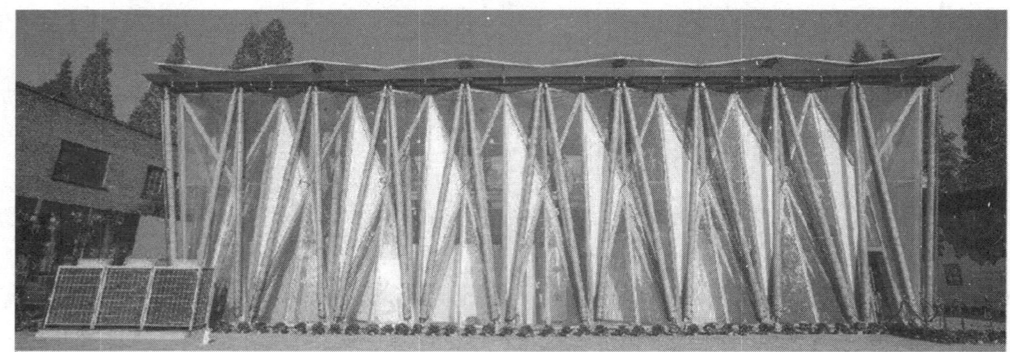

图3.86　德中同行之家示意图

自然与人工的碰撞,德国制造与中国原产的碰撞,既传达了国家情谊又将时代潮流生态建材——竹的妙用展现得淋漓尽致。

巨龙竹的选材很有讲究,长度 8 m,竹龄大于 4 年,平均直径 20 cm,外形笔直没有明显虫眼,当然,原竹不能直接用于建筑,选材之后还要经过多道处理工序:蒸煮以防虫,烘干、低温干燥以防火防腐,最后处理好尺寸之后再在竹子端部灌注水泥并加入钢片固定,以此形成可用的建筑材料(图 3.87)。

内部透亮硬朗

内部及外部竹细部示意

场馆内部钢与竹的结合

图 3.87 德中同行之家局部示意图

浙江安吉的毛竹被分割成竹片,通过烘干和浸泡处理以后压制成竹板,再将竹板压制成竹梁。这种胶合竹材同样需要进行严格的防火处理,并经过专业实验室的抗压、抗拉与抗弯测试。

②越南国家馆——竹制拱券。

竹条构成的连续巨大拱券带来了强烈的视觉冲击,同时又展现出竹材的韧性美,越南馆的立面是以细竹条进行弯曲、穿插、固定形波浪状的墙面令人想到越南优越的自然水文环境,夜幕降临时别有一番朦胧昏黄的美,细竹排列组合成的一体化立面使展馆显得十分优雅(图 3.88)。

③印度国家馆——竹制穹顶。

印度馆朴素、长着杂草、神似泰姬陵的屋顶下藏着一个有着当时世界上最大跨度的半球穹顶的公共报告厅,屋面由绿植和竹子一起构成,既能隔热,又能消音(图 3.89)。

④挪威国家馆——胶合竹结构。

主体部分挪威馆运用中国胶合竹制作了 15 棵“树”,形成了最坚固的构件。另外,场馆设计师还非常有心地在树上别上了竹雕的动感小人(图 3.90)。

立面　　场馆内部巨大的拱券

用佛像装饰结构更引人注目　　局部

图 3.88　越南国家馆示意图

穹顶内部

铺满草坪的穹顶外部

图 3.89　印度国家馆示意图

挪威馆的“大树”，自然的庇护

夜幕下的“树”

“树”的细部

骑着车的孩子

图 3.90　挪威国家馆示意图

(2)装饰竹

①印度尼西亚馆——竹排、竹筒饰面。

与主打结构竹的场馆的实用主义不同,印度尼西亚馆对竹材的使用显得清新得多,内部用竹竿整齐排列,贴于墙面形成层叠的竹排饰面。外墙以截成小段的竹筒做盆栽,以钢丝网串之成为一道带着透明凉意的风景线(图3.91)。

印度尼西亚馆在室内使用竹材装饰　　印度尼西亚馆外墙面竹筒装饰

图3.91　印度尼西亚馆示意图

②马德里馆——可调竹板窗。

这里的竹很简单、直接就是一块又一块的竹排板安装在机械钢件上,对应着冷暖、春夏秋冬的不同形态(图3.92)。

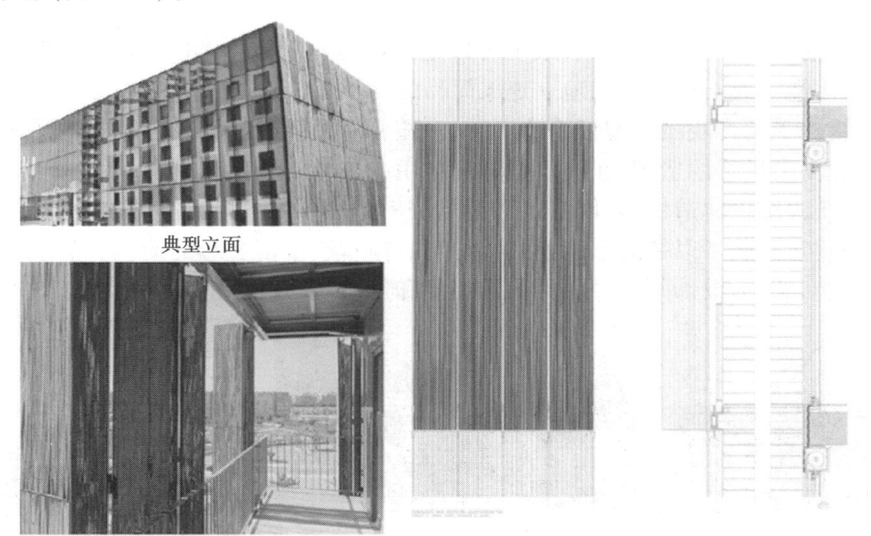

典型立面

实用生态主义的做法　　竹窗细部

图3.92　马德里馆示意图

③西班牙馆——竹、藤编织饰面、装配式。

展馆整体像是一件工艺品,呈现随时准备起飞的形态,动感十足。西班牙展馆由钢结构和竹篾、藤条覆盖物组成。

展馆的设计师贝娜蒂塔·塔格利亚布解释,西班牙的手工艺人将运用不同颜色的藤条编制出各异的波浪图案。藤条被特殊的防水材料所覆盖。藤条编织的藤块像羽毛一样附着在建筑表面,形成流动的表面,渗透性的表皮透出室内的微光,让建筑显得通透无比。

严格来说,西班牙馆算得上“大型可持续性装配式建筑”了,夜色灯光笼罩下的西班牙馆更显其通透美(图 3.93)。

图 3.93　西班牙馆示意图

## 3.6 膜　材

膜结构作为一种空间结构形式,最早可以追溯到远古,人类用木头搭建结构骨架覆盖上兽皮或草席,用绳子或石块固定在地上建成简易的房子。

近代膜结构受到马戏团大型帐篷的启发,并随着新型膜材料和高强钢索的研发,以自由、轻巧、柔美,充满力量感的造型,在建筑领域的应用越来越广泛。

此外,由于膜结构建造快、方便安装和拆卸,特别适用于小型、临时的或使用年限较短的建筑,膜结构建筑打破了以往的形态模式,以其独特新颖、丰富多彩的造型、优美的曲线,成为城市景观建设新宠,为设计师提供了更大的想象和创造空间(图 3.94、图 3.95、图 3.96)。

图 3.94　兽皮帐篷

图 3.95　现代膜结构

图 3.96　景观膜亭

### 3.6.1　定义

膜结构工程中所使用的材料是由高强度的织物基材和聚合物涂层构成的复合材料。涂层对基材起保护作用,并形成膜材料的密封性能。

### 3.6.2　分类

景观工程中最常用的膜材料:主要有 PTFE 膜、PVC 膜和 ETFE 膜三种。膜材的选择往往取决于其功能的防火要求、设计寿命和投资额等(图 3.97、图 3.98)。

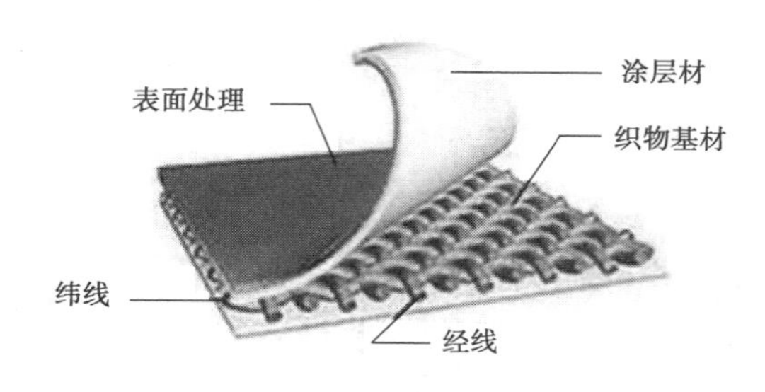


图3.97 膜材料组成

表面处理
涂层材
经线
纬线

图3.98 膜材断面图

1)PTFE膜

PTFE膜是在极细的玻璃纤维(3 μm)编织成的基材上涂覆聚四氟乙烯等材料而成。PTFE在1979年左右出现后,从各方面改善了膜材的特性,使得膜结构从帐篷或临时性建筑发展到永久性建筑。

(1)材料特性

①永久性建筑的首选膜材料,使用寿命在20~30年。

②强度高、耐久性好、自洁性好,且不受紫外光的影响。

③高透光性,且透过的光线为自然散漫光,不产生阴影和眩光。

④反射率高,热吸收量少。

⑤燃烧性能A级。

(2)案例欣赏

苏州奥林匹克体育中心游泳馆,建筑的屋顶采用了单层索网结构,覆盖PTFE膜,曲线屋面构成了建筑群的特色,刻画了新的区域中心形象(图3.99)。

图3.99 苏州奥林匹克体育中心鸟瞰及膜顶细部

“欣贺设计中心”的设计以一个圆形中庭为轴心,在立体花园的外侧悬挂着半透明的PTFE膜材,在炎热季节起到遮阳和通风作用的同时,也让建筑看起来飘逸,轻盈(图3.100)。

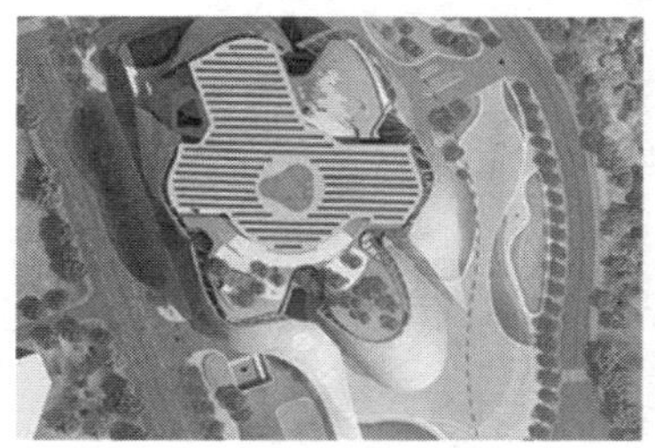

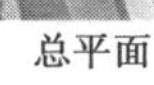

总平面

PTFE 膜材做成的节点大样

图3.100 欣贺设计中心,厦门/MAD

2)PVC 膜

PVC 膜以尼龙织物为基材涂覆 PVC 或其他树脂而成。

(1)材料特性

早期的膜材,使用年限一般为 7 ~ 15 年。

强度及防火性与 PTFE 相比具有一定差距。

自洁性较差,可在 PVC 涂层上再涂 PVDF 树脂。

另一种涂有 $TiO_2$(二氧化钛)的 PVC 膜,具有极高的自洁性。

燃烧等级 B1 级,不及 PTFE 膜。

(2)案例欣赏

"中国种子"——2015 米兰世博会中国企业联合馆,该建筑表皮材料选择白色 PVC 膜,并借助钢结构大尺度悬挑,使建筑显得轻灵而飘逸。入口处帘幕掀起,建筑空间内外相生、上下贯通,与外部世博景观相互融合(图 3.101)。

图 3.101 "中国种子"——2015 米兰世博会中国企业联合馆

(意大利 / 同济设计集团)

伦敦奥运会篮球馆高 30 m,面积约 2 万 $m^2$,外敷可回收 PVC 膜,膜在后面的结构的作用下形成优美的起伏。透光的外表皮可以使得场馆在白天可以非常少地依赖人工照明。夜晚,灯光照在白色的膜上形成让人眼花缭乱的效果(图 3.102)。

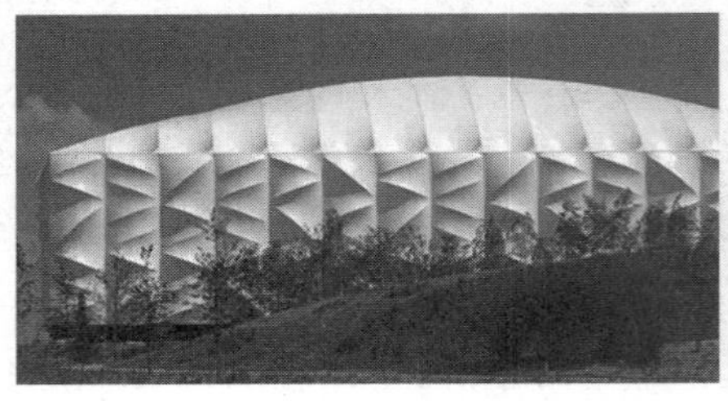

图 3.102 伦敦奥运会篮球馆

3)ETFE 膜

ETFE 膜是乙烯-四氟乙烯共聚物薄膜,非织物类。

(1)材料特性

①耐久性好,在 15 年以上的恶劣气候下,其力学和光学性能不会改变。

②耐磨、耐高温、耐腐蚀,绝缘性好。

③密度小,抗拉强度高,破断伸长率达 300 %。

④表面非常光滑,具有极佳的自洁性能,灰尘、污迹会随雨水冲刷而去。

⑤是阻燃材料,熔后收缩但无滴落物。

(2)案例欣赏

The Shed 艺术中心(图 3.103),高 37 m,外壳由裸露的钢斜架构成,外部包覆以强韧而轻巧的透明 ETFE 垫层(四氟乙烯共聚物)。这种材料拥有与隔热玻璃相同的热力性质,但质量要轻许多。相同的还有北京的"水立方"游泳馆。

图 3.103 The Shed 艺术中心(纽约)

## 3.6.3 受力特点

膜结构是一种高效的张拉结构,它以高强度的柔性薄膜材料经张拉或充气形成稳定的曲面来承受外荷载,其造型自由、轻巧、柔美,充满力量感(图 3.104)。

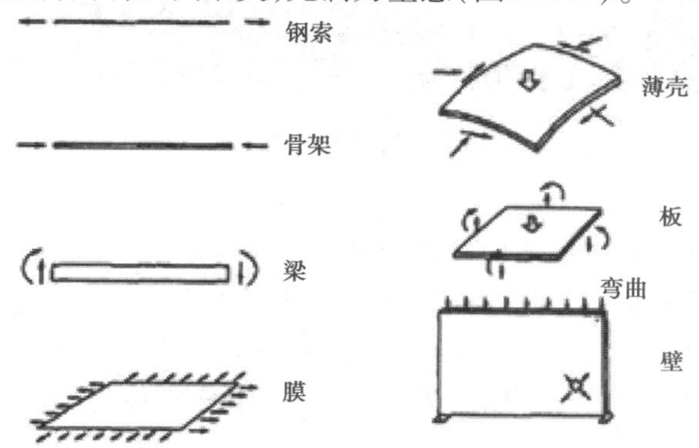


图 3.104 张拉膜受力特点

膜结构的结构效率是非常高的,利用膜材料的高抗拉强度,膜材的跨度与其厚度的比值可以达到 1/10 000,因此它是最极致的轻型结构。

## 3.6.4 膜结构形式分类

根据膜结构的成形方式和受力特点,一般可以分为张拉膜、充气膜和骨架膜 3 种,比较形象的比喻是张拉膜像帐篷,充气膜像热气球,骨架膜像蒙古包。

**1)张拉膜**

利用马鞍面或者其他曲面正反曲率的特点,给膜材施加张力以提高膜结构的刚度,抵抗外荷载。

2010 年上海世博会主入口的世博轴，采用了张拉索膜结构，全长 1 045 m、宽约 100 m，由 6 个喇叭形的“阳光谷”、13 根大型桅杆、数十根斜拉索和巨大的膜结构组成(图 3.105)。

图 3.105　上海世博会主入口

2）骨架膜

骨架膜是以刚性构件作为骨架，以膜材作为覆盖材料，主要由刚性骨架承受外荷载，膜材的透光性和张力感使得骨架膜结构的大空间更加明亮、开放、富有力度感。

蓬皮杜梅斯艺术中心以 15 m 跨度为模数，3 个纵深长达 90 m 的长方体彼此垂直层叠，木结构屋面表面覆盖 PTEE(聚四氟乙烯)薄膜，呈现出极佳的效果(图 3.106)。

图 3.106　蓬皮杜梅斯艺术中心(2010)

3）充气膜

利用气压使膜产生张力以此来抵抗外力的结构，称为充气膜结构，具体又分为气承式和气胀管式两大类。气承式是利用膜内外气压差，使膜产生拉力来平衡外荷载，类似于热气球。

富士馆是一种拱形的充气膜，只对拱形管充气，建筑物内部气压与室外气压相同，出入口不需要气门锁，完全自由，同时结合横向索和缆风索，形成整体稳定的结构，充气拱的管状截面直径约 4 m，膜材为喷涂有弹性橡胶的聚乙烯醇纤维布，充气气压比室外大气压高 800 mm 水柱，每个单元有 16 根拱，拱长均为 72 m，但每根拱的拱高和拱脚跨度不同(图 3.107)。

图 3.107　大阪世博会富士馆(1970)

4)膜结构的其他特性

相比与其他结构材料,膜还有一些独特的性质,比如光特性(透光、遮光、泛光)、可折叠、可卷起,利用这些特点能设计出更加有趣的结构。

2012 欧洲足球锦标赛赛场,是以膜作为张拉材料的张拉整体结构。

采用膜结构的可见泽栖帐篷艺术酒店,建筑师通过西双版纳特有的灵动生物幻化成一座座的现代帐篷酒店建筑。总面积 13 000 $m^2$,酒店一期为 18 间客房,两个户型分别为“水映萤火”与“螺中洞天”。二期 12 间客房呈现“蜂飞蝶舞”(图 3.108)。

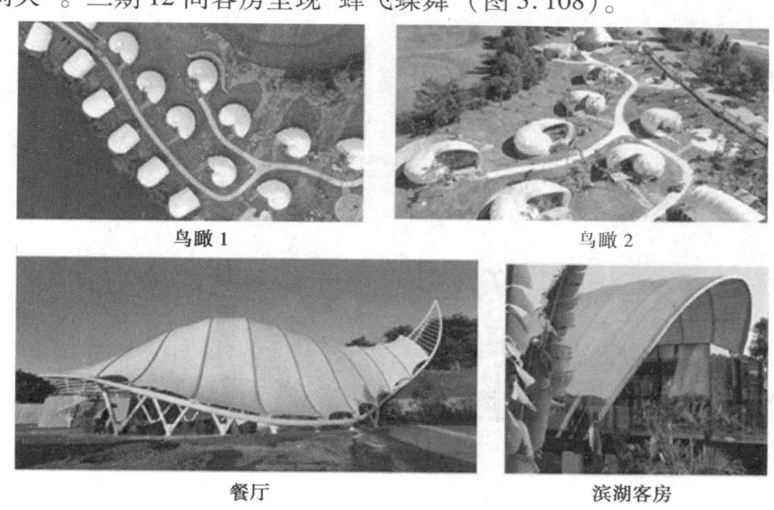


图 3.108 可见泽栖帐篷艺术酒店

## 3.7 塑料、橡胶

塑料和橡胶都是石油的附属产品,它们在来源上都是一样的,不过,在制成产品的过程中,物性却不一样,用途更是不同,这两种材料也衍生出了许多附属产品,在园林中得到了广泛的应用(图 3.109)。

### 3.7.1 阳光板

1)定义

阳光板(图 3.110)又称聚碳酸酯空心板或聚碳酸酯中空板,有双层和多层之分。其构成原理是由两片或者多片单层板平行叠加且之间通过加强筋相连,以此获得相对稳定的空间结构。

2)特性

这样的结构在大大增强板材的抗冲击性的同时,因为层次较多且加强筋排列细密,反而削弱了板材的透光性,继而形成了半透明的视觉效果。“阳光板”的保温隔热、隔声等性能均优于实心板。目前市场上有多种厚度的阳光板可供选择,常见的有 4 mm,6 mm,8 mm,10 mm。随着厚度的增加，板材的综合性能会随之增加，在设计中，设计师需要根据不同的需求选择厚度合适的板材。

图 3.109　西班牙居民住宅中的阳光板

3）分类

阳光板中空按结构形式可分为方格状、蜂窝状、米字状等，可根据使用部位及功能需求的不同选择合适的中空结构板材。

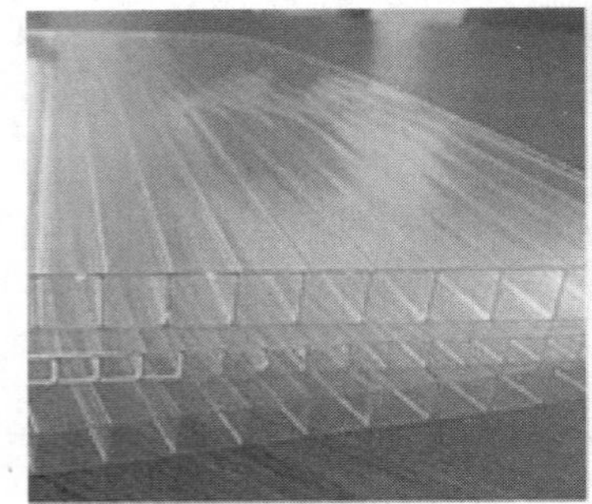

(a) 方格阳光板

(b) 蜂窝状阳光板

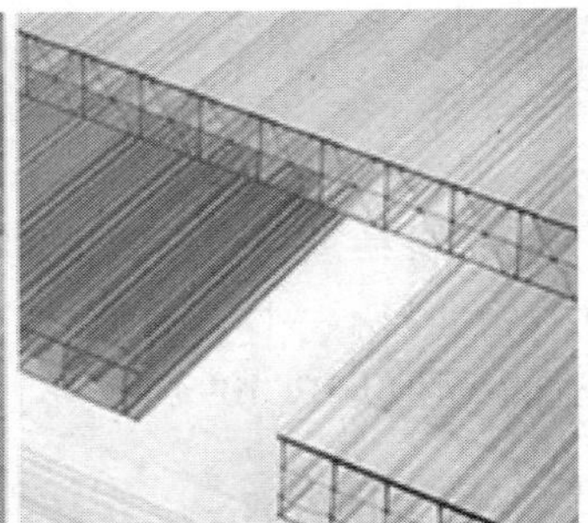

(c) 米字状阳光板

图 3.110　常用阳光板类型

4）用途

阳光板集采光、保温、隔声于一身，可遮阳挡雨，也可保温透光，可用于温室大棚、雨棚、办公室隔音、室外广告灯箱等，也常用于园林、游艺场所奇异装饰及休息场所的廊亭。国外甚至出现了除支撑结构外，纯聚碳酸酯材质的大型透明采光房子，阳光一照，晶莹通透，温暖宜人。

5）优秀案例

星宿城市公寓售楼处（图 3.111）位于徐州市西苑繁华街区的十字路口，建筑外墙采用新型半透明材料PC板(阳光板)。白天,路边行道树的影子投在建筑墙面上,透过墙面同时可以隐约看到室内。夜晚,室内的灯光透过PC板,使整个建筑像一个个发光的盒子。

(a)视野通透、如舞台一般的建筑　(b)建筑入口　(c)室内

(d)孩子的游戏场所　(e)夜景

图3.111　徐州星宿城市公寓售楼处

码头建筑,加拿大/MGA优雅地栖身于海与岸的交界处(图3.112)。面向陆地的建筑一侧由胶合层板和半透明PC板(阳光板)覆盖。日间室外自然光透过该立面照亮室内工作室,夜间室内的灯光则照亮了户外路面。

(a)两个交叉镶嵌的建筑体量　(b)夜景

图3.112　码头建筑(加拿大/MGA)

### 3.7.2　耐力板

耐力板又称聚碳酸酯板,是以高性能的工程塑料聚碳酸酯加工而成的一种板材。其具有超强的坚韧性、高度的耐候性、最佳的隔热性,耐冲击、安全可靠;质量小、可弯曲、施工方便,用途十分广泛。

耐力板常应用于住宅天窗,工业厂房及仓库采光顶棚,游泳池、体育场馆、温室覆盖、通道、走廊、停车棚、高速公路隔声屏障、室内屏风装饰、淋浴房、浴室、阳台隔断,家具、厨具柜门、广告灯箱、告示牌、户外广告牌、LED电子显示屏等(图3.113)。

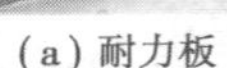

(a) 耐力板

(b) 耐力板顶棚

(c) 耐力板花房

图 3.113 耐力板及其案例

### 3.7.3 塑胶地面

塑胶地面以各种颜料橡胶颗粒或 EPDM 颗粒为面层,黑色橡胶颗粒为底层,由黏结剂经过高温硫化热压所制成,此产品环保且具有高度吸震力及止滑效果,提供大人或小孩在运动时的保护作用及舒适感。这种材料的地坪安全性较强且较为耐用、容易清洁,适合用于各级各类学校,全民健身路径,游乐场道路铺面及公园、居民小区等的活动场地(图 3.114)。

(a) 保利天寰花园首开区亲子公园

(b) 儿童游戏区

图 3.114 塑胶地面

### 3.7.4 橡胶地垫

橡胶地垫是由天然橡胶、合成橡胶和其他成分的高分子材料所制成的地垫,厚度一般为 1.5 ~ 2.5 cm ,通常分安全橡胶地垫和塑胶跑道两种。

安全橡胶地垫是块状产品,按形状分为方形和六边形两种。方形的按规格分为 50 cm 见方的和 100 cm 见方的,厚度一般为 1.5 ~ 2.5 cm,采用“热塑性橡胶”,可耐高温 140 ℃,低温 -70 ℃,不易变形,无刺激性气味,常用颜色是绿色和暗线色。就同铺地板一样,使用者可直接一块一块将其铺在平整的硬质地面上，再在其上放置体育器材。橡胶地垫是环保地垫，因为所用的材料都是无毒无害的环保材料及高分子环保材料。

塑胶跑道是一次性成型产品，可按形状整铺，厚度一般为 1.5 ~ 1.8 cm，由厂家在现场把橡胶原料高温烧化成液体，均匀地洒在地表而制成，是"热塑性橡胶"，可耐高温 140 ℃，低温 -70 ℃，不易变形，无刺激性气味。颜色和图案主要通过任意形状分区、洒不同颜色的液体来实现，因此比较丰富，但价格相对高一点(图 3.115)。

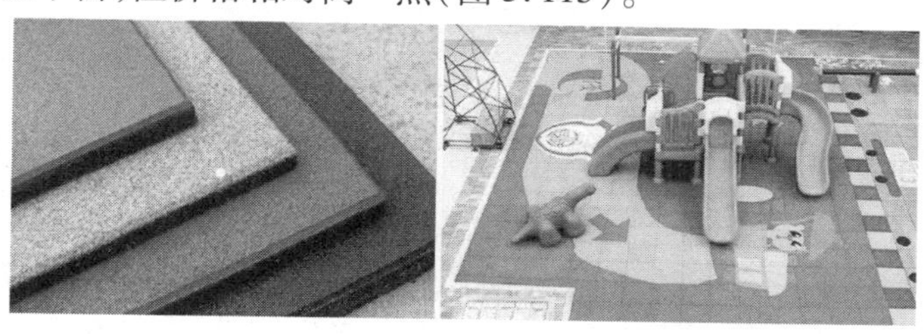

图 3.115　橡胶地垫

### 3.7.5　人工草坪

人工草坪也称人造草坪(图 3.116)，其原料多为聚乙烯(PE)和聚丙烯(PP)为主，也可用聚氯乙烯和聚酰胺等。片叶上着以仿天然草的绿色，并需加紫外线吸收剂。

图 3.116　各种人造草坪

①长草：人造草坪的草长度为 30 ~ 50 mm。一般应用于足球比赛，训练和赛马场地。

②中草：人造草坪的草长度为 20 ~ 30 mm。作为网球场，曲棍球和草地滚球的国际比赛场地面层。用于一般训练用途的足球场、高尔夫球场、排球场、篮球场和网球场等场地，甚至作为径赛跑道。

③短草：人造草坪的长度为 8 ~ 15 mm。适用于高尔夫练习场、篮球场、网球场、游泳池周围或环境的美化。

④网状草：人造草坪用途最广泛。在高尔夫练习场、篮球场、足球场和跑步道等运动员跌倒擦伤机会较多的运动环境最为适用。

⑤单丝草：因为人造草坪呈形状笔直，运动员在草上擦伤的相对较少，多用在足球运动场地。

⑥卷草：人造草坪草毛为圆圈形，互相折叠更为紧密，特别用于草地滚球。因对球的运动方

向干扰少,俗称无导向草皮(主要用在高尔夫练习场)。

人造草坪在景观中还可用于庭园地坪和场地的绿化。

## 3.8 铺装用砖、砌块和陶瓷

### 3.8.1 铺装用砖

砖是最古老的建筑材料之一,砖筑艺术具有丰富的表现力,本节将重点阐述铺装用砖。

**1)砖的分类**

① 按材质分:页岩砖、煤矸石砖、粉煤灰砖、灰砂砖、混凝土砖等(图3.117)。

②按孔洞率分:实心砖(无孔洞或孔洞小于25%的砖)、多孔砖(孔洞率等于或大于25%,孔的尺寸小而数量多的砖,常用于承重部位,强度等级较高)。空心砖(孔洞率等于或大于40%,孔的尺寸大而数量少的砖,常用于非承重部位,强度等级偏低)。

③ 按生产工艺分:烧结砖(经焙烧而成的砖)、蒸压砖、蒸养砖。按烧结与否分:免烧砖(水泥砖)和烧结砖(红砖)。

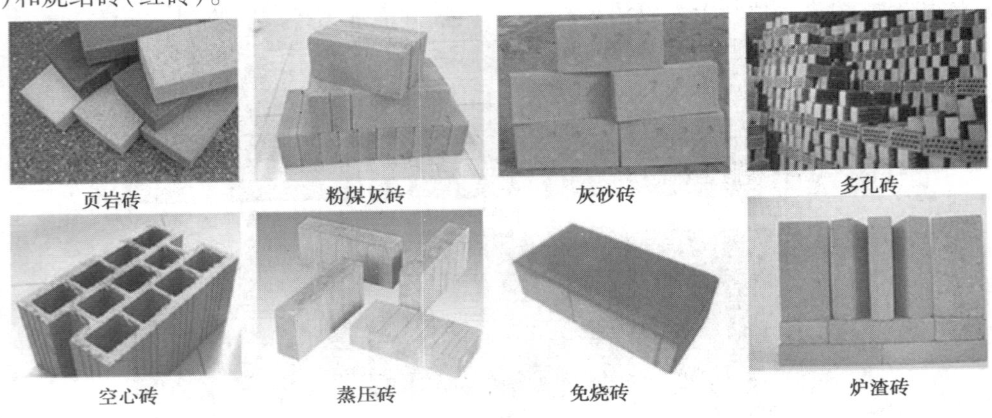


图3.117 各种砖示意图

**2)砖的色彩**

砖的色泽是材料内在真实自然的表现,它是由烧制过程中氧气含量与黏土的自然成分的区别造成的。它的色彩是对所在地域生产砖的原料的一种体现,这种固有的自然形成的色彩美具有亲切感与自然美。砖一般分为两大色系,暖色调红黄色砖系和冷色调青灰色砖系。

**3)砖的铺设形式**

砖的铺设方式多种多样,本章介绍常用的几种,如图3.118所示。

**4)景观中砖的铺设案例**

景观中常见铺设图案如图3.119所示。

## 3.8.2　铺装用砌块

### 1)普通混凝土小型空心砌块

以水泥、砂、碎石或卵石加水预制而成。其主规格尺寸为 390 mm×190 mm×190 mm,有两个方形孔,空心率不小于 25%。

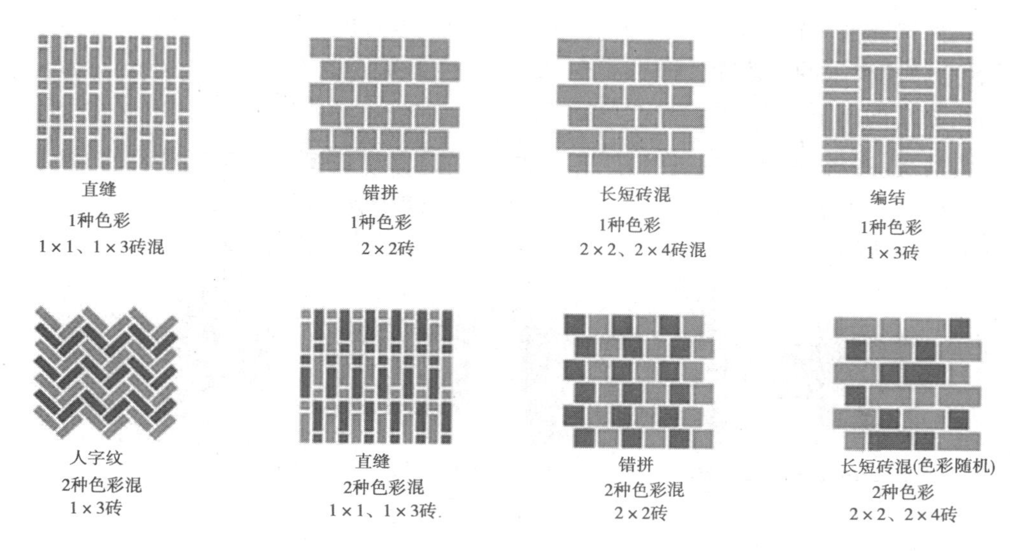


图 3.118　砖的常见铺设方式

图 3.119　砖的常见铺设案例

普通混凝土小型空心砌块具有强度高、自重轻、耐久性好、外形尺寸规整的优点,部分类型的混凝土砌块还具有美观的饰面以及良好的保温隔热性能,适用于建造高层与大跨度的建筑,应用范围十分广泛。

### 2)轻集料混凝土小型空心砌块

以水泥、砂、轻集料加水预制而成,其主规格尺寸为 390 mm×190 mm×190 mm。按其孔的排数分为单排孔、双排孔、三排孔和四排孔等 4 类。

轻集料混凝土小型空心砌块具有自重轻、保温性好、有利于综合治理与应用、强度高等特点。

**3)蒸压加气混凝土砌块**

以水泥、矿渣、砂、石灰等为主要原料,加入发气剂,经搅拌成型、蒸压养护而成的实心砌块,其主规格尺寸为 600 mm×250 mm×250 mm。

蒸压加气混凝土砌块特点:自重轻,保温性、隔音性能好,抗渗、耐火性好,强度高,施工方便。

蒸压加气混凝土砌块适用于各类建筑地面(±0.000)以上的内外填充墙和地面以下的内填充墙(有特殊要求的墙体除外)。

**4)粉煤灰砌块**

以粉煤灰、石灰、石膏和轻集料为原料,加水搅拌,振动成型,蒸汽养护而成的密实砌块,其主要规格尺寸为 880 mm×380 mm×240 mm。砌块端面应加灌浆槽,坐浆面宜设抗剪槽。

粉煤灰砌块的特点是节约、环保、质量小、强度高、保温性能好、耐久性好(图 3.120)。

普通混凝土小型空心砌块　蒸压加气混凝土砌块　轻集料混凝土小型空心砌块　粉煤灰砌块

图 3.120　常见砌块示意图

**5)景观中砌块的铺设案例**

砌块中铺设案例如图 3.121 所示。

图 3.121　地面砌块铺设案例

## 3.8.3　铺装用陶瓷

陶瓷主要是以黏土为主要材料,经高温烧制而成的无机非金属材料。根据陶瓷制品的结构特点,陶瓷可分为陶和瓷两大部分,介于陶和瓷之间的一类产品,称为炻。我们在本章讲的陶瓷内容主要是指以陶瓷为原料制成的作为饰面材料为主的面砖以及陶瓷在工程中其他的应用。从陶瓷的面砖上来看,主要有釉面砖、通体砖、玻化砖、陶瓷锦砖、微晶石和陶瓷壁画等类型。

**1)釉面砖**

釉面砖(图 3.122)是砖的表面经过施釉高温高压烧制处理的瓷砖,这种瓷砖是由土胚和表面的釉面两个部分构成的,主体又分陶土和瓷土两种,陶土烧制出来的背面呈红色,瓷土烧制的背面呈灰白色。釉面砖表面可以做各种图案和花纹,因此通常图案和色彩都十分丰富。

根据光泽的不同,釉面砖又可以分为光面釉面砖和哑光釉面砖两类。釉面砖是装修中最常见的砖种,由于色彩图案丰富,而且防污能力强,因此被广泛使用于墙面和地面装修。

2）**通体砖**

通体砖（图 3.123）是将岩石碎屑经过高压压制后再烧制而成，表面抛光后坚硬度可与石材相比，且吸水率更低。通体砖是一种不上釉的瓷质砖，材质和色彩表里一致，防滑性和耐磨性好，但抗污染性差。虽然现在还有渗花通体砖等品种，但相对来说，其花色比不上釉面砖。多数的防滑砖都属于通体砖。所以"防滑地砖"大部分是通体砖。

图 3.122　光面釉面砖及哑光釉面砖

通体砖的分类：通体砖由于用料的不同，又可以分为纯色通体砖、混色通体砖、颗粒布料通体砖。

通体砖的规格：通体砖有常见的大、中、小三种规格。常见的通体砖规格有 45 mm × 45 mm × 5 mm、45 mm × 95 mm × 5 mm、108 mm × 108 mm × 13 mm 等，选购的时候需要注意。

通体砖的花色：基本上没有大的花色变化，其正反面的颜色都是相同的，而且颜色也都非常单一。

通体砖的主要特点：通体砖的表面一般情况下不会施釉，用其装修的房屋，会让人觉得古香古色、高雅别致、纯朴自然。同时，由于其表面粗糙，光线照射后产生漫反射，反光柔和不刺眼、对周边环境不会造成光污染。

3）**荷兰砖**

荷兰砖（图 3.124）起源于荷兰，在围海造城过程中为了使地面不再长期缺水下沉，人们制造了一种长 200 mm，宽 100 或 60 mm 的小型路面砖铺设在街道上，并使砖与砖之间预留了 2 mm 的空隙，便于下雨的时候雨水可以透过缝隙渗入地下，这就是荷兰砖。荷兰砖具有良好的透水、透气、保水性，同时具有降温、降噪、调节气候、保持地表水循环的多项功能，现如今被广泛应用于车站、机场、城市道路等工程的改造中，已经成为人们普遍关注、受欢迎的铺路石。

图 3.123　通体砖

图 3.124　荷兰砖

荷兰砖施工简便快捷。在夯实并平整的基础上铺一层25 mm左右表面平整的砂垫层,便可铺设荷兰砖,无须用砂浆。荷兰砖切割方便,可切成任意大小块进行任意拼铺。

**4)多孔陶粒混凝土透水砖**

多孔陶粒混凝土透水砖(图3.125)是通过添加聚合物、加入吸水性高强页岩陶粒这两种手段对无砂多孔水泥混凝土进行改性制成。在不影响混凝土的抗压强度的基础上改善水泥浆体的弹性以及水泥浆体与骨料的黏结,从而改善了多孔混凝土的力学性能和耐久性,并利用页岩陶粒的强吸水性,减少透水砖生产时水泥浆的析出,降低了多孔混凝土透水砖的透水空隙在制备时被析出的水泥浆堵塞的风险,从而扩大了多孔混凝土路面砖的水分适用比例范围,增加其适用性能。作为荷兰砖的改良材料,多孔陶粒混凝土透水砖现在也被广泛运用到人行道路的铺设中。

图3.125　多孔陶瓷混凝土透水砖

图3.126　青砖

**5)青砖**

青砖(图3.126)是传统建筑材料,质地致密,是由黏土烧制。黏土是某些铝硅酸矿物长时间风化的产物,具有很强的黏性。将黏土用水调和后制成砖坯,放在砖窑中煅烧(900~1 100 ℃,并且要持续8~15天)便制成砖。黏土中含有铁,烧制过程中完全氧化时生成三氧化二铁,呈红色,即最常用的红砖;而如果在烧制过程中加水冷却,使黏土中的铁不完全氧化,生成四氧化三铁,则呈青色,即青砖。由于青砖制作工艺更复杂,因此制作成本更高。但与红砖相比,虽然硬度、强度差不多,但青砖在抗氧化、水化、大气侵蚀等方面的性能明显优于红砖。

青砖具有透气性强、吸水性好、保持空气湿度、耐磨损等优点,同时它造型古朴,能与传统园林很好地融合在一起。

**6)玻化砖**

玻化砖(图3.127)在瓷砖中硬度最高,也是一种通体砖,表面光亮,耐脏、耐磨性更高,使用广泛。安装于墙面时,须拴接、嵌固或胶粘。

**7)微晶石砖**

微晶石砖是将一层3~5 mm的微晶玻璃,复合在陶瓷玻化石的表面,经二次烧结后完全融为一体的产品。外观晶莹剔透、雍容华贵,有着丰富变化的仿石纹理、色彩鲜明的层次,以及不受污染、易于清洗、比石材有更高的抗风化性、耐候性而广受欢迎。广泛用于宾馆、写字楼、车站机场等场所内部,也适用于家庭的墙面、地面、饰板、家具、台盆面板等处的装修(图3.128)。

图 3.127 玻化砖

图 3.128 微晶石砖

8)陶瓷锦砖

陶瓷锦砖也称马赛克(图 3.129),为小块瓷质装修材料,一般做成 18.5 mm×18.5 mm×5 mm、39 mm×39 mm×5 mm 的小方块,或边长为 25 mm 的六角形等。分有釉和无釉两种,有不同颜色、尺寸和形状,一般拼成一个图案单元,粘贴于纸或尼龙网上,成 300 mm×300 mm 大小,以便施工。

图 3.129 陶瓷景砖

图 3.130 伊斯兰风格园林中的陶瓷马赛克

陶瓷锦砖色泽多样,质地坚实,经久耐用,抗压力强,吸水率小,多用于工业与民用建筑的洁净车间、门厅、走廊、餐厅、厕所、浴室、工作间等处的地面和内墙面,并可作高级建筑物的外墙饰面材料。伊斯兰园林之中常用彩色陶瓷马赛克铺设在池底来表现各种图案(图 3.130)。

9)仿古砖

仿古砖(图 3.131)一般是上釉的炻质砖。常通过样式、颜色、图案来营造怀旧的氛围,材质是从彩釉砖演化而来,有砖面造型和石墙造型,又分西式风格以及亚洲风格,釉面以哑光为主。其具备透气性、吸水性、抗氧化、净化空气和易清洁等特点。

10)小花砖

小花砖(图 3.132)也是釉面砖的一种,纹饰大多类似阿拉伯图案,变化丰富,尺寸不大,粘贴时可随机组合,产生无穷的变化效果。

图 3.131　仿古砖

图 3.132　小花砖

11)水泥砖

水泥砖是指利用粉煤灰、煤渣、煤矸石、尾矿渣、化工渣或者天然砂、海涂泥等(以上原料的一种或数种)作为主要原料,用水泥做凝固剂,不经高温煅烧而制造的一种新型墙体材料。水泥砖自重较重,强度较高,无须烧制,用电厂的污染物粉煤灰做材料,比较环保,是目前常用的墙体材料之一。此类砌块的唯一缺点就是与抹面砂浆结合不如红砖,容易在墙面产生裂缝,影响美观。施工时应充分喷水,要求较高的建筑,如别墅类可考虑满墙挂钢丝网,可以有效防止其产生裂缝。

12)陶瓷壁画

陶瓷壁画(图 3.133)是指以绘画艺术与陶瓷工艺技术相结合,通过在陶瓷坯体上制板、刻画、彩绘、配釉、施釉、烧制,生产出的陶瓷艺术品。值得注意的是,它不是原画稿的简单复制,而是艺术的再创造。设计师可以根据主题的需要对壁画的内容进行设定。当前,我国壁画正逐步由室内走向室外,走向营造城市环境的广阔空间,由形式单一走向多元化,陶瓷壁画又因其灵活多变也自带传统文化气息而脱颖而出,成为人们的视觉关注点。

图 3.133　景德镇的陶瓷壁画

13)陶瓷颗粒

陶瓷颗粒(图 3.134)即散粒状彩色瓷质颗粒,用合成树脂乳液作黏合剂,可制成彩砂涂料,涂敷于外墙面上或路面上,施工方便,不易褪色。

图3.134 陶瓷颗粒施工

图3.135 陶粒栽培土

陶粒栽培(图3.135)也是无土栽培的一种种植方式。也就是不用土壤而使用陶粒,并从底部供给营养液的栽培技术,作为植物生长的栽培方法。陶粒栽培技术由于无土,无污染、美观等特点,作为室内盆栽,能够减少蚊虫对居民的困扰,所以多用于景观植物、室内盆景等的种植。

### 14)陶瓦琉璃瓦

陶瓦(图3.136)是以黏土为主要材料高温煅烧而成的,使用陶瓦在中国西周时期就有记载,后来又产生了色彩丰富、外表亮丽的琉璃瓦。随着人们环保意识的增强,传统落后的陶瓦生产工艺越来越不适应现代化发展的需要,陶瓦一度面临着被淘汰的边缘。然而,近几年随着经济的飞速发展,更多的欧洲建筑风靡中国。特别是华东、华南、华北等发达地区,欧式别墅屡见不鲜,与之相配套的欧式瓦——陶瓦也重新流行起来。

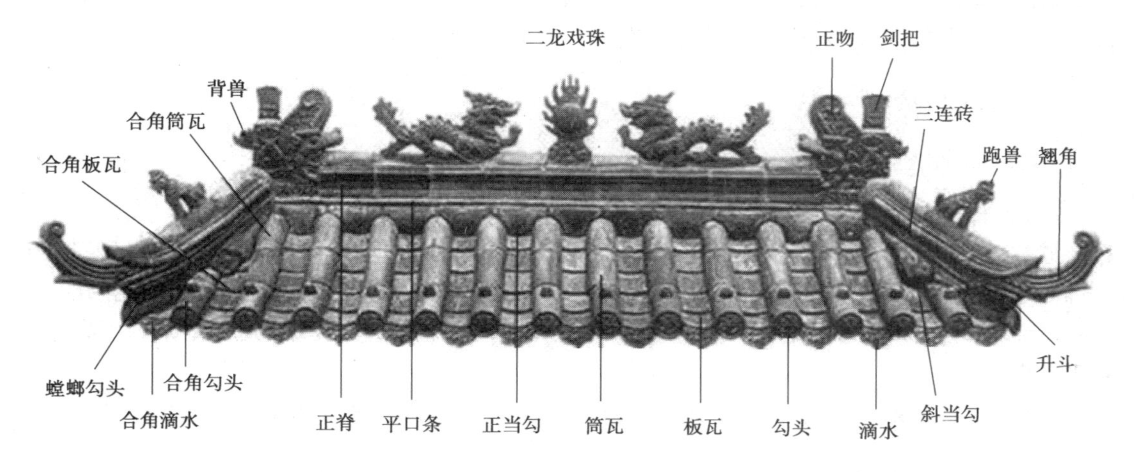


图3.136 琉璃瓦屋面的构件

### 15)其他

除了上述提到的材料外,还有其他许多类型的陶瓷制品或者砖石也可用于风景园林之中,如居住区、公园中常见的陶罐小品,广场中常用的一些广场砖等都别具特色。西班牙建筑师安东尼·高迪就很喜欢在自己的作品中增加陶瓷片贴面的元素,用于表现丰富的色彩(图3.137)。

图 3.137　高迪运用陶瓷贴片的作品

## 3.9　铺装饰面用石材

石材是从天然岩中开采出来并经加工成块状或板状产品的总称。石材是比较高档的铺装饰面材料,价格多从几十元每平方米到几百元每平方米,贵的石材有数千元每平方米。

铺装饰面用石材有天然石材和人造石材。天然石材坚固耐久,花纹美丽,性能优良,自古以来都是重要的建筑材料和景观工程材料,在建筑、桥梁、景观、装饰中都得到大量应用。随着制造技术水平的提升,人造石的品种和性能也得到改善,应用也越来越广泛。

### 3.9.1　石材的基本知识

**1)石材的种类与特点**

景观工程中常用的天然岩石种类有花岗岩、正长岩、橄榄岩、辉绿岩、玄武岩及安山岩、石灰岩、砂岩、大理岩、石英岩和片麻岩等。花岗岩、正长岩和橄榄岩属深成岩,结晶明显,抗压强度高,吸水率小,表观密度及导热性大,坚硬难以加工。石灰岩、砂岩属于沉积岩,呈层状,外观多层理和含有动、植物化石。大理岩、石英岩和片麻岩属于变质岩,成分复杂,含杂质较多,多孔多裂纹。

人造石材则是以人工方法加工出的一类装饰材料,具有类似天然石材的颜色、花纹、质感等。

**2)石材的加工**

(1)石材的加工过程

由采石场采出的大块天然石材荒料,或大型工厂生产出的大块人造石基料,体积较大,长度通常为 1 800 ~ 3 000 mm,高度为 600 ~ 2 200 mm,厚度为 1 000 mm 左右,再进行锯切、打磨、黏结等各道工序。如果需要特殊的表面效果,还可以对石材表面进行烧毛、凿毛等。

锯切是将天然石材荒料或大块人造石基料用锯石机锯成板材的作业。锯切设备主要有框架锯(排锯)、盘式锯、钢丝绳锯(图 3.138)等,锯切花岗石等坚硬石材或较大规格石料时,常用框架锯,锯切中等硬度以下的小规格石料时,则可以采用盘式锯,如图 3.139 所示。

图 3.138　钢丝绳锯

图 3.139　盘式锯切割石材

(2)石材的表面加工

石材的表面加工包括研磨、火烧、凿毛等方式。

锯切的板材表面粗糙,称为毛板,表面有锯纹,粗糙,可用于室外防滑地面或需要亚光石材饰面的场所。多数情况下需要对毛板进行研磨和抛光,加工成光板以后再利用。

研磨工序一般分为粗磨、细磨、半细磨、精磨、抛光等五道工序。研磨设备有摇臂式手扶研磨机和桥式自动研磨机(图 3.140),前者通常用于小件加工,后者加工 1 $m^2$ 以上的板材。磨料多用碳化硅加结合剂(树脂和高铝水泥等),或者用 60 ~ 1 000 mm 网的金刚砂。

图 3.140　石材表面处理

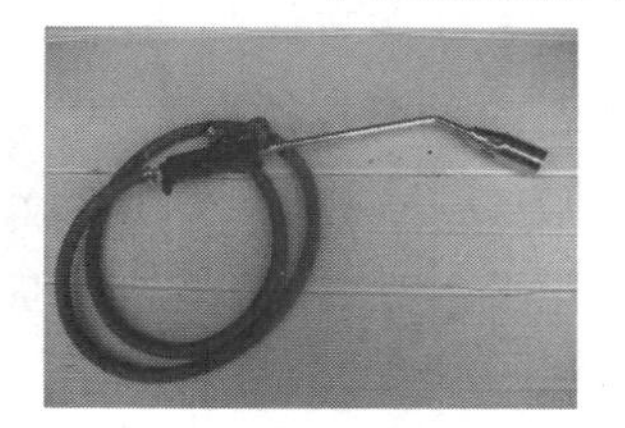

图 3.141　烧毛石材表面的机具

抛光是石材研磨加工的最后一道工序。经过抛光后,石材表面具有镜面效果以及良好的光滑度,最大限度地显示出石材固有的花纹色泽,称为光板。光板表面的镜面效果是衡量石材品质的重要标准。

烧毛加工是将锯切后的花岗板材,利用火焰喷射器(图 3.141)进行表面烧毛,使其表面的晶体炸裂,变得毛糙和凹凸不平,烧毛后的板材叫做火烧板。

琢面加工是用琢石机(图 3.142、图 3.143)将未抛光的石材表面凿出毛糙及凹凸不平的效果,称为机凿板,表面又称荔枝面。

图 3.142　琢石机 1

图 3.143　琢石机 2

**3)装饰石材的分类**

①按照外形分:料石、毛石、卵石、板材、块材;

②按照表面效果分:蘑菇面、火烧面、荔枝面、砂面、光面;

③按照材质分:文化石、花岗石、大理石、砂石、火山石、人造石。

④按照应用分为:

a. 室内饰面石材:各种颜色、花纹图案、不同规格的天然花岗石,大理石、文化石及人造石材。

b. 建筑外墙石材:用在建筑外墙的各类花岗石,文化石、人造石等。

c. 景观铺地石材:公园、人行道、广场、挡土墙、驳岸等用各种天然石材成品、半成品、荒料块石制,如路缘石、台阶石、拼花石、屏石、花盆石、石柱、石凳、石桌等。

d. 装饰型材与构件:各种异型加工材圆柱、方柱、线条石、窗台石、楼梯石、栏杆石、门套、雕塑等。

### 3.9.2 文化石

文化石是用于室内外的,规格尺寸小于 400 mm×400 mm 的,表面粗糙的天然石材或人造石材。

文化石色泽纹路能保持自然原石风貌,质感粗砺、颜色丰富的、形态自然,展现出天然石材的内涵与艺术性。文化石是人们回归自然、返朴归真的心态在室内、外装饰中的一种体现。

**1)文化石的种类与特点**

按照材质,文化石可分为天然文化石和人造文化石。

天然文化石由砂岩、石英岩、片麻岩、火山岩等加工而成,保有石材原本的特色,因此在纹理、色泽、耐磨程度上,都与石材相同。天然文化石材质坚硬、色泽鲜明、纹理丰富、风格各异,具有抗压、耐磨、耐火、耐寒、耐腐蚀、吸水率低等特性。

人造文化石是采用浮石、陶粒、硅钙、石膏等材料经过专业加工(如拼装成版)而成,模仿天然石材的纹理、色泽和质感。高档人造文化石具有环保节能、质地轻、色彩丰富、不霉、不燃、抗融冻性好、便于安装等特点。

按照外形与应用,石材包括毛石、料石、卵石、片石、板岩、蘑菇石、文化砖等。

毛石包括平毛石与乱毛石,平毛石形状不规则,但大致有两个平行面。乱毛石形状不规则,没有平行面。毛石常用做室外景观中砌筑生态挡土墙、护坡、驳岸、树池、花池等(图 3.144)。

图 3.144　毛石

料石是加工成较规则的六面体及有准确规定尺寸、形状的天然石材。根据加工精细程度分为细料石(表面凹凸深度小于 2 mm)、半细料石(表面凸凹深度小于 10 mm)、粗料石(表面不加工或稍加修整)。料石常用来砌筑较为规则的挡土墙、护坡、驳岸、路沿石、堡坎、景观墙等(图3.145)。

图3.145　料石

卵石包括鹅卵石、砂卵石、砂砾石等。根据大小有不同用途,大块的鹅卵石常用于砌筑生态挡土墙、护坡、驳岸等,适中的卵石常用于景观铺地,规格较小的砾石、卵石常用于水刷石墙面、地面(图3.146)。

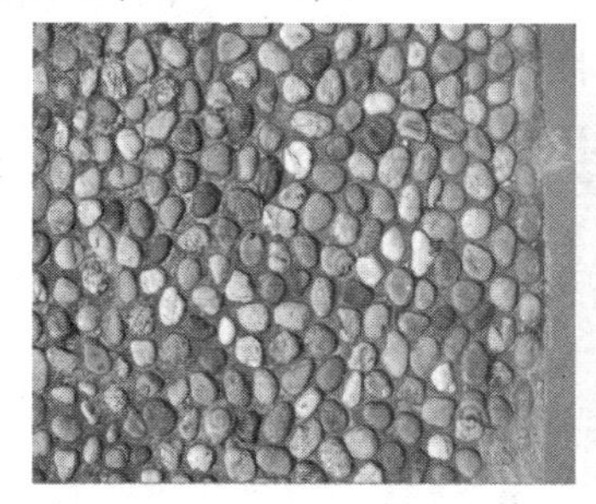

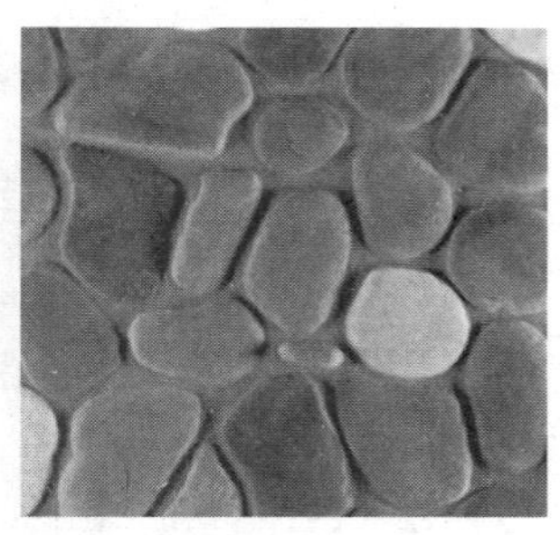

图3.146　卵石

片石呈不规则长条状或不规则片状,条形片石长度为200~500 mm,厚度为7~30 mm,宽度为30~60 mm,常用作墙面层状的铺贴方式;不规则片状片石常采用虎皮纹或冰裂纹的方式铺贴墙面或地面(图3.147)。

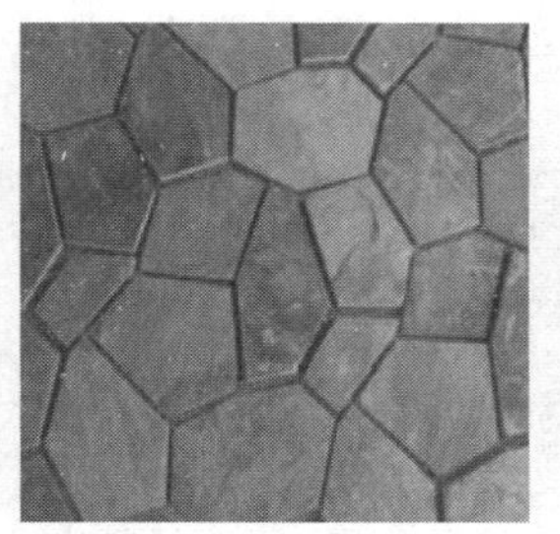
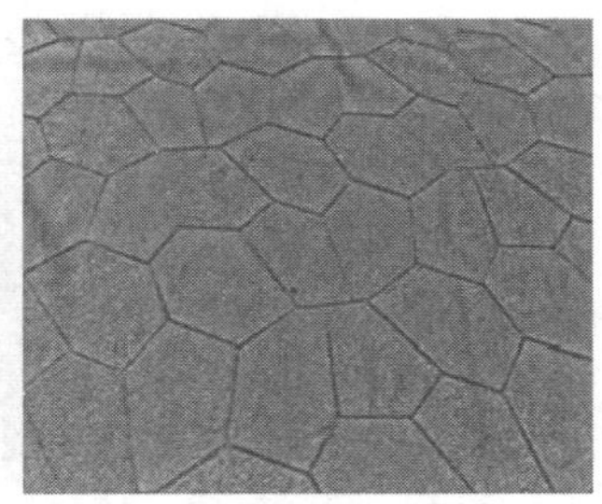

图3.147　片石

板岩按照材质有砂岩板、木纹石板、锈石板、青石板、石英岩板等,一般外形比较规则,表面较平整。一般厚度为7~20 mm,常见长宽规格为50 mm×200 mm、100 mm×200 mm、150 mm×300 mm、200 mm×400 mm、300 mm×300 mm、300 mm×600 mm等。这类文化石应用最多,常用来铺贴各种墙面、地面(图3.148)。

图 3.148　板岩

图 3.149　深蘑菇石

图 3.150　浅蘑菇石

蘑菇石呈长方形，长宽较规则，但正面不平整，凹凸不平，按照凹凸的深浅，又分深蘑菇石、浅蘑菇石。厚度为 15 ~ 35 mm，常见长宽规格为 50 mm × 200 mm、100 mm × 200 mm、150 mm × 100 mm 等，常用于铺贴墙面（图 3.149、图 3.150）。

文化砖是由人工烧制而成，表面模仿青色或红色页岩砖效果。厚度为 7 ~ 12 mm，长宽为 50 mm × 200 mm，广泛用于建筑外墙、景观墙面、室内铺地等（图 3.151）。

图 3.151　文化砖

**2）文化石的应用**

文化石常用于乡村风格或现代风格，具有自然质朴的效果，与金属、木材、玻璃形成强烈的质感对比。在室内空间类型上，文化石常用于餐厅、酒吧、展示空间、酒店等空间（图 3.152）。

图 3.152　文化石在景观中的应用

文化石的规格、材质、施工铺贴方法较多，设计时应根据使用目的、使用部位、材料规格确定合理的构造做法。铺贴时，一般宜采用离缝、错缝的方法。

文化石表面一般较粗糙，需用防水剂或漆在表面进行涂刷，不易因粘附灰尘而受到污染，同时颜色、花纹也可以得到充分展示，达到设计效果。

### 3.9.3　大理石

大理石是以大理岩为代表的变质岩、石灰岩、白云岩、泥晶灰岩等,主要成分为碳酸盐矿物,属碱性石材。

纯大理石为白色,称汉白玉,如在变质过程中混进其他杂质,就会出现不同的颜色与花纹、斑点。如含碳呈黑色;含氧化铁呈玫瑰色、橘红色;含氧化亚铁、铜、镍呈绿色;含锰呈紫色等。

**1)大理石的特点**

大理石容重为2.6~2.8 t/m$^3$,吸水率小于1%;质地致密但硬度不大,容易被加工、雕琢和磨平、抛光等;大理石的外观一般有着不同的花纹,这些花纹一般呈网状、云状、波浪状、条纹状,花纹图案较大、自然活泼而流畅,抛光后光洁细腻,色泽艳丽、色彩丰富;有些品种较容易产生裂纹和孔隙,整体性和强度较差;空气和雨中所含酸性物质及盐类对它有腐蚀作用,也容易风化和溶蚀,从而使表面很快失去光泽。

**2)大理石的品种**

大理石的品种,有的以产地和颜色命名,如西班牙米黄、法国小金花等;有的以花纹和颜色命名,如大花绿、中花白、金线米黄等;有的以花纹形象命名,如玫瑰米黄、海浪花、雅士白等;有的是传统名称,如汉白玉等。因此,因产地不同常有同类异名或异岩同名的现象出现。

大理石依照其抛光面的基本颜色,大致可分为米黄、白色、灰色、黑色、绿色、咖啡色、红色7个系列。

扫码详见:

常见的大理石品种

**3)大理石的规格**

普通平板一般厚16~20 mm,弧形板不小于20 mm,用于墙面干挂的大理石厚度不小于25 mm。用于室外地面的时候不多,采用时其厚度不小于30 mm。

大理石光板:品质较好或进口的大理石,长度为1 900~2 500 mm,高度为1 600~2 200 mm,品质一般的国产大理石,长度通常为1 500 mm左右,高度为600~800 mm。光板的尺寸比较大,建筑装饰现场用到的各种规格的成品板材,还需要按照设计排版要求在石材加工厂用石材切割机进一步加工而成。

**4)大理石的应用**

大理石图案变化万千,花纹活泼,色彩艳丽丰富,装饰效果好,富于生活趣味和活跃气氛,如图3.153所示。

大理石易于切割,便于大面积拼接、加工各类石材拼花。

大理石易被酸性溶液腐蚀而失光，一般不能用于建筑室外的墙面和地面装饰。

大理石硬度小，耐磨性较花岗石差，少用于人流量较大的场所或需要具备经常养护打磨抛光的场合。

有些品种大理石裂纹较多，如深啡网，设计较小的装饰构件如线条时不宜选用。

浅色大理石粘贴时，应使用白水泥砂浆及中性黏结剂，否则会出现严重的腐蚀，污损表面。

图 3.153　大理石在景观中的应用

## 3.9.4　花岗石

花岗石指以花岗岩为代表的，包括正长岩、玄武岩和花岗质的变质岩等在内的一类装饰石材，它以石英（二氧化硅）、长石和云母为主要成分，属于酸性岩石。在习惯上我们把主要成分为二氧化硅和硅酸盐的饰面石材统称为花岗石。花岗石的外表一般有着散布均匀的各种颗粒。

**1）花岗石的特点**

花岗石容重为 2.5 ~ 2.7 $t/m^3$，吸水率小于 1%，化学稳定性好，耐酸碱、耐气候性好；结构致密、质地坚硬、表面硬度大，耐久性强，但耐火性差；花岗石为全结晶结构的岩石，花纹呈颗粒状、结晶状，优质花岗石晶粒细而均匀、光泽明亮、色差小；某些颜色较深的花岗石含有微量放射性元素。

**2）花岗石制品的品种**

花岗石的品种，也常以产地、颜色、花纹等命名，如天山红、枫叶红、黑金砂、白麻、紫点金麻等。

花岗石依照其抛光面的基本颜色，大致可分为白色、黄色、灰色、黑色、绿色、红色等。

扫码详见：

常见的花岗岩品种

花岗石板还可根据表面加工方式不同分为剁斧板、机凿板、粗磨板、抛光板、火烧板等。

**3）花岗石的规格**

花岗石板的厚度，普通平板一般为12～20 mm，弧形板不小于20 mm，用于墙面干挂的石材厚度不小于25 mm；用于室外人行道及人群活动场地时，不小于30 mm；用于车行道和汽车使用的场地时，不小于60 mm。

花岗石大板，长度为1 500～3 000 mm，高度为600～1 000 mm，建筑装饰现场用到的各种规格的成品板材，还需要按照设计规格将大板切割成小板。

**4）花岗石的应用**

花岗岩质地坚硬、耐磨、耐腐蚀，是一种优良的建筑石材，广泛用于建筑内外墙面、地面、台阶踏步、台面板以及城市广场、园林景观铺地、路沿石等，如图3.154所示。

花岗石花纹细密、均匀、色差小，适用于办公、交通、文化类等人流量大的建筑空间。

注意：红色及一些颜色较深的花岗石，放射性大，应避免用于室内。

图3.154　花岗岩的应用

## 3.9.5　人造石材

人造石是以各种黏结剂、配以天然大理石或方解石、白云石、硅砂、玻璃粉等无机物粉料，采用烧制或高温高压的技术方法生产出来的一类装饰板材，具有天然石材的某些特点，在建筑装饰中得到越来越广泛的应用。

**1）人造石的特点**

人造石的色调与花纹可按需要设计，色彩花纹丰富；颜色均匀一致，色差小，光洁度高；韧性好，质量小，容重为天然石材的40%～80%，方便运输与施工；不吸水，耐酸耐侵蚀，可广泛用于酸性介质场所；生产成本低，人造石生产工艺简单，原料易得，也可比较容易的制成形状复杂的制品，综合利用天然石材资源，保护环境。人造石的强度与硬度、耐磨性比天然石材差。

**2)人造石的种类**

人造石按照所用黏结剂的不同,可分为有机类人造石材和无机类人造石材两类。按其生产工艺过程的不同,又可分为硅酸盐型人造石、树脂型人造石、复合型人造石、烧结型人造石4种类型。

4种人造石质装饰材料中,以有机类(聚酯型)最常用,其物理、化学性能也最好。

(1)硅酸盐型人造石

硅酸盐型人造石是以硅酸盐水泥、铝酸盐水泥为胶结剂,砂、碎大理石、花岗岩、工业废渣等为粗细骨料,经配料、搅拌、成型、加压蒸养、磨光、抛光等工序而制成。配制过程中,混入色料,可制成彩色水泥石。用铝酸盐水泥制成的人造石表面光泽度高、花纹耐久、抗风化的优点,如图3.155所示。

水泥型石材的生产取材方便,价格低廉,但其装饰性较差。水磨石和各类花阶砖即属此类。

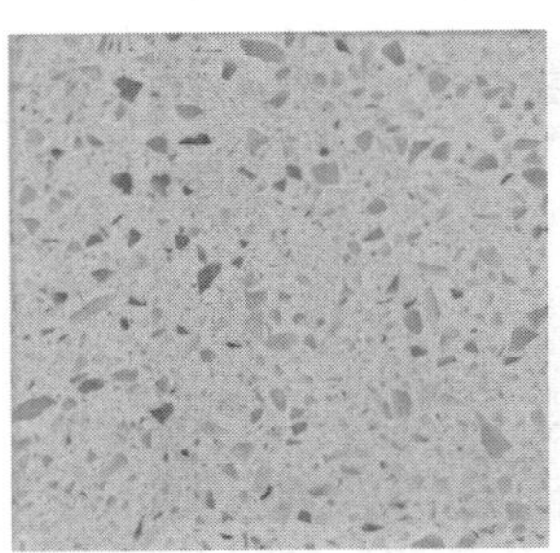

图3.155　硅酸盐型人造石

(2)树脂型人造石

以不饱和聚酯为胶结剂,与天然大理石、石英砂、方解石、碎玻璃渣或其他无机填料等按一定的比例搅拌混合,浇铸成型,经固化、脱模、烘干、抛光等工序制成。这种树脂的黏度低,易于成型,常温下可固化。成型方法有振动成型、压缩成型和挤压成型。其产品光泽性好,颜色鲜艳丰富、可加工性强、装饰效果好,物理、化学性能稳定。但耐磨性差,需常打磨保养,如图3.156所示。

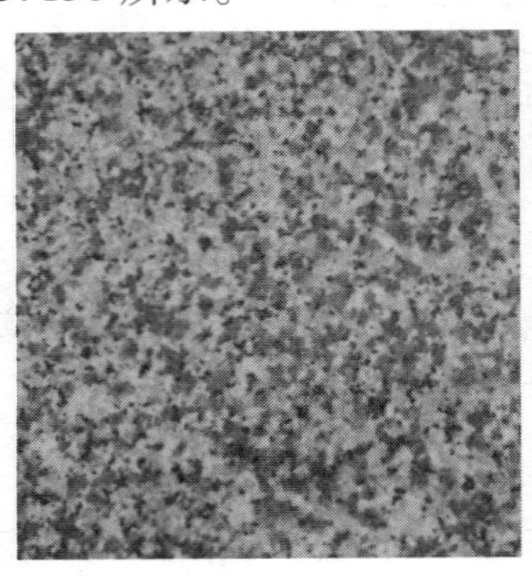

图3.156　树脂型人造石

(3)复合型人造石

胶结剂中既有无机材料,又有有机高分子材料。先将无机填料用无机胶粘剂制成底坯,其性能稳定且价格较低;面层可采用聚酯有机单体和大理石粉制作,达到防污及装饰的效果。

无机胶结材料可用快硬水泥、白水泥、铝酸盐水泥以及半水石膏等。有机单体可以采用苯乙烯、甲基丙烯酸甲酯、醋酸乙烯、丙烯腈、二氯乙烯、丁二烯等，这些树脂可单独使用或组合起来使用，也可以与聚合物混合使用，如图 3.157 所示。

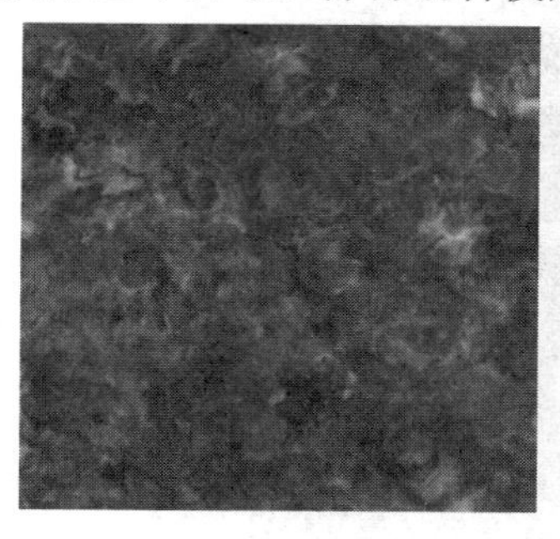
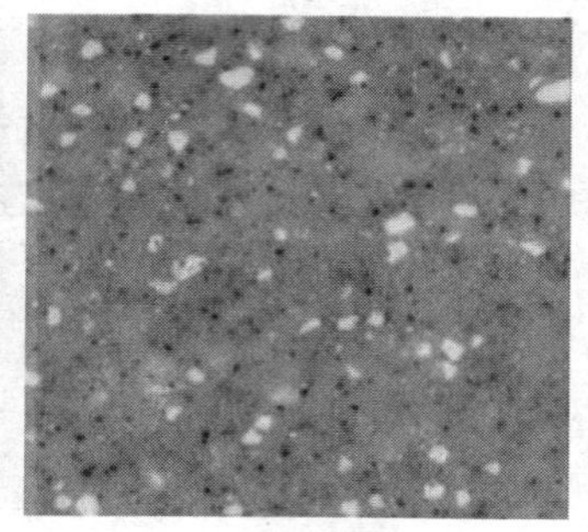
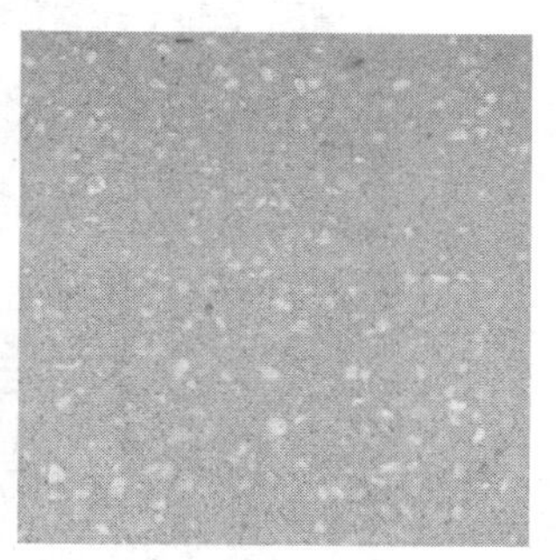

图 3.157 **复合型人造石**

复合型人造石材制品的造价较低，但它受温差影响后聚脂面易产生剥落或开裂。

(4)烧结型人造石

生产工艺与陶瓷的生产工艺相似，是将长石、石英、辉石、石粉及赤铁矿粉和高岭土等进行混合，再用 40% 的黏土和 60% 的矿粉制成混浆后，采用注浆法制成坯料，用半干压法成型，经 1 000 ℃左右的高温焙烧而成。

烧结型人造石材的装饰性好，性能稳定，但需经高温焙烧，因而能耗大，造价高(图 3.158)。

图 3.158 **烧结型人造石**

**3)人造石的规格**

硅酸盐型人造石通常用来加工各类人行道地砖、停车场铺地砖、水磨石板等，厚度一般为 20 ~ 60 mm，长宽尺寸为 150 mm × 300 mm，300 mm × 300 mm，树脂型人造石、复合型人造石、烧结型人造石，大板厚度为 10 ~ 20 mm，长度为 1 500 ~ 2 500 mm，宽度为 600 ~ 1 500 mm。

**4)人造石的应用**

树脂型人造石、复合型人造石耐酸碱、不吸水、易清洁，常用来制作各种台面，普通台面如橱柜台面、卫生间台面、窗台、餐台、接待柜台、酒吧台等，特殊台面如医院各类台面、实验室台面等。

烧结性人造石常加工成室内墙面装饰板，用于办公、展览等大型空间，如图 3.159 所示。

图 3.159　人造石的应用

## 思考题

1. 景观工程中的常用玻璃材料有哪些?
2. ECM 的适用范围有哪些?
3. 景观工程中的常用木材有哪些?
4. 木塑材料是指什么?其材料分类情况如何?
5. 装饰类混凝土是指什么?
6. 景观工程中的常用竹材特性有哪些?
7. 景观中的常用膜材有哪些?

# 4 涂料和辅料

**本章导读**

涂料可以用不同的施工工艺涂覆在物件表面,形成粘附牢固、具有一定强度、连续的固态薄膜。这样形成的膜通称为涂膜,又称漆膜或涂层。通过本章的学习,应掌握涂料的分类和相关运用;而本章的辅料主要是介绍景观工程中常用的防水材料、连接材料、密封材料和保温材料。

## 4.1 涂 料

### 4.1.1 涂料的概述

国家标准《涂料产品分类和命名》(GB/T 2705—2003)中,分类方法1是以涂料产品的用途为主线,并辅以主要成膜物的分类方法,将涂料产品划分为3个主要类别:建筑涂料、工业涂料、通用涂料及辅助材料(表4.1);分类方法2,除建筑涂料外,主要以涂料产品的主要成膜物为主线,并适当辅以产品主要用途,将涂料产品划分为两个主要类别,即建筑涂料、其他涂料及辅助材料。

**表 4.1 《涂料产品分类和命名》(GB/T 2705—2003)(分类一)**

| 主要产品类型 | | | 主要成膜物类型 |
|---|---|---|---|
| 建筑涂料 | 墙面涂料 | 合成树脂乳液内墙涂料<br>合成树脂乳液外墙涂料<br>溶剂型外墙涂料<br>其他墙面涂料 | 丙烯酸酯类及其改性共聚乳液;醋酸乙烯及其改性共聚乳液;聚氨酯、氯碳等树脂;无机粘合剂等 |
| | 防水涂料 | 溶剂型树脂防水涂料<br>聚合物乳液防水涂料<br>其他防水涂料 | EVA、丙烯酸酯类乳液;聚氨酯、沥青、PVC 胶泥或油膏、聚丁二烯等树脂 |
| | 地坪涂料 | 水泥基等非木质地面用涂料 | 聚氨酯、环氧等树脂 |
| | 功能性涂料 | 防火涂料<br>防霉(藻)涂料<br>保温隔热涂料<br>其他功能性建筑涂料 | 聚氨酯、环氧、丙烯酸酯类、乙烯类、氟碳等树脂 |
| 通用涂料及辅助材料 | 调和漆 | 以上未涵盖的无明确应用领域的涂料产品 | 改性油脂;天然树脂;酚醛、沥青、醇酸等树脂 |
| | 清漆 | | |
| | 磁漆 | | |
| | 底漆 | | |
| | 腻子 | | |
| | 稀释剂 | | |
| | 防潮剂 | | |
| | 催干剂 | | |
| | 脱漆剂 | | |
| | 固化剂 | | |
| | 其他通用涂料及辅助材料 | | |

注:主要成膜物类型中树脂类型包括水性、溶剂型、无溶剂型、固体粉末等。

但在装饰工程中,一般称上述材料为油漆(图 4.1),特点是主要适用于木质或金属基层。为便于区别,其他施用于建筑或建筑构件表面(例如墙面和地面等混凝土或水泥砂浆基层),以提高其相关性能的材料,被称为涂料(图 4.2),如防水涂料、阻燃涂料、地面涂料等。但也有例外,例如乳胶漆。

图 4.1 涂料

图 4.2 油漆

### 4.1.2　装饰常用的油漆种类

**1）以面漆的不同化学成分分类**

(1)清漆(图4.3)

清漆又名凡立水,是由树脂为主要成膜物质再加上溶剂组成的涂料。将其涂在物体表面,干燥后会形成光滑透明薄膜,显出物面原有的纹理。

常用品种类型包括:

①酯胶清漆:又称耐水清漆,漆膜光亮,耐水性好,但光泽不持久,干燥性差。用于涂饰木材面,也可作金属面罩光。

②虫胶清漆:又名泡立水、酒精凡立水,也简称漆片,干燥快,可使木纹更清晰。缺点是耐水性、耐候性差,日光暴晒会失光,热水浸烫会泛白,专用于木器表面装饰与保护涂层。

③酚醛清漆:俗称永明漆,干燥较快,漆膜坚韧耐久,光泽好,耐热、耐水、耐弱酸碱,缺点是漆膜易泛黄、较脆,用于涂饰木器,也可涂于油性色漆上作罩光。

④醇酸清漆:又称三宝漆,干燥快,硬度高,可抛光、打磨,色泽光亮,耐热,但膜脆、抗大气性较差,用于涂饰室内外金属、木材面及醇酸磁漆面的罩光。

⑤硝基清漆:又称清喷漆、腊克,光泽、耐久性良好,用于涂饰木材及金属面,也可作硝基外用磁漆罩光。

⑥丙烯酸清漆:耐候性、耐热性及附着力良好,用于涂饰铝合金表面。

⑦聚酯酯胶清漆:漆膜光亮,用于涂饰木材面,也可作金属面罩光。

⑧高性能清漆:A、B 组分,超耐久、低污染、耐各种辐射,涂层坚硬致密,能防止混凝土的碳化。

⑨氟碳清漆:超耐候性、寿命长,可用于多种涂层和基材的罩面保护,也适用于环氧、聚氨酯、丙烯酸、氟碳漆等涂层的上光罩面,起装饰保护作用,还可用于金属、木材、塑料、古文物、仿金属外墙。

⑩木油:又称鱼油、清油,也称调漆油,有一定的毒性。它是用干性植物油或干性油,再加进部分半干性植物油经熬炼并加入催干剂而制成的。它主要用来作为调配厚漆和防锈漆时的一种油料,市场上有成品清油出售。清油的主要作用是,渗透到木材里面并在木材表面形成软膜保护层,广泛适用于各种木材、防腐木、木制房屋、木门窗、花园地板、花园家具、木凉亭、木篱笆、木桥、木栈道、木瓦片、木雕、花架等木制品(图4.4)。

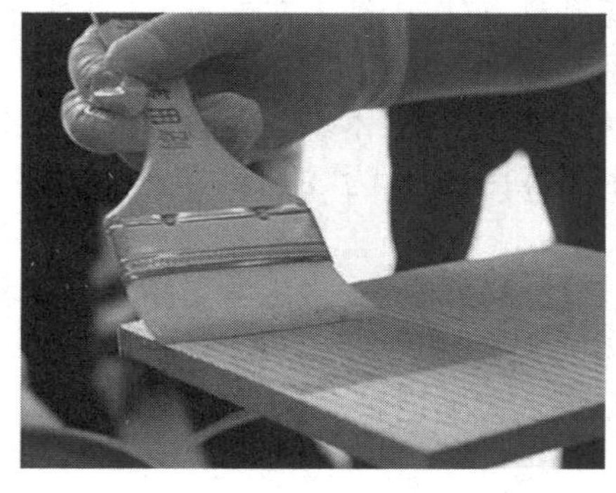

**图4.3　清漆**

**图4.4　木油**

(2)原漆

原漆又名铅油,是由颜料与干性油混合研磨而成,多用以调腻子。

(3)调合漆(图4.5)

调合漆又名调和漆,分油脂漆和天然树脂漆两类。

(4)硝基漆

硝基漆是比较常见的木器及装修用涂料,其主要成膜物是以硝化棉为主,配合醇酸树脂、改性松香树脂、丙烯酸树脂、氨基树脂等软硬树脂共同组成。硝基漆包括手扫漆、硝基磁漆等,因加入各种颜料而呈现不透明的特征。

(5)硝基清漆

硝基清漆是不含颜料的硝基漆,可用于金属、木材表面涂装及罩光,为透明漆,挥发性强,具有干燥快、光泽柔和等特点,分为亮光、半哑光和哑光3种。

(6)聚酯漆

聚酯漆用聚酯树脂为主要成膜物。高档家具常用的为不饱和聚酯漆,俗称"钢琴漆"。

(7)聚酯清漆

聚酯清漆广泛用于室内外各类木材,铁艺表面的装饰和保护,使用方便,不会引起乳胶漆墙面泛黄,分亮光面漆、半哑面漆、哑光面漆和透明底漆。

(8)聚氨酯漆

聚氨酯漆分为单组分与双组分,其漆膜强韧,光泽丰满,附着力强,耐水耐磨、耐腐蚀性,被广泛用于高级木器家具,也可用于金属表面。聚氨酯漆的不足之处是漆膜有遇潮起泡、粉化、易变黄的问题。其中,聚氨酯漆的清漆品种称为聚氨酯清漆。

(9)醇酸漆

醇酸漆主要由醇酸树脂组成,是目前国内生产量最大的一类涂料。它价格便宜、施工简单、对施工环境要求不高、涂膜丰满坚硬、耐久性和耐候性较好、装饰性和保护性都比较好等优点。但其缺点是干燥较慢,涂膜不易达到较高的要求,故主要用于普通木器、家具及家庭装修的涂装。

(10)丙烯酸漆

丙烯酸漆主要由丙烯酸树脂、体质颜料、助剂、有机溶剂等配制而成。漆膜干燥快,附着力好,耐热性、耐候性能好,一般用于钢材、铝材金属的表面涂装。

(11)大漆(图4.6)

大漆又名土漆、生漆、中国漆,为一种天然树脂涂料,它属于纯天然的产品,是割开漆树树皮,从韧皮内流出的一种白色黏性乳液,经加工而制成的涂料。其漆膜耐热性高,耐久性好,具有防腐蚀、耐强酸、强碱、耐溶剂等优点,但紫外线作用差。红木家具一般用大漆涂装,在各种器物的表面上所制成的日常器具及工艺品、美术品等,一般称为"漆器"。

(12)氟碳漆

氟碳漆以氟树脂为主要成膜物质,耐候性、耐热性、耐低温性、耐化学药品性好,而且具有独特的不粘性,一般用于钢材、铝材、非金属材料等。氟碳漆包括PTFE(聚四氟乙烯)、PVDF(聚偏二氟乙烯)、PEVE(氟烯烃-乙烯基醚共聚物)等三大类型。

图4.5 混水漆

图4.6 大漆

**2）以工艺和效果分类**

①清水漆:漆膜透明无色,常用于材质优良细密的木构件、家具等,木纹清晰。

②混水漆:漆膜不透明,可经处理呈现各种所需色彩,用于一般木质构件,不见木纹。

③半混水:涂刷完毕后木材本身的纹理清晰,可见并且还有着色的效果。这类产品适用于木纹清晰但木质比较疏松的家具等。

④烤漆:常用于家具台面,其方法是在较粗糙的基底上(例如高密度板材表面),喷上若干层油漆,并在烤房里经高温烘烤定型。漆膜较厚较硬,显色性好。

## 4.1.3 装饰常用油漆的辅料

不同化学成分的油漆,都有自己专用的辅料如腻子、稀释剂、固化剂、着色剂、底漆、添加剂等,不能混用。详见表4.2。

表4.2 装饰常用油漆的辅料

| 油漆类型 | 效果 | 适用基层 | 腻子 | 可用底漆 | 稀释剂 | 固化剂 | 添加剂 |
|---|---|---|---|---|---|---|---|
| 油性调和漆 | 不透明 | 一般木器、金属表面 | 普通腻子 | | 松节油、汽油 | | |
| 硝基磁漆 | 不透明 | 高档木器 | 原子灰 | 硝基底漆 | 天那水 | | |
| 硝基清漆 | 透明 | 高档木器 | 透明腻子 | 各色硝基底漆 | 天那水 | 天那水 | 化白水 |
| 聚酯漆 | 不透明 | 高档木器 | 透明腻子 | 专用底漆 | 环已酮、醋酸丁酯、天那水 | 甲苯二氰酸酯 | 专用色精 |
| 聚酯清漆 | 透明 | 高档木器 | 透明腻子 | 专用底漆 | 环已酮、醋酸丁酯 | 甲苯二氰酸酯 | |
| 聚氨酯漆 | 不透明 | 高档木器、金属、玻璃钢 | 原子灰 | 硝基、聚氨酯 | 二甲苯、丙酮 | 聚异氰酸酯 | PU防白剂 |

续表

| 油漆类型 | 效果 | 适用基层 | 腻子 | 可用底漆 | 稀释剂 | 固化剂 | 添加剂 |
| --- | --- | --- | --- | --- | --- | --- | --- |
| 聚氨酯清漆 | 透明 | 高档木器、金属、玻璃钢 | 透明腻子 | PU 聚氨酯清漆底漆 | 二甲苯、丙酮 | 聚异氰酸酯 | PU 防白剂 |
| 醇酸清漆 | 透明 | 室外木器 | 透明腻子 | 醇酸、酚醛、环氧酯 | 醇酸漆稀释剂 | | |
| 醇酸磁漆 | 不透明 | 金属 | 醇酸腻子 | 醇酸、酚醛、环氧酯 | 醇酸漆稀释剂 | | 颜料 |
| 丙烯酸磁漆 | 不透明 | 金属、木器、建筑表面等 | 耐水腻子 | 聚氨酯或丙烯酸底漆 | 丙烯酸稀释剂 | 脂肪族聚异氰酸酯 | |
| 丙烯酸清漆 | 透明 | 木器 | 耐水腻子 | 聚氨酯或丙烯酸底漆 | 丙烯酸稀释剂 | 脂肪族聚异氰酸酯 | |
| 大漆 | | 木器 | 大漆腻子 | | 松节油 | | |
| 凡立水(酯胶清漆) | | 木器 | 透明腻子 | | 汽油、松节油 | | |
| 氟碳漆 | 不透明 | 金属、建筑表面等 | 专用腻子 | 专用底漆 | 专用稀释剂、甲苯 | | |

**1）腻子**

腻子的主要作用是使用油漆或涂料前，补平构件表面、保证油漆质量甚至降低成本。

①普通腻子：由漆料、填料（如滑石粉）和颜料组成，漆料化学成分应与漆膜一致。

②透明腻子：采用透明漆膜时，配套使用。可以填充木材的棕眼、增加漆膜的丰满度（厚度）、减少刷面漆的成本。

③原子灰：一种新型高档腻子，主要成分是不饱和聚酯树脂和填料。具有灰质细腻、易刮涂、易填平、易打磨、干燥速度快、附着力强、硬度高、不易划伤、柔韧性好、耐热、不易开裂起泡、施工周期短等优点，在各行业，原子灰几乎都取代了其他腻子。

**2）底漆**

底漆是油漆的第一层，用于提高面漆的附着力、增加面漆的丰满度、减少面漆材料的使用量、提供抗碱性和提供防腐功能等，同时可以保证面漆的均匀吸收，使漆膜效果达到最佳。

**3）稀释剂**

稀释剂的主要作用是降低油漆浓度和黏度，改善其工艺性能，也用于油漆工具的清洗等。

**4）固化剂**

固化剂的主要作用是使油漆发生不可逆的固化过程，能快速促成漆膜达到强度和增加光泽等。

**5）着色剂**

着色剂用于赋予或改变面漆的颜色。它通常是液体，化学成分与面漆的一致。

**6）添加剂**

油漆的添加剂众多，详见表4.3。

**表4.3 油漆添加剂**

| 涂料使用过程 | 使用的添加剂 |
| --- | --- |
| 涂装 | 着色剂、消泡剂、触变剂、静电喷涂改进剂 |
| 涂膜成型时 | 防流挂剂、防分色剂、消泡剂、流平剂、固化促进剂 |
| 涂膜形成后 | 防粘连剂、紫外线吸收剂、防静电剂、防擦伤剂、消光剂、防腐剂、防霉剂、阻燃剂、防锈剂、增塑剂 |

## 4.1.4 用于地面的油漆

地面油漆，又称“地坪油漆”“地坪漆”，主要由油料、树料、颜色、溶剂等制成，具有亮丽、真实、美观、耐磨、防水、防腐等特点。以美化、装饰地面为主要作用的地面油漆，具有防渗、防尘、便于消毒和清洁等功能，可用于展馆展厅、大型娱乐场所、商场超市、候机楼、大堂、公园等公共场所和商业场所，也用于轻载工业厂房地坪。常见种类有溶剂型环氧地面油漆、无溶剂型环氧自流地面油漆、溶剂型聚氨酯地面油漆、环氧彩砂彩石地面油漆、亚克力地面油漆等。

①环氧地坪漆：与水泥基层的黏结力强，耐水和耐腐蚀，物理力学性能良好，适应各种工厂、球场、停车场、仓库、商场等地面，如图4.7所示。

②聚氨酯地坪漆：主要用于有弹性要求及防滑要求的地坪，如图4.8所示。

图4.7 环氧地坪漆

图4.8 聚氨酯地坪漆

③防腐蚀地坪漆：除了具有可载重地坪漆各种强度性能外，还能够耐受各种腐蚀性介质的腐蚀作用，适应于各种化工厂地面的涂装，如图4.9所示。

④弹性地坪漆：采用弹性聚氨酯制成，因其涂膜具有弹性而具有行走舒适性，适应于各种体育运动场所、公共场所和某些工厂车间地面涂装，如图4.10所示。

⑤防静电地坪漆：能够排泄静电荷，防止因静电积累而产生事故，以及屏蔽电磁干扰和防止吸附灰尘等，可用于各种需抗静电的地面涂料。适应于电厂、电子厂车间、工产品厂、计算

机室等,如图 4.11 所示。

图 4.9　防腐蚀地坪漆

图 4.10　弹性地坪漆

图 4.11　防静电地坪漆

⑥防滑地坪漆:涂膜具有很高的摩擦系数,有防滑性能,用于各种具有防滑要求的地面涂装,是一类正处于快速应用与发展阶段的地坪漆,可用于各种具有防滑要求的地面涂装,如图 4.12 所示。

图 4.12　防滑地坪漆

图 4.13　可载重地坪漆

⑦可载重地坪漆:这类地坪漆与混凝土基层的黏结强度高,拉伸强度和硬度均高,并具有很好的抗冲击性能,承载力和耐磨性。适应于需要有载重车辆和叉车行走的工厂车间和仓库等地坪涂装,如图 4.13 所示。

### 4.1.5　饰面涂料

"涂料"在工程中惯指稀释剂不是采用油性材料的涂料类型,以便与大多采用油性稀释剂的传统涂料(油漆)进行区别。

本书提到的饰面涂料,主要是建筑物内墙、顶棚或外墙表面基层经处理后,喷、刷浆料或涂料的建筑装修。饰面涂料是用来保护和美化造型表面,并满足使用要求。所以外墙涂料最重要的一项指标就是抗紫外线照射,要求达到长时间照射不变色。自 2013 年以来,节能环保的液态石水性涂料越来越受到人们的关注了。部分外墙涂料还要求有抗水性能,要求有自涤性。漆膜要硬而平整,脏污一冲就掉。外墙涂料能用于内墙涂刷是因为它也具有一定的抗水性能。而内墙涂料却不具备抗晒功能,所以不能把内墙涂料当外墙涂料用。所用机具有手动高压喷浆器、电动喷浆机、喷斗、滚刷、排笔、棕刷等。

由于外墙涂料的使用要求较高,因此外墙涂料应满足以下性能要求:

- 装饰性好:要求外墙涂料色彩丰富且保色性优良,能长时间的保持原有的装饰性能。
- 耐候性好:外墙涂料因涂层暴露在空气中,要经过长时间的风吹、日晒、雨淋、盐雾腐蚀、冷热变化等作用,在这些外界自然环境的长期反复作用下,涂层易发生开裂、粉化、剥落、变色等现象,使涂层失去原本的装饰保护功能。因此,要求外墙在规定的使用年限内,涂层不应发生上述破坏现象。

● 耐沾污性好:由于我国不同地区环境条件差异较大,对于一些重工业、矿业发达的城市,由于大气中灰尘及其他悬浮物质较多,会使易沾污涂层失去原有的性能效果,从而影响建筑物的外貌。因此,外墙涂料应具有较好的耐沾污性,使涂层不易被污染或污染后容易清洗。

● 耐水性好:外墙涂料饰面暴露在空气中,会经常受到雨水的冲刷,因此,外墙涂料涂层应具备较好的耐水性。

● 耐霉变性好:外墙涂料饰面在潮湿环境中容易长霉,因此,要求涂膜能够抑制霉菌和藻类的繁殖生长。

● 弹性要求高:暴露在外的涂料,受气候、地质等因素的影响严重,弹性外墙乳胶漆是一种专门为外墙设计的涂料,能更长久地保持墙面平整光滑。

下面介绍几种常用的饰面涂料。

**1)乳胶漆**

乳胶漆是乳胶涂料的俗称,诞生于20世纪70年代中后期,是以丙烯酸酯共聚乳液为代表的一大类合成树脂乳液涂料。乳胶漆是水分散性涂料,它是以合成树脂乳液为基料,填料经过研磨分散后加入各种助剂精制而成的涂料。乳胶漆具备了与传统墙面涂料不同的众多优点,如易于涂刷、干燥迅速、漆膜耐水、耐擦洗性好等。在我国,人们习惯上把合成树脂乳液为基料,以水为分散介质,加入颜料、填料(亦称体质颜料)和助剂,经一定工艺过程制成的涂料,称为乳胶漆,也称乳胶涂料。分为聚醋酸乙烯乳液和丙烯酸乳液两大类。乳胶漆以水为稀释剂,施工方便、安全、耐水洗、透气性好(图4.14、图4.15)。

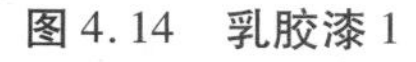

图4.14 乳胶漆1

图4.15 乳胶漆2

**2)丙烯酸涂料**

丙烯酸涂料是在传统的丙烯酸树脂基础上,加入中外公认的长寿型氯磺化聚乙烯橡胶、耐候颜填料、耐候添加剂等经先进工艺制备而成的单组分自干性耐候防腐涂料。耐候性、保光性、保色性好,装饰性能强,涂层丰满,平整光亮、耐摩擦、易去污、耐冲击,色彩多样,美观悦目。适用于建筑内外墙和地坪等。采用弹涂法施工的丙烯酸浮雕漆还具备美观的人工肌理(图4.16、图4.17)。

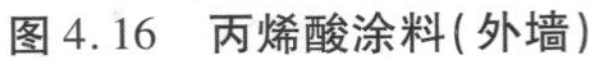

图4.16 丙烯酸涂料(外墙)

图4.17 丙烯酸涂料(地面)

3)真石漆

真石漆是一种装饰效果酷似大理石、花岗岩的涂料,主要采用各种颜色的天然石粉与水性乳液配制而成,应用于建筑外墙的仿石材效果,因此又称液态石。可用于多种基层的涂装。它具有天然石材的质感,能提供各种立体形状的花纹结构。

优点一:装饰性强。具有仿天然石材、大理石、花岗岩的厚浆型涂料。自然色泽,具有天然石材的质感,各种线格设计,能提供各种立体形状的花纹结构,能从视觉上彰显整个建筑的高雅与庄重之美,是外墙干挂石材的最佳替代品。用于室外时,宜在其表面罩上一层憎水材料。

优点二:适用面广。可用于水泥砖墙、泡沫、石膏、铝板、玻璃等多种基面,且可以随建筑物的造型任意涂装。

优点三:水性环保。真石漆采用水性乳液,无毒环保,符合人们对环保的要求。

优点四:耐污性好。90%的污物难以附着,雨水冲刷过后,亮丽如新,人工清洁更容易。

优点五:使用寿命长。高品质的真石漆使用寿命可长达15年。

优点六:经济实惠。质量好的真石漆,市场价格为70~150元/$m^2$(含施工),干挂石材含安装费在400元/$m^2$以上,相比之下,真石漆占有绝对的性价比优势。

图4.18 真石漆

图4.19 真石漆(外墙)

优点七:无安全隐患。外墙采用石材干挂将加载上千吨额外负担,且严重危及生命财产。真石漆用料4~5 kg/$m^2$,仅占石材质量的1/30,附着力强,不会像石材那样整体脱落,有效保障安全(图4.18、图4.19)。

室外采用真石漆时,应当用憎水剂加以保护。

**4）多彩漆**

多彩漆是多彩涂料的一种，多应用于仿造石材效果，所以又称液态石。是由两种或两种以上的水性色粒子悬浮在水性介层中，通过一次喷涂产生多种色彩的用于建筑物外墙的单组份涂料，它是采用丙烯酸硅树脂乳液和氟碳树脂乳涂为基料，结合优质无机颜料和高性能助剂，突破涂料化工学理，经特殊工艺加工而成的水性外墙多彩涂料。其有石质感、防水抗裂性、耐候性好，色彩鲜艳、抗沾污性更佳、施工更简便，是更适用于外墙的保温基材（图 4.20、图 4.21）。

图 4.20　多彩漆种类

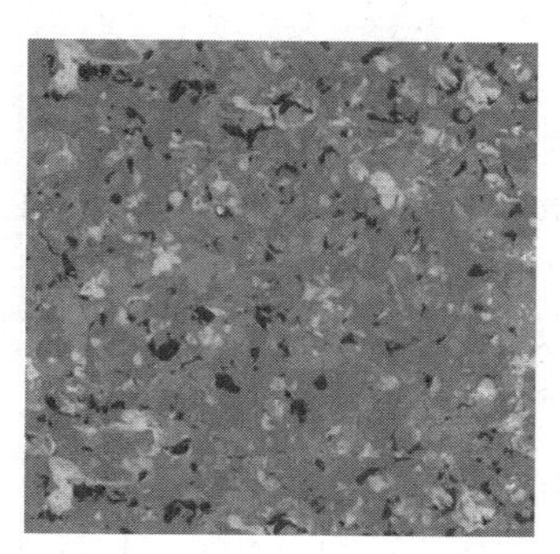

图 4.21　多彩漆样板

**5）沥青**

沥青是由不同分子量的碳氢化合物及其非金属衍生物组成的黑褐色复杂混合物，是高黏度有机液体的一种，呈液态，表面呈黑色，可溶于二硫化碳。沥青是一种防水防潮和防腐的有机胶凝材料。沥青主要可以分为煤焦沥青、石油沥青和天然沥青 3 种：其中，煤焦沥青是炼焦的副产品。石油沥青是原油蒸馏后的残渣。天然沥青则是储藏在地下，有的形成矿层或在地壳表面堆积。沥青主要用于涂料、塑料、橡胶等工业以及铺筑路面等。在景观工程中，沥青主要用于铺筑路面等。用于路面的沥青，有红色、黄色、绿色、蓝色、灰色、棕色等（图 4.22、图4.23）。

图 4.22　沥青（公路）

图 4.23　沥青铺装图样

**6）其他常用饰面涂料**

除了以上介绍的一些传统饰面涂料，还有其他常用的饰面涂料。

①彩色胶砂涂料：砂胶涂料是一种以水溶性树脂，填充粉料，石英砂及助剂研制而成的，具有色彩鲜艳，耐碱性好，防水透气、防火阻燃、防毒防菌，安全性能优异，可以高效保护墙面不被外界侵蚀破坏的涂料。其不分层，且流动性好，抗风干，抗霉性好，无毒无污染、抗氧化、

抗老化，可以保持装饰效果达二十年。工序简单、施工便利、在实现完美装饰效果的同时，成本更低。用于室外时，宜在其表面罩上一层憎水材料。

②交联型高弹性乳胶涂料：除具有优良的耐候性、耐油、耐碱等物理性能外，还具有优良的延伸性和黏结强度，且有遮盖基材细微裂纹的弹性，所以它可看成一种用于基材龟裂的建筑物表面保护及房屋建筑外墙渗漏维修的理想材料（图 4.24、图 4.25）。

图 4.24　彩色胶砂涂料示意

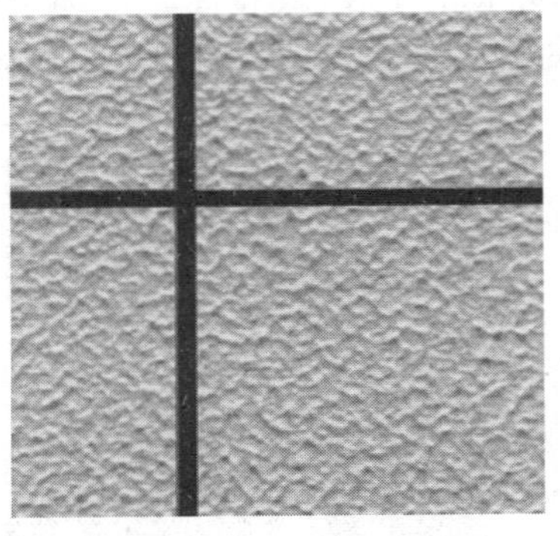

图 4.25　交联型高弹性乳胶涂料

③丙烯酸树脂涂料（图 4.26）：以热塑性丙烯酸树脂为主要成膜物质，涂料光滑坚韧，耐候性，耐污染性，耐腐蚀性优良，渗透性，黏结牢固性好，有光泽，耐刷洗，不易褪色，粉化，脱落，施工简便，不受条件限制。近年来，出现了固体丙烯酸树脂，采用脂肪烃溶剂以减少或替代原来的芳香烃溶剂。这种涂料相对比过去的该类产品更为环保，成为溶剂型涂料的主要品种之一。

④聚氨酯丙烯酸涂料（图 4.27）：以聚氨酯丙烯酸树脂为主要成膜物质，涂膜外观光亮、细腻、平滑、呈瓷质状，也称仿瓷涂料。其具有优异的耐候性，耐水性，耐酸碱性，耐沾污性和耐磨性，适用于高层住宅及高级公共建筑的外墙装饰。

⑤氟碳树脂涂料（图 4.28）：采用氟碳树脂为主要成膜物质，是目前为止综合性能最优异的涂料。它抗紫外线，耐酸雨，防水，防霉，防污，耐候性，自洁性好，附着力强，耐洗刷，可修补，可添加特制光颜料等制成具有金属质感的金属漆，其耐久性可达 15 ~ 20 年，特别适宜于耐候性，耐污性要求高和防腐要求高的高层建筑及重要的公共建筑，市政构筑物等。它还可以用于混凝土，水泥纤维板，金属板等各类基材，但价格相对偏高。

图 4.26　丙烯酸树脂涂料

图 4.27　聚氨酯丙烯酸涂料

图 4.28　氟碳树脂涂料

⑥水溶性无机涂料：以硅酸盐，无机高分子为主要黏结剂，是水性涂料的一个品种，对于环境无污染，施工季节限制较少，涂膜具有优异的耐候性，耐沾污性，耐洗刷性等特点，但该类涂料一般成膜性能较差，流平性差，涂膜抗裂性能差，涂膜不丰满，无光泽，抗渗透性能差。用于室外时，宜在其表面罩上一层憎水材料（图 4.29、图 4.30）。

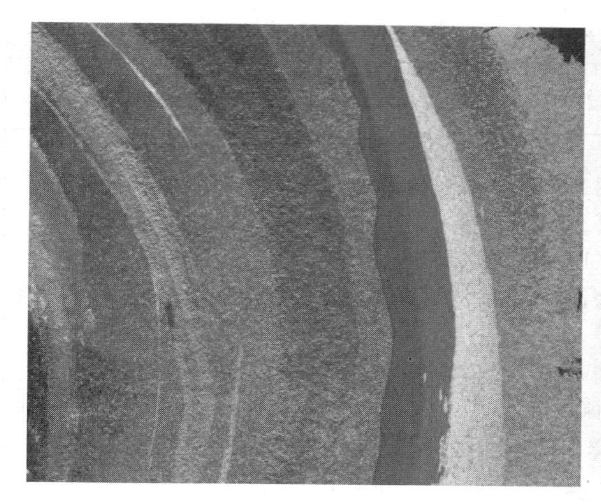

图4.29　水溶性无机涂料

图4.30　水溶性无机涂料（外墙）

### 4.1.6　其他常用漆

①铁红防锈漆：即醇酸铁红底漆，主要用作钢铁件的底层，具有很高的防护能力，同面漆的给合力也高。以前曾大量使用红丹防锈漆作为钢铁件的防锈剂，现因其毒性重，已被停止使用（图4.31、图4.32）。

图4.31　红丹防锈漆

图4.32　铁红醇酸防锈漆

②环氧锌黄防锈漆：用于镀锌钢材和铝材（含铝合金材）的防锈蚀。

③银粉漆：是铝粉加入油漆里制成的，适用于金属表面的防腐，以及各种物件的银色装饰。

### 4.1.7　油漆饰面做法

油漆饰面做法较多，本小节以木基层和金属基层为主介绍了部分做法，如表4.4所示。

**表4.4　常用油漆饰面做法举例(以木基层和金属基层为主)**

| 基层材质 | 名　称 | 做　法 | 效果及适用范围 |
|---|---|---|---|
| 木质 | 油性调和漆 | 木材表面清扫,除污:铲去脂囊,修补,砂纸打磨,漆片点节疤;<br>干性油打底,局部刮腻子,打磨;满刮腻子,打磨,湿布擦净,刷首遍油性调和漆;<br>复补腻子,磨光,湿布擦净,刷第二遍油性调和漆;<br>磨光,湿布擦净,刷第三遍油性调和漆 | 适用于木装修构件,该漆耐候性较酚调和漆、酯胶调和漆好;<br>不易粉化龟裂,干燥慢 |
| 木质 | 硝基磁漆 | 木材表面清扫,除污,砂纸打磨;<br>润粉,打磨,满刮腻子,打磨;<br>刷油色,首遍硝基磁漆;<br>拼色,复补腻子,磨光,刷第二遍硝基磁漆;<br>磨光,刷第三遍硝基磁漆;水磨,刷第四遍硝基磁漆;<br>水磨,刷第五遍硝基磁漆 | 不透明 |
| 木质 | 硝基清漆(木器漆) | 木材表面清扫,除污,砂纸打磨;<br>润粉,打磨,刮透明腻子,打磨;<br>刷油色,首遍硝基木器漆;<br>拼色,复补透明腻子,磨光,刷第二遍硝基木器漆;<br>磨光,刷第三遍硝基木器漆;<br>水磨,刷第四遍硝基木器漆;<br>水磨,刷第五遍硝基木器漆;<br>磨退,擦净,打砂蜡,擦光 | 透明,适用于高级木装修,干燥快,坚硬,光亮,耐久,耐磨;<br>有高度耐水性,机械强度高 |

续表

| 基层材质 | 名　称 | 做　法 | 效果及适用范围 |
| --- | --- | --- | --- |
| 木质 | 醇酸清漆 | 木材表面清扫,除污,砂纸打磨,润粉,打磨;<br>满刮腻子,打磨;<br>刷油色,刷首遍醇酸清漆;<br>拼色,复补腻子,磨光,刷第二遍醇酸清漆;<br>磨光,刷第三遍醇酸清漆 | 适用于显示木纹的装修,光泽持久,耐久性好,附着力强,耐汽油,耐候性好 |
| 木质 | 醇酸磁漆 | 木材表面清扫,除污;<br>铲去脂囊,修补,砂纸打磨,漆片点节疤;<br>干性油打底,局部刮腻子,打磨;<br>满刮腻子,打磨,湿布擦净,刷首遍醇酸磁漆;<br>复补腻子,磨光,湿布擦净,刷第二遍醇酸磁漆;磨光,湿布擦净,刷第三遍醇酸磁漆 | 适用于室内木装修,光泽和机械强度较好,耐候性、耐久性、保光性均比一般调和漆及酚醛漆好,但耐水性稍差 |
| 木质 | 丙烯酸清漆 | 木材表面清扫,除污,砂纸打磨;<br>润粉,打磨,满刮腻子,打磨;<br>第二遍满刮腻子,磨光,刷油色,首遍醇酸清漆;<br>拼色,复补腻子,磨光,刷第二遍醇酸清漆;<br>磨光,刷第三遍醇酸清漆;<br>磨光,刷第四遍醇酸清漆,待5~7天后用水砂磨去刷纹,湿布擦净;<br>第一遍丙烯酸清漆,磨光,擦净;<br>第二遍丙酸清漆(两遍当天连续刷),水砂纸磨光,擦净;打砂蜡,擦光 | 适用于高级木装修,如硬木的木门、木墙裙、硬木家具等;<br>漆膜光亮度及硬度均好,但韧性和耐寒性稍差 |

续表

| 基层材质 | 名　称 | 做　法 | 效果及适用范围 |
| --- | --- | --- | --- |
| 木质 | 大漆(广漆) | 木材表面清扫,除污:刷豆腐底,刮广漆腻子,打磨,复补腻子,磨光;<br>刷较稀豆腐底,零号砂纸轻磨;<br>刷首遍广漆,水磨,湿布擦净,刷第二遍广漆;<br>水磨,湿布擦净,刷第三遍广漆 | 适用于木扶手,台面、地板及其他木装修;<br>耐久,耐酸,耐水,耐晒,耐化学腐蚀 |
| 木质 | 酯胶地板漆 | 木材表面清扫,除污,铲去脂囊,修补,砂纸打磨,漆片点节疤;<br>干性油打底;<br>局部刮腻子,打磨;满刮腻子打磨;<br>刷首遍酯胶地板漆;<br>复补腻子,磨光,湿布擦净,刷第二遍酯胶地板漆;<br>磨光,湿布擦净,刷第三遍酯胶地板漆 | 适用于木地板,扶手,漆膜为铁;<br>红色或棕色,干燥快,遮盖率大;<br>附着力强,耐磨性耐水性好 |
| 木质 | 酯胶清漆<br>(凡立水) | 木材表面清扫,除污,砂纸打磨,润粉,满刮腻子,打磨,湿布擦净;<br>刷油色,首遍酯胶清漆;<br>拼色,复补腻子,磨光,湿布擦净,刷第二遍酯胶清漆酯磨光;<br>刷第三遍酯胶清漆 | 适用于木门、窗家具木装修,漆膜光亮,耐火性好,但次于酚醛清漆 |
| 木质 | 聚酯清漆 | 基层打磨;刮透明腻子一遍,打磨;<br>刷二遍透明底漆;<br>磨光,湿布擦净,刷清面漆二遍 | 适用于室内外各类木材,铁艺表面的装饰和保护;<br>色浅、快干、易于施工,漆膜透明性高、坚韧丰满、手感细腻 |
| 木质 | 聚酯漆 | 打磨基层,透明腻子补平,打磨,擦净;<br>喷(刷)底漆一遍,打磨,擦净;<br>喷(刷)中层漆三遍,打磨,擦净;<br>喷(刷)面漆二遍 | 适用于高档家具、钢琴面等;<br>漆膜硬,耐磨性好,漆膜亮度高,附着力强,耐酸碱腐蚀性较好,价格较高 |

续表

| 基层材质 | 名　称 | 做　法 | 效果及适用范围 |
| --- | --- | --- | --- |
| 木质 | 聚氨酯清漆 | 基层处理干净,去除毛刺,透明腻子补平,砂光;<br>涂底漆三遍,打磨,砂光;<br>刷(喷)面漆二遍 | 适用于金属、水泥、木材等材料的涂饰,漆膜光亮丰满、坚硬耐磨,耐油、耐酸 |
| 金属 | 银粉漆 | 金属表面除锈,清理,打磨,刷红丹防锈漆两遍;<br>局部刮腻子,打磨;<br>满刮腻子,打磨,刷两遍银粉漆 | 适用于暖气片,管道,黏着力强,防潮湿,干燥快 |
| 金属 | 油性调和漆 | 金属表面除锈,清理,打磨;<br>刷红丹防锈漆两遍;<br>局部刮腻子,打磨;<br>满刮腻子,打磨,刷第一遍调和漆;<br>复补腻子,磨光,刷第二遍调和漆;<br>磨光,湿布擦净,刷第三遍调和漆 | 适用于钢门窗、钢栏杆等 |
| 金属 | 醇酸磁漆 | 金属表面除锈,清理,打磨,刷丙苯乳胶金属底漆两遍;<br>局部刮丙苯乳胶腻子,打磨;<br>满刮丙苯乳胶腻子,打磨;<br>刷第一遍醇酸磁漆;<br>复补丙苯乳胶腻子,磨光,刷第二遍醇酸磁漆;<br>磨光,湿布擦净;刷第三遍醇酸磁漆 | 适用于金属结构栏杆,花格、镀锌铁皮 |
| 金属 | 丙烯酸磁漆 | 除锈,用稀释剂去污;<br>原子灰刮腻子,打磨;<br>喷醇酸底漆二遍;<br>细砂纸打磨,擦净,喷面漆二遍 | |

续表

| 基层材质 | 名　称 | 做　法 | 效果及适用范围 |
| --- | --- | --- | --- |
| 金属 | 聚氨酯漆 | 除锈,丙烯酸聚氨酯稀释剂擦拭底材去除油污;<br>锌黄环氧底漆一遍;<br>打磨,擦净,喷涂面漆二遍 | 聚氨酯漆对水泥、金属等无机材料的附着力很强,本身非常耐腐蚀,机械性能优良,耐磨,耐冲击,耐热,耐水;耐候性差,光泽差;不同基层需采用不同底漆 |
| 金属基层 | 氟碳漆 | 基层除锈,去油污;<br>喷涂氟碳漆专用底漆一遍;<br>打磨,擦净,喷涂面漆二遍 | 金属面耐候性、耐化学腐蚀性好,装饰性好 |
| 水泥基层 | 氟碳漆 | 基层打磨平整,刮粗腻子二遍,磨平;<br>防水细腻子二遍;<br>抛光腻子二遍,水砂纸打磨;<br>水泥透明底漆一道;<br>白底漆一道;<br>氟碳漆面漆喷涂两遍 | 水泥抹灰墙面耐候性、耐化学腐蚀性好,装饰性好 |

## 4.2　辅助性材料

### 4.2.1　防水材料

**1）防水卷材**

(1)材料简介

将沥青类或高分子类防水材料浸渍在胎体上,制作成的防水材料产品,以卷材形式提供,称为防水卷材。

(2)材料分类

根据其主要的防水组成材料,可分为沥青防水材料、高聚物改性防水卷材和合成高分子防水卷材(SBC120 聚乙烯丙纶复合卷材)三大类。有 PVC、EVA、PE、ECB 等多种防水卷材。

①沥青防水卷材是在基胎(如原纸、纤维织物)上浸涂沥青后,再在表面撒布粉状或片状的隔离材料而制成的可卷曲片状防水材料。

②SBS 改性沥青制成的卷材光洁柔软,厚度为 4 ~ 5 mm,性能优异,价格适中。其中的 SBS 改性沥青防水卷材,综合性能强,具有良好的耐高温、耐低温及耐老化性能,施工简便。

③APP 改性沥青防水卷材是以聚酯毡或玻纤毡为胎基,以无规聚丙烯 APP 或聚烯烃类聚合物 APAO、APO 塑性体作改性剂,两面覆以隔离材料所制成的防水卷材。其产品标记按以

下程序进行:塑性体改性沥青防水卷材、型号、胎基、上表面材料、厚度和本标准号。例如:3 mm 厚砂面聚酯胎Ⅰ型塑性体改性沥青防水卷材,标记为 APP I PY S3 GB18243。

APP 改性沥青防水卷材有非常好的稳定性,受高温、阳光照射后,分子结构不会重新排列,抗老化性能强。一般情况下,APP 改性沥青的老化期在 20 年以上,温度适应范围为 -15 ~130 ℃,特别是耐紫外线的能力比其他改性沥青卷材都强,非常适宜在有强烈阳光照射的炎热地区使用。

APP 改性沥青复合防水卷材在具有良好物理性能的聚酯毡或玻纤毡上,使制成的卷材具有良好的拉伸强度和延伸率。本卷材具有良好的憎水性和黏结性,既可冷粘施工,又可热熔施工,无污染,可在混凝土板、塑料板、木板、金属板等材料上施工。

APP 改性沥青系列防水卷材因其耐高温、耐老化、耐紫外线、施工速度快等优点,多用于桥梁等市政工程以及各类建筑的防水、防潮工程,尤其适用于高温或有强烈太阳辐射地区的建筑物防水。

④沥青复合胎柔性防水卷材,简称"复合胎卷材",以沥青为基料,以两种材料复合为胎体,以细砂、矿物粒(片)料、聚酯膜、聚乙烯膜等为覆面材料,以浸涂、滚压工艺而制成的防水卷材。其产品标记按以下程序进行:产品名称、品种代号、厚度、等级和标准编号顺序标记,例如:3 mm 厚的合格品聚乙烯膜覆面涤棉无纺布-网格布复合胎柔性防水卷材标记为:NK-PE 3C JC/T690。

⑤合成高分子防水卷材以合成橡胶、合成树脂或两者共混体为基料,加入适量化学助剂和填充料,经一定工序加工而成的可卷曲片状防水卷材。

这种卷材具有拉伸强度高、抗撕裂强度高、断裂伸长率大、耐热性好、低温柔性好、耐腐蚀、耐老化及可冷施工等优越的性能(图 4.33)。

本节提到的有 3 种防水卷材,分别是三元乙丙橡胶防水卷材、聚氯乙烯防水卷材以及聚乙烯丙纶(聚酯丙纶)防水卷材、其中三元乙丙橡胶防水卷材和聚氯乙烯防水卷材,属高档防水卷材,后者的理化性能指标比前者高,质量更好。

a. 三元乙丙(EPDM)橡胶防水卷材:以三元乙丙橡胶掺入适量的丁基橡胶、硫化剂、促进剂、软化剂和补强剂等,经密炼、拉片过滤、挤出成型等工序加工而成。

三元乙丙橡胶有优异的耐气候性,耐老化性,而且抗拉强度高、延伸率大,对基层伸缩或开裂的适应性强,重量轻,使用温度范围宽(在 -40 ~80 ℃可以长期使用),是一种高效防水材料。它还可冷施工,且操作简便,能够减少环境污染,改善工人的劳动条件。市面上有硫化型与非硫化型之分。

规格:幅宽:1 000 mm、1 100 mm、1 200 mm,厚度:1.2 mm、1.5 mm、2.0 mm,长度:20 m。

b. 聚氯乙烯(PVC)防水卷材:以聚酯纤维织物作为加强筋,通过特殊的挤出涂布法工艺,使双面的聚氯乙烯塑料层和中间的聚酯加强筋结合成为一体而形成的高分子卷材。配方先进的聚氯乙烯塑料层与网状结构的聚酯纤维织物相结合,使卷材拥有极佳的尺寸稳定性和较低的热膨胀系数。提升卷材直接暴露在自然环境中的长期性能。施工方法:热风焊接,从而保证焊缝的效果。

聚氯乙烯防水卷材根据其基料的组成与特性分为 S 型和 P 型。该种卷材的尺度稳定性、耐热性、耐腐蚀性、耐细菌性等均较好,适用于各类建筑的屋面防水工程和水池、堤坝等防水抗渗工程。

规格:幅宽:1 000 mm、1 500 mm、2 000 mm,厚度:1.2 mm、1.5 mm、2.0 mm,长度:20 m。

c.聚乙烯丙纶(聚酯丙纶)防水卷材:以聚乙烯合成高分子材料加入抗老化剂、稳定剂、助粘剂等,与高强度新型丙纶涤纶长丝无纺布经过自动化生产线一次复合而成的新型防水卷材。

聚乙烯丙纶(聚酯丙纶)防水卷材可直接与水泥结构面黏结,防水性能优良、无毒、无味、抗拉强度大、抗渗能力强、耐冻、耐腐蚀、易粘贴、柔性好、重量清、施工操作简便、不动火、不用油、施工无噪声,价格低廉。

单独使用时,这类材料的耐水性、耐久性、适应基层变形能力、施工应用的可靠性方面都存在重大缺陷,工程应用时,应与聚合物水泥防水涂料结合使用。

规格:厚度:0.6 mm、0.7 mm、0.8 mm、0.9 mm、1.0 mm、1.2 mm和1.5 mm,卷材克重:300 g、350 g、400 g 、500 g、600 g,幅宽:≥1 000 mm,长度:50 m、100 m。

沥青防水卷材施工

SBS 沥青防水卷材施工

合成高分子防水卷材

景观防渗工程

图4.33　防水卷材施工示意图

(3)材料特点

①有突出的耐高温、耐水性。

②较好的机械强度、延伸性和抗断裂性,在承受建筑结构允许范围内的荷载应力和变形条件下不断裂。

③可靠的大气稳定性和柔韧性。

(4)适用范围

防水卷材主要是用于建筑墙体、屋面、以及隧道、公路、垃圾填埋场等处,起到抵御外界雨水、地下水渗漏。

(5)施工要求

①基面处理。基层必须平整、清洁、干燥、含水率应小于9%,然后用冷底子油均匀涂刷基层表面,待干燥后方可施工。

②卷材铺贴。顺序应为先高、后低跨;同等高度先远后近;同一平面从低处开始铺贴。铺贴方向为面坡度15%时,垂直与屋脊的方向进行铺贴。

③铺贴方法。热溶法:用火焰喷枪或其他加热工具对准卷材底面和基面均匀加热,待表面沥青开始熔化并呈现黑色光亮状态时,边烘烤边铺贴卷材,并用压辊压实。同时应注意调节火焰大小和速度,使沥青温度保持在200~250 ℃。施工完毕后,应再用冷粘剂对搭接边进行密封处理。

冷粘法:用橡皮刮板将高聚物改性沥青胶粘剂或冷玛脂等冷粘剂均匀涂刷在基层表面,并控制厚度均匀,边铺卷材边用橡皮辊子推展卷材以便排除空气至压实。当环境温度低于15 ℃时,应采用热熔法处理搭接部位和卷材收头部位。

④搭接处理。长边搭接时单层防水纵横向搭接宽度应≥100 mm,双层防水应≥80 mm,短边搭接时单层应≥150 mm,双层应≥100 mm。同时,粘贴要均匀,不可漏熔或漏涂,应有少

量多余的热熔沥青或冷粘剂挤出并形成条状。

⑤检查验收。施工完毕后要进行彻底检查,确保防水面无鼓泡、皱折、脱落和大的起壳等现象,做到平整、美观,从而保证卷材的防水寿命。

(6)运输要求

贮存与运输时,不同类型、规格的产品应分别堆放,不应混杂。贮存温度不应高于 50 ℃,立放贮存,高度不超过两层。

在运输过程中,卷材必须立放,堆放高度不超过两层。防止倾斜或横压,必要时加盖布。

在正常贮存、运输条件下,贮存期自生产之日起为一年。

**2)防水涂料**

防水涂料按成膜物质的主要成分可分为沥青基防水涂料、聚合物改性沥青防水涂料和合成高分子防水涂料等三类。常用的种类包括聚氨酯防水涂料、聚合物水泥基防水涂料、丙烯酸防水涂料、丙凝防水涂料等。

(1)聚氨酯防水涂料

以聚氨酯预聚体为基本成膜物质,涂刷在需施工的基面上,固结为富有弹性、坚韧又有耐久性的防水涂膜,达到防水效果。聚氨酯防水涂料可以分为单组份和双组份两种。

双组份聚氨酯防水涂料是一种反应固化型合成高分子防水涂料,甲组分是由聚醚和异氰酸酯经缩聚反应得到的聚氨酯预聚体,乙组分是由增塑剂、固化剂、增稠剂、促凝剂、填充剂组成的彩色液体。使用时将甲、乙两组分按一定比例混合,搅拌均匀后,充分反应后形成一个整体的,富有弹性的厚膜,其防水效果显著,黏结力强,并且拉伸性能好。双组份聚氨酯防水涂料在使用过程中,固化剂、稀释剂会释放大量有毒气体及难闻气味,施工时应注意环境的通风。

单组分聚氨酯防水涂料也称湿固化聚氨酯防水涂料,是一种反应型湿固化成膜的防水涂料。使用时涂覆于防水基层,通过和空气中的湿气反应而固化交联成坚韧、柔软和无接缝的防水膜。使用时,以水为稀释剂,无味无污染。能在潮湿或干燥的各种基面上直接施工。但是涂膜质量较双组份类型的差。

(2)聚合物水泥基复合防水涂料

聚合物水泥基复合防水涂料简称 JS 防水涂料,是由聚醋酸乙烯酯、丁苯橡胶乳液、聚丙烯酸酯等合成高分子聚合物乳液及各种添加剂优化组合而成的液料和由特种水泥、级配砂组复合而成的双组分防水材料,是当前国家重点推广应用的新型理想环保型防水材料。

聚合物水泥基涂料既包含无机水泥,又包含有机聚合物乳液。有机聚合物涂膜柔性好,临界表面张力较低,装饰效果好,但耐老化性不足,而水泥是一种水硬性胶凝材料,与潮湿基面的黏结力强,抗湿性非常好,抗压强度高,但柔性差,二者结合,能使有机和无机结合,优势互补,刚柔相济,抗渗性提高,抗压比提高,综合性能比较优越,能达到较好的防水效果。

JS 防水涂料的生产和应用都需要符合环保要求,能在潮湿基面上施工,操作简便。其适用范围如下:①室内外水泥混凝土结构、砂浆砖石结构的墙面、地面;②卫生间、浴室、厨房、楼地面、阳台、水池的地面和墙面防水;③用于铺贴石材、瓷砖、木地板、墙纸、石膏板之前的抹底处理,可达防止潮气和盐份污染的效果。

(3)丙烯酸防水涂料

以改性丙烯酸酯多元共聚物乳液为基料,添加多种填充料、助剂经科学加工而成的厚质单组分水性高分子的防水涂膜材料。

丙烯酸高弹防水涂料坚韧，黏结力很强，弹性防水膜与基层构成一个刚柔结合完整的防水体系以适应结构的种种变形，达到长期防水抗渗的作用。

特点：①高度弹性，能抵御建筑物的轻微震动，并能覆盖热胀冷缩、开裂、下沉等原因产生的小于 8 mm 的裂缝；②可在潮湿基面上直接施工，适用于墙角和管道周边渗水部位；③黏结力强，涂料中的活性成份可渗入水泥基面中的毛细孔、微裂纹并产生化学反应，与底材融为一体而形成一层结晶致密的防水层；④环保、无毒、无害，可直接应用于饮用水工程；⑤耐酸、耐碱、耐高温，具有优异的耐老化性能和良好的耐腐蚀性；并能在室外使用，有良好的耐候性。

丙烯酸防水涂料应用时，常常和玻璃纤维布结合使用，采用一布两涂或两布三涂的做法。

(4)丙凝防水涂料

由环氧树脂改性胶乳加入丙凝乳液、聚丙稀酸脂、合成橡胶、各种乳化剂、改性胶乳等所组成的高聚物胶乳，再加入基料和适量化学助剂和填充料，经塑炼、混炼、压延等工序加工而成的高分子防水防腐材料。

丙凝防水涂料具有良好的耐水、耐候、耐酸碱特性和优异的延伸性能，能适应基层局部变形的需要；环保无毒，施工方便；能长期浸泡在水里，寿命长达 50 年以上。列为国家建设部重点推广产品。

**3) 防水添加剂**

防水剂可添加在砂浆、混凝土中，或涂刷或喷涂于砂浆混凝土的表面，提高其防水性能。主要有 UBA 型混凝土膨胀剂、有机硅防水剂、BR 系列防水剂、水泥水性密封防水剂等(图 4.34)。

图 4.34　防水添加剂添加效果示意图

## 4.2.2　连接材料

材料和构件的连接包括焊接、拴接、铆接、钉接、黏结、胶结、榫接等方法。常用的连接材料包括各种钉子、螺钉、螺栓以及黏结剂等。

**1) 钉子**

(1)圆钉

①普通圆钉：一般用于木材及木构件的连接。

②水泥钢钉(特种钢钉)：外形与圆钉相似，用优质钢材制成，可以直接钉入混凝土和砖墙

内,规格按照长度分为 20～120 mm 不等(图 4.35)。

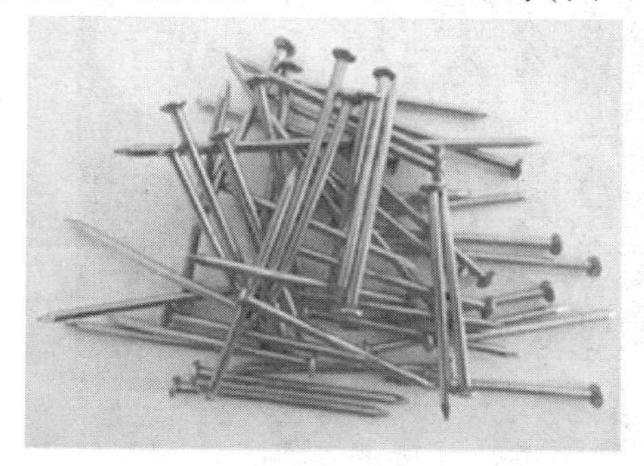

(a)普通圆钉

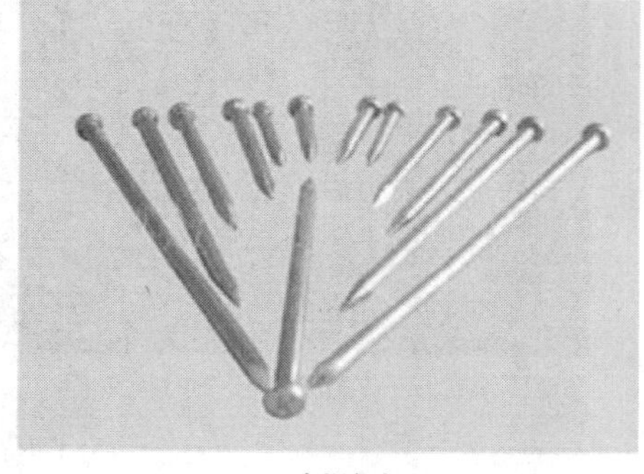

(b)水泥钢钉

图 4.35 圆钉和钢钉示意图

③钉:形状、性能与水泥钉相似,用射钉枪及火药钉入,多用于木作工程、门窗工程。射钉如图 4.36 所示。

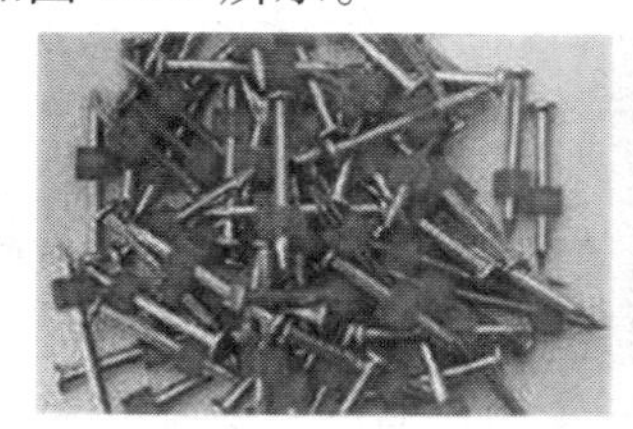

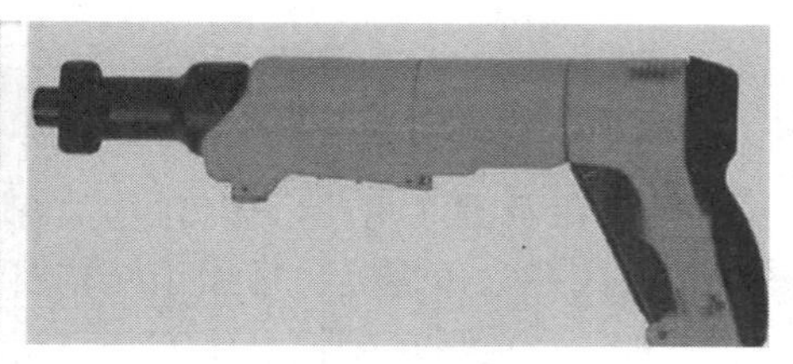

图 4.36 射钉及其工具示意图

(2)排钉和卷钉

借助空气压缩机及专用机具来钉固构件。有直钉、码钉和蚊钉等类型。替代了传统的榔头和圆钉,工效大为提高(图 4.37)。

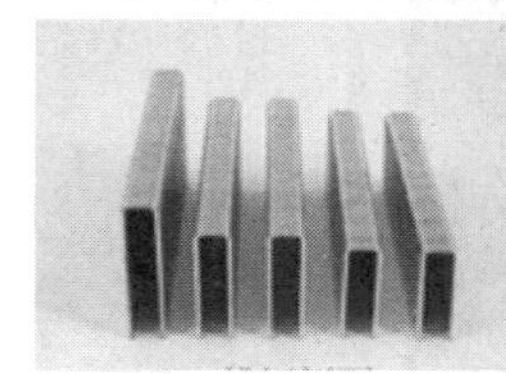

排钉侧面

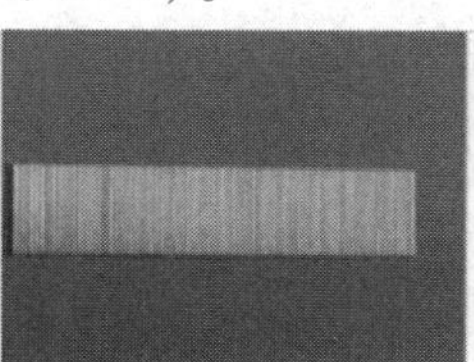

排钉立面

排钉工具

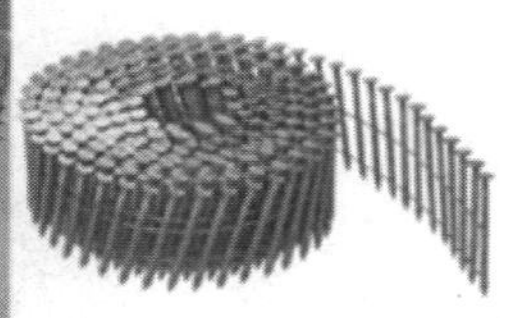

卷钉

图 4.37 排钉和卷钉示意图

根据具体打入的材料,是否需要美观,还分为普通结构钉,和内装、外装用钉,钉子的头会非常小,小到几乎看不到,方便装修工人用各种材料进行覆盖修饰。

**2)螺丝**

(1)定义

螺丝,也称螺杆(螺丝杆)。虽然螺丝是通称,但螺丝钉、螺丝杆是互有区别的。螺丝钉一般称木螺丝,是前端有尖头的那种,螺距较大,一般用于紧固木制件、塑料件,直径一般为 2～10 mm,长度为 10～100 mm。螺丝杆是机螺丝(机械螺丝),是前端平头的那种,螺距较小,均匀,一般用于紧固金属、机器部件,如图 4.38 所示。

图 4.38 螺丝杆示意图

(2)特殊用途螺丝

①内六角及内六角花形螺钉:这类螺钉的头部能埋入构件中,可施加较大的扭矩,连接强度较高,可代替六角螺栓。常用于结构要求紧凑,外观平滑的联接处。

②吊环螺钉:吊环螺钉是供安装和运输时承重的一种五金配件。使用时螺钉须旋进至使支承面紧密贴合的位置,不准使用工具扳紧,也不允许有垂直于吊环平面的荷载作用在上面。

③钻尾螺丝(不锈钢钻尾螺丝、复合材料钻尾螺丝):适用于不锈钢板、镀锌钢板、金属帷幕墙、一般由角钢、槽钢、铁板与其他金属材料结合安装工程进行安装,如图 4.39 所示。

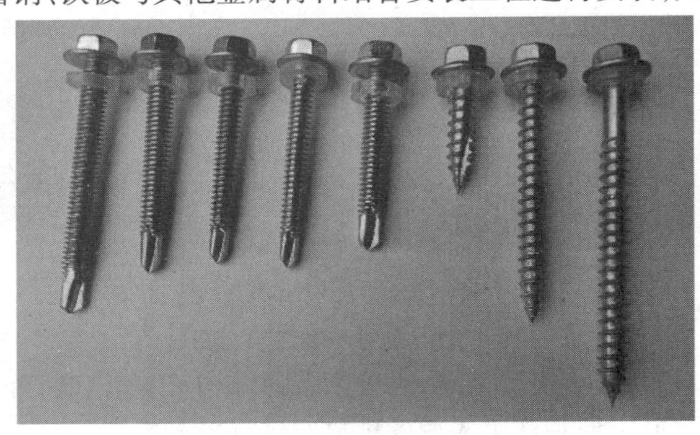

图 4.39 特殊螺丝示意图

④自攻螺钉:表面经过淬硬处理,硬度较高,一般借助电动工具施工,钻孔、攻丝、固定、锁紧一次性完成(图 4.40)。

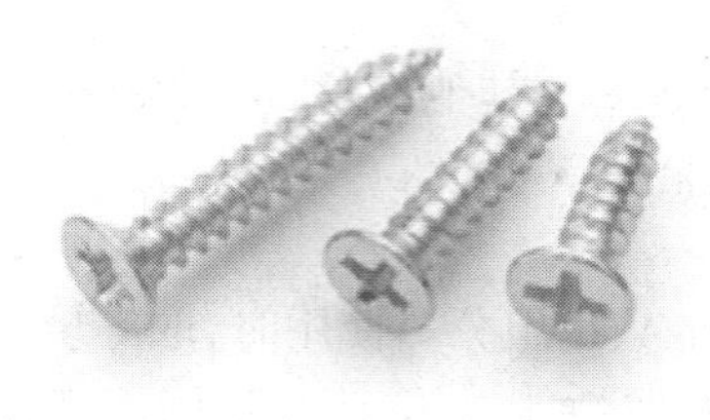

图 4.40 自攻螺钉示意图

### 3）螺栓

螺栓由带螺帽的螺杆和螺母两部分组成，用于紧固连接两个带有通孔的零件。一般用于可拆卸构件的连接。

有普通六角螺栓、沉头螺栓、U 形螺栓、紧定螺栓、地脚螺栓、膨胀螺栓、扭剪螺栓、活节螺栓等类型（图 4.41）。

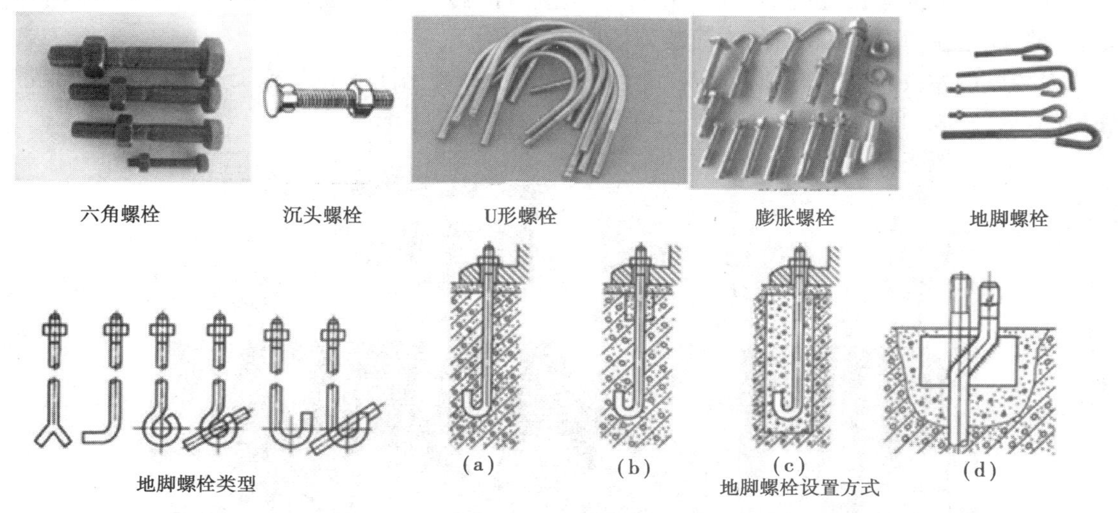


图 4.41 各种螺栓的示意图

### 4）黏结剂

（1）聚醋酸乙烯酯（乳白胶）

聚醋酸乙烯酯是一种乳白色的黏稠液态聚合物，具有微酸性，有溶液型和乳液型两种，常用于黏结木材、墙布、墙纸，使用较为广泛。

（2）107 胶

107 胶是水溶性的聚乙烯醇缩甲醛，外观为透明或微黄色透明的黏稠液。使用时，可加水搅拌而得稀释液。107 胶黏结剂的用途广泛，可以添加于水泥砂浆或纯水泥浆中增加其黏结效果。

（3）氯丁胶

氯丁胶是被大量生产的合成橡胶化合物，氯丁胶黏结强度高，黏结速度快；耐久性好，氯丁胶对金属、非金属等多种材料都有较好的黏结性，有“万能胶”之称。

(4)玻璃胶

玻璃胶用于黏结各种玻璃或玻璃与其他基材,分硅酮胶和聚氨酯胶(PU)。使用较多的是硅酮胶玻璃胶。玻璃胶也用于嵌缝。

(5)石材黏结胶

①AB 胶(石材干挂胶):分为 A、B 组分。使用时,取等量 A 组分和 B 组分,充分翻拌,混合均匀、色泽一致,即可使用。AB 胶性能卓越,固化后耐水、防潮、耐久、耐腐蚀、耐气候变化;黏结强度高,韧性特强,抗震、抗压,抗拉,抗冲击,防火;固化后无毒,无腐蚀性、对人体无伤害;固化时间适中,不污染石材,利用率高达 90% 以上,施工环境清洁、综合造价低。

②云石胶。云石胶对多种石材及建材均有较好的黏结强度,适用于各类石材间的黏结定位、修补石材表面的裂缝和断痕,常用于石材加工、室内石材装饰、石材家具黏结、石材吧台、石材工艺品等的黏结。

(6)瓷砖胶

瓷砖胶又称陶瓷砖黏合剂,主要用于粘贴瓷砖、面砖、地砖等装饰材料,广泛适用于内外墙面、地面、浴室、厨房等建筑的饰面装饰场所。

瓷砖胶的主要特点是黏结强度高、耐水、耐冻融、耐老化性能好及施工方便,是一种非常理想的黏结材料(图 4.42)。

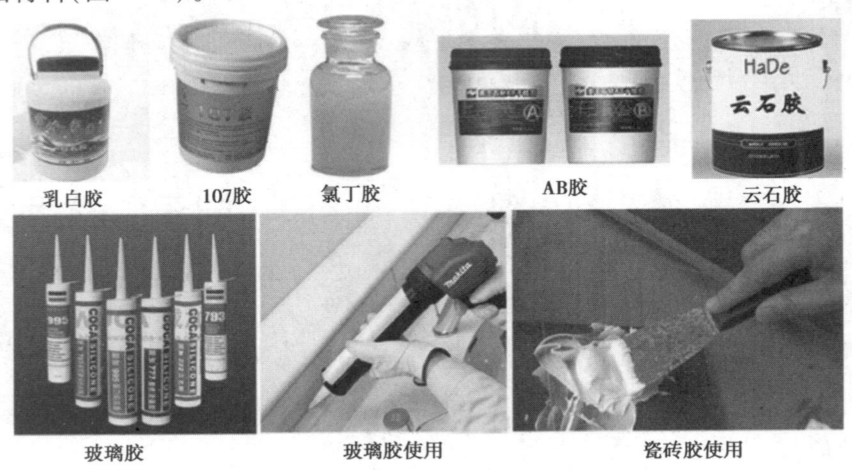


图 4.42　各种黏结剂示意图

(7)三氯甲烷等有机玻璃黏结剂

有机玻璃是由甲基丙烯酸甲酯聚合而成的,可用三氯甲烷(氯仿),二氯乙烷和丙酮。黏合时,可以直接用这些溶剂把塑料或有机玻璃黏合起来,或者把少量的塑料或有机玻璃溶于溶剂中,做成黏合剂,效果更佳。

1 份有机玻璃溶解在 19 份三氯甲烷(氯仿)中,得到的粘稠液体,就可以用来粘合有机玻璃。但需注意,因为三氯甲烷在光的作用下,会被空气中的氧气氧化,生成氯化氢和有毒性的光气。所以,通常要加入 1% ~2% 的乙醇,使生成的光气与乙醇作用生成碳酸乙酯,以消除其毒性。也可用三氯甲烷 75% 加四氯乙烷 25% 作成混合液,进行黏结,黏结后应加压 24 小时以上即可。

### 4.2.3　密封材料

使工程中的各种接缝或裂缝、变形缝（沉降缝、伸缩缝、抗震缝）、施工缝、门窗四周、玻璃镶嵌部位，能承受位移且能达到气密、水密的目的并具有一定强度的填充材料。

（1）不定形材料

不定形材料以油膏状为主。

①沥青嵌缝油膏：主要作为路面、墙面、沟和槽的防水嵌缝材料。

②聚氯乙烯接缝膏和塑料油膏：适用于各种屋面嵌缝或表面涂布作为防水层，也可用于水渠、管道。

③合成高分子密封材料：以合成分子材料为主体，加入适量化学助剂、填充料和着色剂，经过特定生产工艺而制成的膏状密封材料，例如硅酮密封胶。图 4.43 是各种密封材料的示意图。

（a）沥青嵌缝油膏

（b）聚氯乙烯接缝膏

（c）丙烯酸酯密封膏

（d）聚硫橡胶密封膏

（e）聚氨酯建筑密封膏

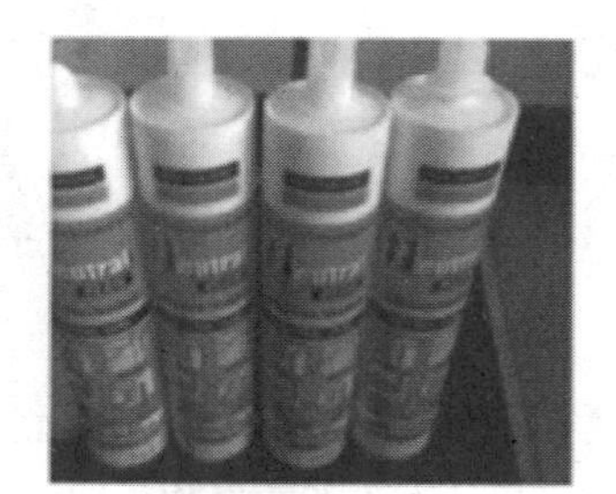

（f）硅酮建筑密封膏

图 4.43　各种密封材料示意图

（2）定形材料

定形材料以密封条为主，各种密封条如图 4.44 所示。

### 4.2.4　保温材料

保温材料大多是密度较小、容重较轻的材料，较多用于建筑节能，一些也可做轻质混凝土的骨料，用于塑形，如塑造假山和雕塑等。

（1）泡沫混凝土

泡沫混凝土的密度为 300 ~ 600 $kg/m^3$，相当于普通水泥混凝土的 1/5 ~ 1/8。

（2）膨胀珍珠岩

膨胀珍珠岩是珍珠岩矿砂经预热，瞬时高温焙烧膨胀后，体积膨胀 10 ~ 30 倍，形成内部多孔蜂窝状结构的白色颗粒状的材料，容重一般为 70～130 kg/ m²。

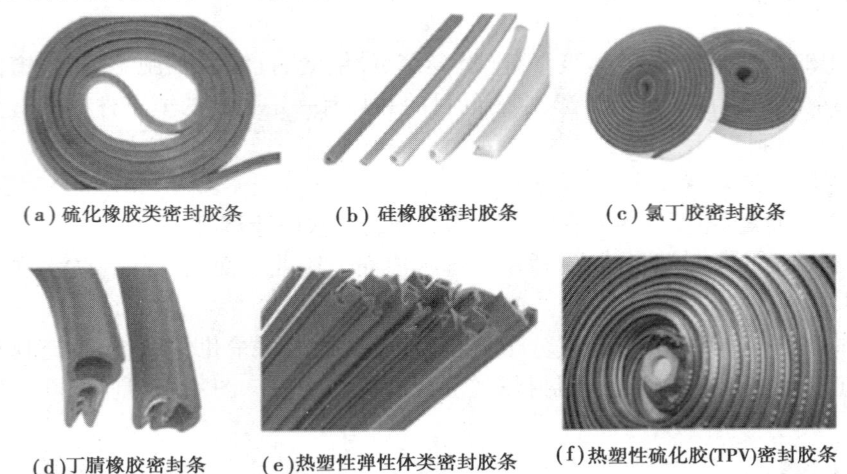


图 4.44　各种密封条示意图

(3)水泥蛭石

蛭石是一种天然、无机，无毒的矿物质，在高温作用下会膨胀。膨胀后其形态酷似水蛭，故俗称蛭石。由于蛭石有离子交换的能力，它对土壤的营养有极大的良性作用。

水泥蛭石是用水泥和蛭石按体积比 1∶ 5 搅拌均匀而成的，其容重大约是 350 kg/m³。各种保温材料如图 4.45 所示。

图 4.45　各种保温材料示意图

## 4.2.5　其他辅助材料

(1)土工布

土工布(图 4.46)，又称土工织物，它是由合成纤维通过针刺或编织而成的透水性土工合成材料。土工布是新材料土工合成材料其中的一种，成品为布状，一般宽度为 4～6 m，长度为 50～100 m。土工布分为有纺土工布和无纺长丝土工布。

土工布的作用如下：

①用于隔离不同材料，使两种或多种材料间不流失，不混杂，保持材料的整体结构和功能，使构筑物载承能力加强等。

②起过滤作用，当水由细料土层流入粗料土层时，只使水流通过，而截流土颗粒，细沙、小石料等，以保持水土工程的稳定。

③排水的作用，它可以土体内部形成排水通道，将土体结构内多余液体和气体可以外排。

④增加强度，利用土工布增强土体的抗拉强度和抗变形能力，以改善土体质量。

图 5.1　灰铸铁管和球墨铸铁管

### 2)钢管

钢管有焊接钢管和无缝钢管两种。焊接钢管又分为镀锌钢管(白铁管)和非镀锌钢管(黑铁管),如图 5.2、图 5.3 所示。

图 5.2　镀锌钢管(白管)

图 5.3　非镀锌钢管(黑管)

普通钢管强度高、适应性强,但是耐腐蚀性差,防腐造价高;镀锌钢管就是防腐处理后的钢管,是以往居家生活用水的主要给水管材,但长时间过后,会产生较多的锈垢,目前主要用于喷灌给水及煤气、暖气的输送。

### 3)钢筋混凝土管

钢筋混凝土管防腐能力强,不需要任何防腐处理,具有较好的抗渗性和耐久性,但水管自重大,质地脆,装卸和搬运不便。其中自应力钢筋混凝土管(图 5.4)到后期会发生膨胀,使管质疏松,一般不用于主要管道;预应力钢筋混凝土管(图 5.5)能承受一定压力,在国内大口径输水管中应用较广,但由于接口问题,易爆管、漏水。

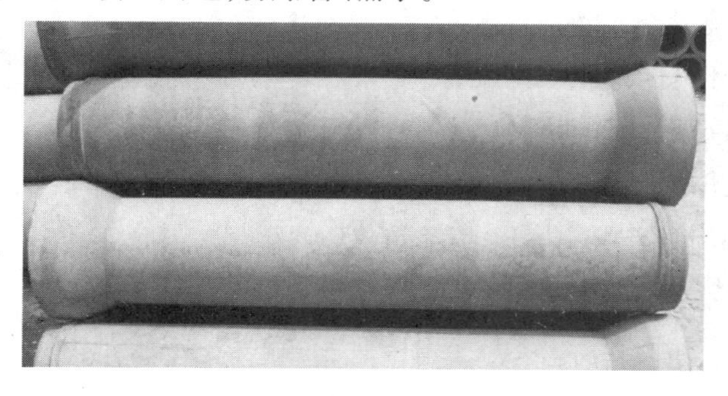

图 5.4　自应力钢筋混凝土管

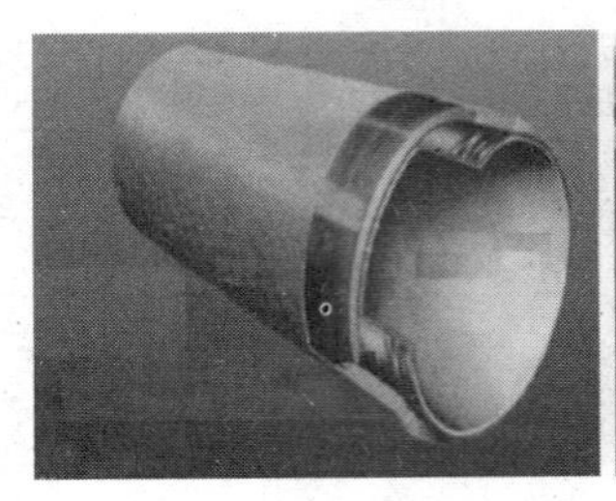

图 5.5　预应力钢筋混凝土管

### 4)塑料管

塑料管多由聚氯乙烯(PVC)、聚乙烯(PE)和聚丙烯(PP)等塑料制成。

(1) PVC 管

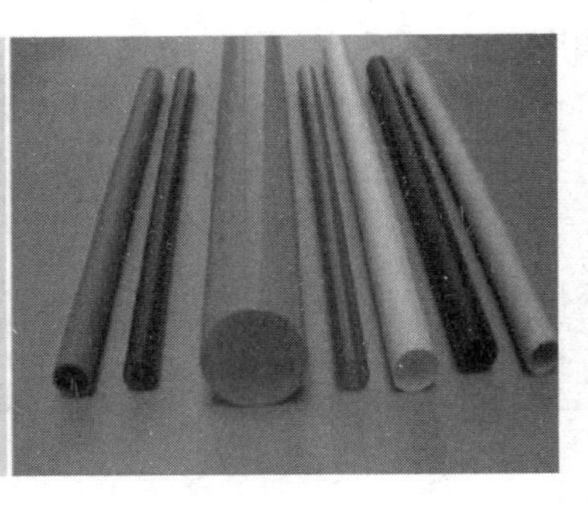

图 5.6　PVC 管

PVC 管(图 5.6)表面光滑,不易结垢,水头损失小,耐腐蚀,质量小,加工连接方便,但管材强度低,性质脆,抗外压和冲击性差。其多用于小口径,一般小于 DN200 mm,不宜安装于车行道下。国内许多城市也已大量应用,特别是在绿地、农田的喷灌系统中应用广泛。

(2) PE 管

PE 管具有如下特点:

- 内壁光滑,不易结冰,具有超低摩阻。
- 具有极好的抗腐蚀性。
- 耐磨性高于钢管。
- 具有较好的韧性与抗震性。
- 燃烧不易放出毒素,环保卫生。
- 一般可安全使用 50 年。
- 可回收重复利用。

PE 管(图 5.7)已成为供水的一种重要的塑料管道。

图 5.7　PE 管

(3)PP 管

PP 管(图 5.8)除了具有一般塑料管质量小、耐腐蚀、不结垢、使用寿命长等特点外,还具有以下主要特点:

- 无毒、卫生。
- 保温、节能,PP 管导热系数为 0.21 W/mk,仅为钢管的 1/200。
- 较好的耐热性。
- 使用寿命长:PP 管在工作温度 70 ℃、工作压力 1.0 MPa 条件下,使用寿命可达 50 年以上(前提是管材必须是 S3.2 和 S2.5 系列以上);常温下(20 ℃)使用寿命可达 100 年以上。
- 安装方便,连接可靠。PP 管具有良好的焊接性能,管材、管件可采用热熔和电熔连接,安装方便,接头可靠,其连接部位的强度大于管材本身的强度。
- 物料可回收利用。

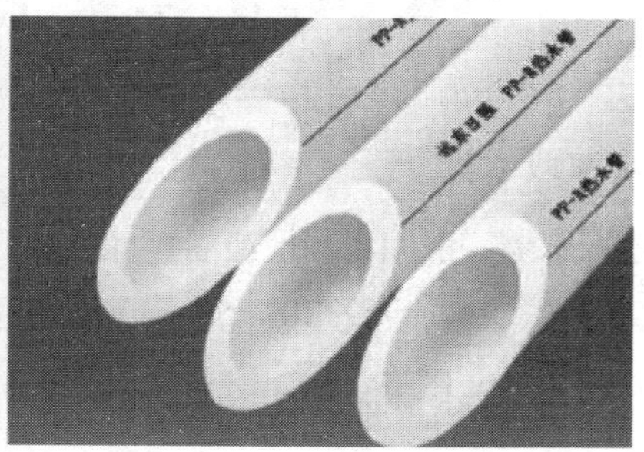

图 5.8　PP 管

## 5.1.2　给水管网附属设施

### 1)管件

给水管的管件种类很多,不同管材有些差异,但分类差不多,有接头、弯头、三通、四通、管堵以及活性接头等。每类又有很多种,如接头可分为内接头、外接头、内外接头、同径或异径接头等(图 5.9、图 5.10)。

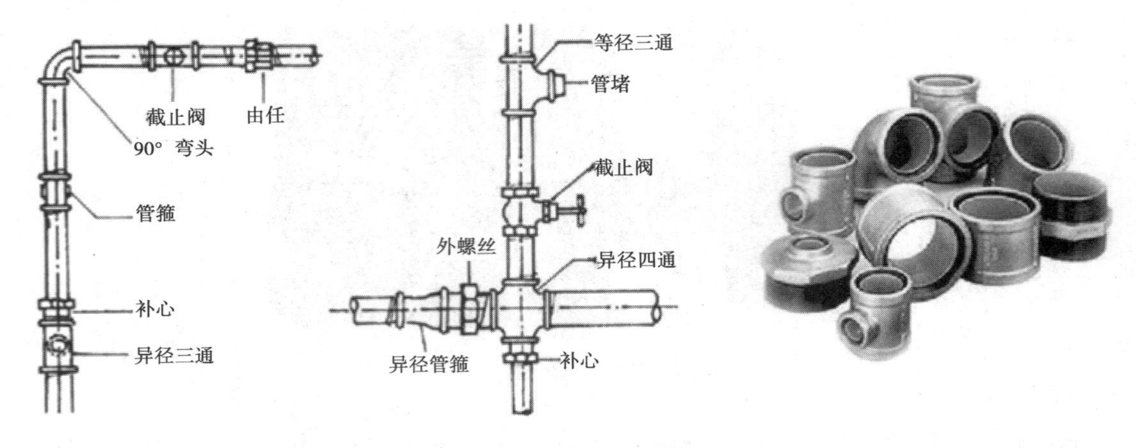


图 5.9　给水管件示意图

图 5.10　PE 给水管件示意图

2)快速取水器

快速取水器一般用于绿地浇灌,它由阀门、弯头及直管等组成,通常为 DN20 mm 或DN25 mm。一般把部件放在井中,埋深 30 ~ 50 cm,周边用砖砌成井。井的大小根据管件多少而定,一般内径在 30 cm 左右(图 5.11)。

3)阀门井

用来调节供水管线中的流量和水压,主管和支管交接处的阀门常设在支管上。一般把阀门放在阀门井内,其平面尺寸由水管直径及附件种类和数量决定,一般阀门井内径为 100 ~ 280 cm(DN75 ~1 000 mm 时),井口 DN60 ~80 cm,井深由水管埋设的深度决定。

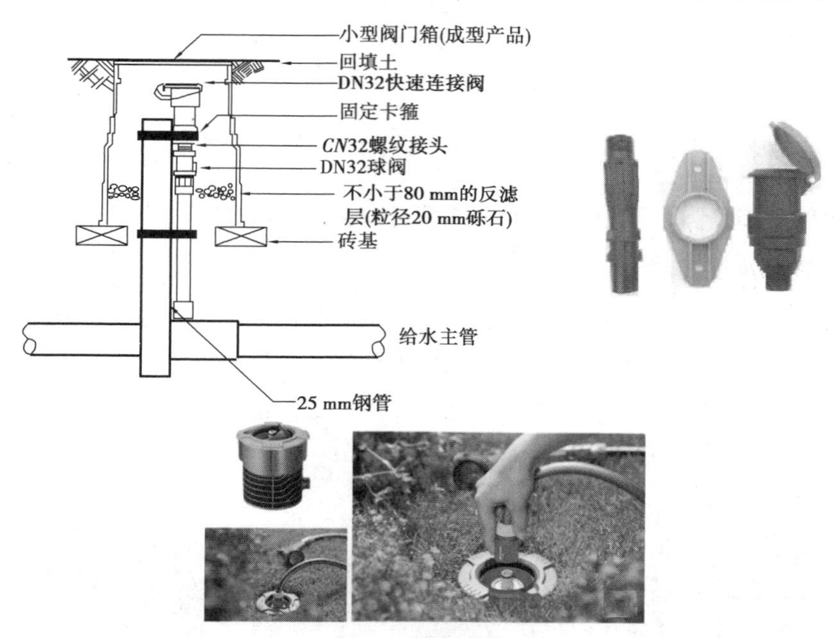


图 5.11 快速取水器

### 5.1.3 消防栓

消防栓(图 5.12)是城镇街道、建筑物、公园、风景区等场所的取水灭火设施,分为地上式和地下式两大类。

图 5.12 消防栓图

## 5.2 排水工程材料

景观排水工程包括雨水排水系统和污水排水系统。为保证正常的排水功能,排水工程材料必须满足下列要求:

①具有足够的强度,能够承受外部的荷载和内部的水压。

②必须不渗漏,防止污水渗出或地下水渗入进而污染或腐蚀其他管道。

③具有抵抗污水中杂质的冲刷、磨损及抗腐蚀的性能。

④内壁要整齐光滑,使水流阻力尽量减小。

⑤尽量就地取材,减少成本及运输费用。

### 5.2.1 排水管材

常用排水管道多是圆形管,大多为非金属管材,具有抗腐蚀的性能且价格便宜。

**1)混凝土管和钢筋混凝土管**

混凝土管的管径一般小于45 cm,长度多为1 m;当管道埋深较大或敷设在土质条件不良的地段或当管径大于40 cm时,为抗外压而采用钢筋混凝土管。

钢筋混凝土管(图5.13)制作方便,价格低、应用广泛但抗酸性及抗腐蚀性差,管节多,接口多,搬运不便。

图5.13 钢筋混凝土排水管图

**2)陶土管**

陶土管(图5.14)内壁光滑,水阻力小,不透水性能好,抗腐蚀,但易碎、抗拉强度低,节短,施工不方便,不宜用于松土或埋设于深度较大之处。

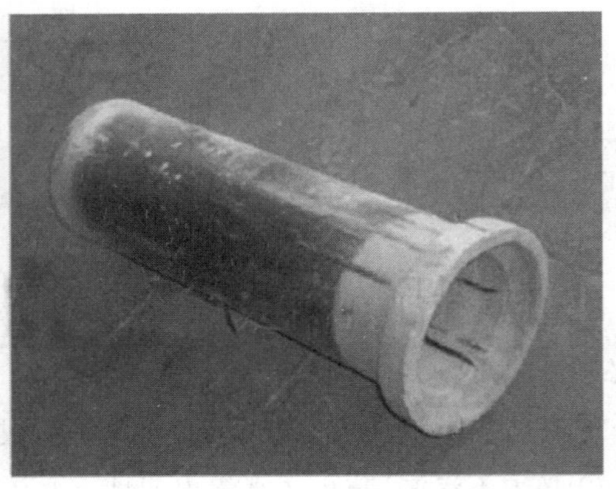

图5.14 陶土排水管图

3)塑料管

塑料管内壁光滑,抗腐蚀性能好,水流阻力小,节长且接头少,但抗压力不高。一般用于室外小管径排水,主要有 PVC 管、PVC 波纹管、U-PVC 管、U-PVC 加筋管、FRPP 加筋管、FRPP 模压排水管等(图 5.15)。

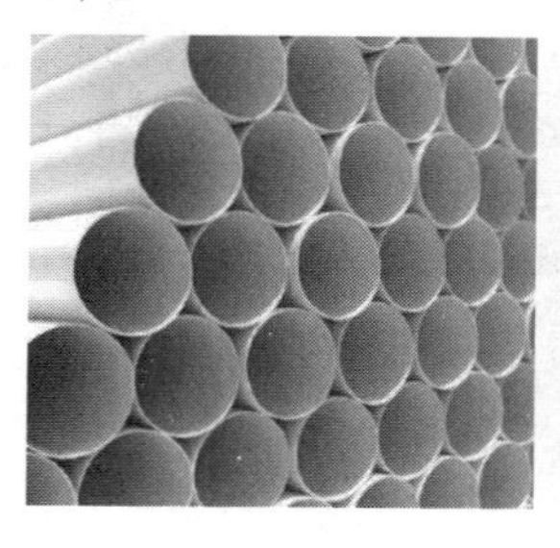

图 5.15 塑料排水管图

4)金属管

金属管常用在压力管上。常用的铸铁管和钢管强度高,抗渗性好,内壁光滑,抗震性能强,节长,接头少;但价格贵,耐酸碱腐蚀性差。

## 5.2.2 排水灌渠附属构筑物

1)检查井

检查井用于对管道进行检查和清理,同时也起到连接管段的作用,如图 5.16 所示。

检查井常设在管渠转弯、交汇、管渠尺寸变化和坡度改变处,在直线管段相隔一定距离也需设置。相邻检查井之间的管渠应成一直线。检查井分不下人的浅井和下人的深井,常用井口为 60 ~70 cm。

图 5.16 检查井图

2)跌水井

跌水井是设有效能设施的检查井(图 5.17),当遇到下列情况且跌差大于 1 m 时,需设跌水井:

①管道流速过大,需加以调节。

②接入较低的管道处。

③管道遇到地下障碍物,必须跌落通过处。

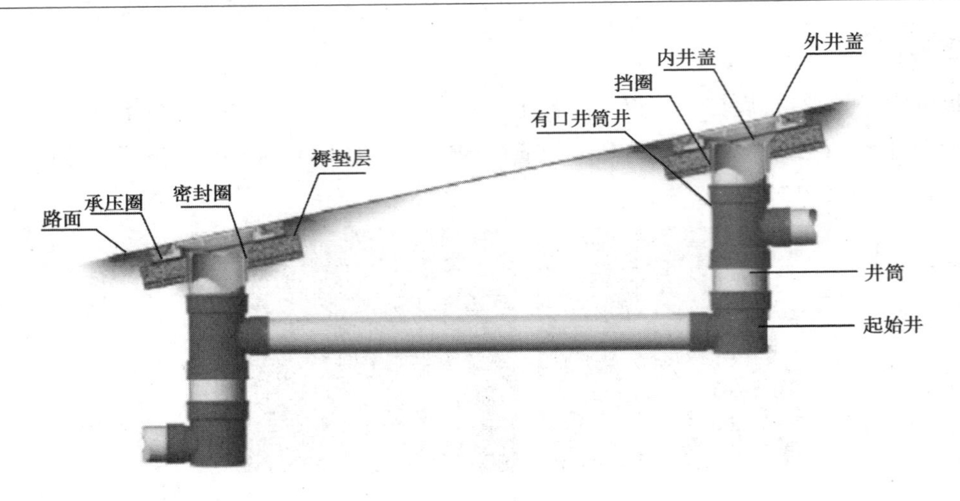


图 5.17　跌水井示意图

常见跌水井有竖管式、阶梯式、溢流堰式等。

**3)出水口**

出水口是排水管渠排出水体的构筑物,其形式和位置视水位、水流方向而定。管渠出水口(图 5.18)不要淹没于水中。

图 5.18　出水口示意图

**4)雨水口**

雨水口是雨水管渠上收集雨水的构筑物,一般设置在绿地、道路、停车场等的低洼处和汇水点上,以及地下建筑的入口处以及其他低洼和易积水的地段。常用的有平篦式、边沟式和联合式雨水口(图 5.19)。

图 5.19　雨水口示意图

# 5.3　喷灌工程材料

## 5.3.1　喷灌管材

景观喷灌(图5.20)系统是自动供水的一种常用设施,由灌溉设备连接而成,现已成为各种景观绿地工程不可缺少的组成部分。

图5.20　景观喷灌

(1)聚氯乙烯(PVC)管(图5.21)

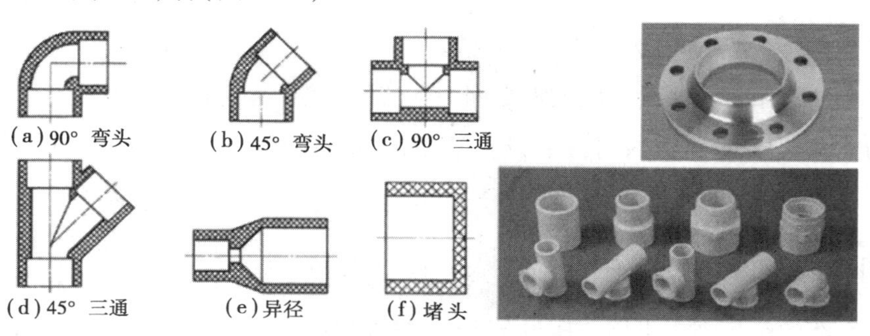


图5.21　喷灌PVC管

管材:根据管材外观的不同,可将其分为光滑管和波纹管。波纹管由于其承压能力不能满足喷灌系统的要求,一般不采用。

聚氯乙烯管有硬质聚氯乙烯管和软质聚氯乙烯管之分,绿地喷灌系统主要使用硬质聚氯乙烯管。

管件:绿地喷灌系统使用的硬质聚氯乙烯管件主要是给水系列的一次成型管件,包括胶合承插型、弹性密封圈承插型和法兰连接型管件。

(2)乙烯(PE)管(图5.22)

聚乙烯管材分为高密度聚乙烯(HDPE)和低密度聚乙烯(LDPE)管材。其中,低密度聚乙烯管材材质较软,力学强度低,但抗冲击性好,适合在较复杂的地形敷设,是绿地喷灌系统中常使用的聚乙烯管材。

图 5.22　喷灌 PE 管

(3)聚丙烯(PP)管(图 5.23)

聚丙烯管材的最大特点是耐热性优良,在短期内使用温度可达 100 ℃以上,正常情况可在 80 ℃条件下长时间使用。

图 5.23　喷灌 PP 管

## 5.3.2　控制设备

控制设备的作用是控制给水网或喷灌网中水流的方向、速度和压力等状态参数。根据控制设备的功能和作用的不同,可将控制设备分为状态性控制设备、安全性控制设备和指令性控制设备。

## 5.3.3　加压设备

本小节介绍的是景观中常用加压设备水泵,按其能量传递和转换方式的不同可分为叶片式和容积式两种。广泛使用的离心泵、井用泵和小型潜水泵,都属于叶片式水泵。

(1)离心泵

离心泵是叶片式水泵中利用叶轮旋转时产生的惯性离心力来抽水的。根据水流进水叶轮的方式不同,可分为单进式(又称单吸式)和双进式(又称双吸式)两种。根据泵体内安装叶轮数目的多少,又可分为单级泵和多级泵两种。

(2)井用泵

井用泵是专门从井中提水的一种叶片泵,包含长轴井泵和井用潜水泵两个系列。

## 5.3.4　过滤设备

常用的过滤设备有离心过滤器、砂石过滤器、网式过滤器和叠片过滤器。不同类型过滤器的工作原理不一样,其适用场合也各不相同。

### 5.3.5 喷头

**1)喷头的分类**

①按非工作状态分类:外露式喷头、地埋式喷头。

②按工作状态分类:固定式喷头、旋转式喷头。

③按射程分类:近射程喷头(≤8 m)、中射程喷头(≤20 m)、远射程喷头(>20 m)。

**2)地埋式喷头的构造**

喷头一般由喷体、喷芯、喷嘴、滤网、弹簧和止溢阀等部分组成,旋转式喷头除以上部分外还有传动装置。

**3)地埋式喷头的性能**

喷头的性能参数包括工作压力、射程、射角、出水量和喷灌强度等。

**4)地埋式喷头的规格**

喷头的规格是指喷头的静态高度、伸缩高度、暴露直径、接口规格和喷洒范围等。

## 思考题

1. 景观给水工程常用材料有哪些?
2. 景观排水工程常用管材有哪些?
3. 喷灌管材有哪些?

# 景观照明相关材料与构造

**本章导读**

本章主要阐述了艺术照明设计要点、艺术照明的相关材料、光源和灯具的分类及安装等，由于在构造设计时通常由景观工程师提议和指定，在此简介一些，以便通过本章学习增强景观照明设计能力。

## 6.1 景观照明设计

### 6.1.1 设计原则

景观照明的设计原则如下：

①要考虑整体的景观效果。

②需要找到并塑造景观精彩点。

③根据照明用途选择适合的照明方式。

④注意照明效果呈现的美感。

⑤处理好再现和重塑之间的关系。

### 6.1.2 景观照明设计要点

如何做好景观的照明设计，我们从“照什么”“怎么照”和“用什么照”这三个方面出发：

(1)照什么？

园区景观的灯光照明分为展示区照明(停车场、销售前广场、出入口、样板庭院和泳池区)和非展示区照明(运动区、商业街区和基础设施)。

(2)怎么照和用什么照?

①直接照明

a.一般照明:庭院灯、草坪灯、高杆灯;

主要满足园路、回家之路、活动场地、疏林草地的照明需求,其基本照度为100 lx。

b.重点照明:射树灯、涌泉灯、水景射灯、地面LED点光源灯、埋地灯;主要用于重点位置的装饰照明,如主景树和特色乔木、艺术装置、景墙标识、泳池更衣室、涌泉等。

②间接照明:水景和地面的LED点光源灯、台阶暗藏式LED灯带及水边LED射灯,主要用来渲染氛围及安全提示。

③混合照明:LED灯带、洗墙灯、侧射灯、LED灯槽,兼具一般功能性照明和装饰性照明的特点。

a.空间展示:时代的设计师们在景观照明设计的初始阶段就已经进行了全面细致的考虑,对于选择照明的手法,从艺术角度加以详细考虑,就如同一幅名画一样,颜色、纹理、形状的每一个细微差别都应该表现出来,这样才能使景观艺术照明得到充分的评价和欣赏。时代社区的每一处景观软装照明都是时代设计师与艺术家沟通后呈现出的最好的照明效果。灯光的魅力,远超出想象。

以立体雕塑照明为例,一般宜设置"面光",作用是照亮雕塑,光线与人观看雕塑正面的视线接近;设置"耳光",一般与雕塑呈45°角度,作用是增强立体感;设置"脚光",主要用于消弭较强的难看的阴影,使照明效果显得自然。

b.灯光及空间渗透:夜幕降临,华灯初上,那些风格各异的灯具可以让你的户外空间变得梦幻而又美丽。一个优秀的景观灯光设计一定要充分表达大环境的性格,要根据场地艺术处理方式,合理有效的展示场地风貌并为建筑与社区增色。

景观设计师在对灯光的设计中首要应考虑满足其形式美规律,使灯光观感具有同一性和协调性,令整个建筑、室内、景观浑然一体,各部分光照配合恰如其分、空间灯光配合相得益彰;同时,让不同的光色、不同的射线方向及由此而产生的不同的光晕阴影均达到一种统一的效果。

## 6.2 景观照明常用材料

### 6.2.1 景观照明的光源和灯具

景观照明的光源和灯具,分为普通照明和艺术照明两部分,其中,艺术照明最好应由景观工程师提出照明效果要求(定性设计),再由电气工程师进行照明设计(定量设计)。而普通照明的光源和灯具,由电器工程师负责选择(这里不做赘述,因为所有照明设计都归电器工程师负责)。景观工程师应了解一些特殊光源和灯具,以及它们的照明效果,能够合理选择和布置,并提供电器工程师参考。景观设计师对照明的艺术效果负责,电器工程师对照明的技术设计负责。

**1）人工光源**

人工光源是指人造的、主动发光的产品，包括俗称的灯或灯泡。随着科学技术的飞速发展，人类使用电光源照明和营造艺术环境越来越多样化。电光源的发光条件不同，光电特性也各异。下面介绍建筑物内常用的几种光源的光电特性。

**2）热辐射光源**

当金属加热到1 000 K以上时，就发出可见光。人们利用这一原理制造的照明光源称为热辐射光源。常见的辐射光源有白炽灯和卤钨灯（图6.1、图6.2）。

卤钨灯一般用在照度要求较高、显色性较好或要求调光的场所，如体育馆、大会堂、宴会厅、商场等。因工作温度高，不宜用于易燃物较多的场所。

图6.1　白炽灯

图6.2　卤钨灯

**3）气体放电光源**

气体放电光源是利用某些元素的原子被电子激发而产生光辐射的光源。包括普通荧光灯、节能灯、高压汞灯、金属卤化物灯、钠灯、氙灯、无极灯、微波硫灯（图6.3—图6.5）。

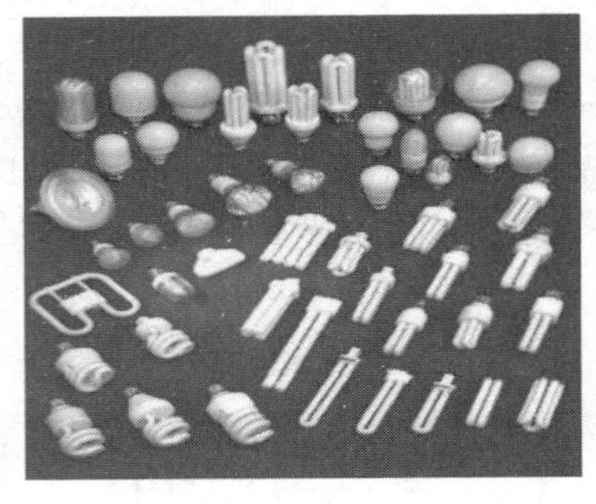

图6.3　节能灯

图6.4　高压汞灯

图6.5　高压汞灯的运用

(1)普通荧光灯

荧光灯与白炽灯有很大区别,其特点如下:

①发光效率较高。比白炽灯高 3 倍左右。

②发光表面亮度低。荧光灯发光面积比白炽灯大,所以表面亮度低,光线柔和,不用灯罩也可避免强烈眩光出现。

③光色好且品种多。根据不同的荧光物质成分,产生不同的光色,因此,可制成接近天然光光色的荧光灯灯管。

④使用寿命较长。国内灯管为 1 500 ~5 000 h。国外有的已达到 10 000 h 以上。灯管表面温度低。

但荧光灯尚存缺点,如初始投资高,对温度和湿度敏感,尺寸较大且不利于控制光,有射频干扰和频闪现象等。尽管如此,荧光灯仍得到广泛运用。

(2)紧凑型荧光灯(节能灯)

紧凑型荧光灯的灯管直径小,能够抗高强度的紫外辐射,不但显色指数较好,而且发光效率较高,是一种节能荧光灯。

(3)荧光高压汞灯

荧光高压汞灯的优点是发光效率较高,使用寿命较长(一般可达 6 000 h,国外已达到 16 000 h以上);

但荧光高压汞灯的缺点是光色差(主要发绿、蓝色光),影响人们对颜色的正确分辨。因此,荧光高压汞灯常用于街道、施工现场等场所。

(4)金属卤化物灯

金属卤化物灯的构造和发光原理与荧光和高压汞灯相似,区别是在荧光高压汞灯泡内添加了某些金属卤化物,提高了光效、改善了光色(图 6.6、图 6.7)。

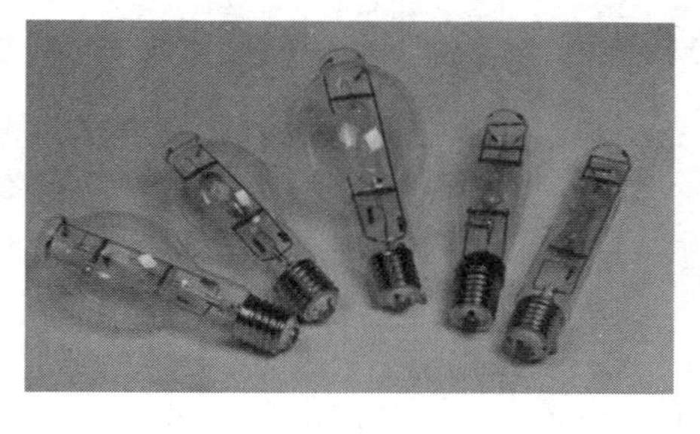

**图6.6 金属卤化物灯**

(5)钠灯

由钠灯泡中钠蒸气放电时压力的高低,把钠灯分为高压钠灯和低压钠灯两类。

高压钠灯是在高压钠蒸气放电时辐射出可见光来进行照明。其辐射光的波长主要集中在人眼最灵敏的黄绿色光范围内。光效高,寿命长,透雾能力强,适合户外照明和道路照明。低压钠灯与高压钠灯的区别在于低压钠蒸气中放电,钠原子被激发而产生的黄色光的(主要是 589 nm)透雾能力强。低压钠灯透雾能力强,但显色性极差,在室内极少用(图 6.8—图 6.10)。

图 6.7　金属卤化物灯的运用

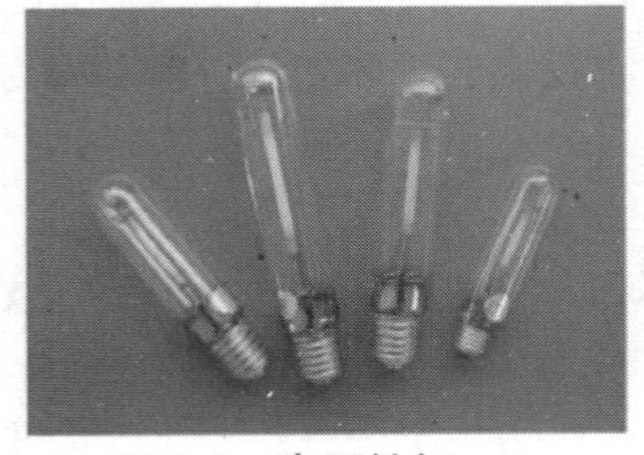

图 6.8　高压钠灯

图 6.9　高压钠灯做景观灯

图 6.10　高压钠灯路灯

(6)氙灯

氙灯是利用在氙气中高电压放电时,发出强烈的连续光谱这一特性制成的。氙灯光谱和太阳光极相似。它功率大,光通量大,又放出紫外线,因此,安装高度不宜低于 20 m,常用在广场等大面积照明场所中使用(图 6.11)。

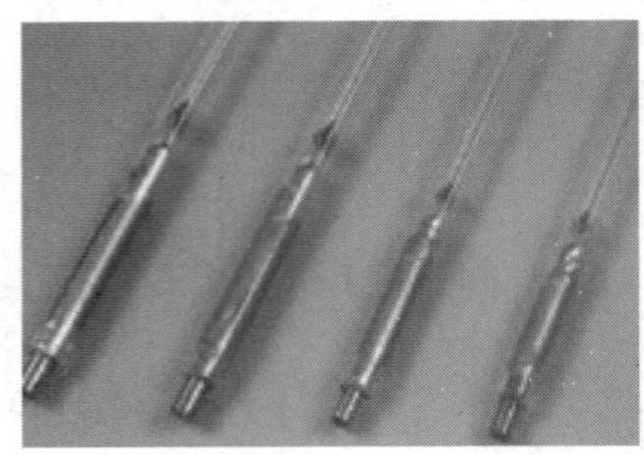
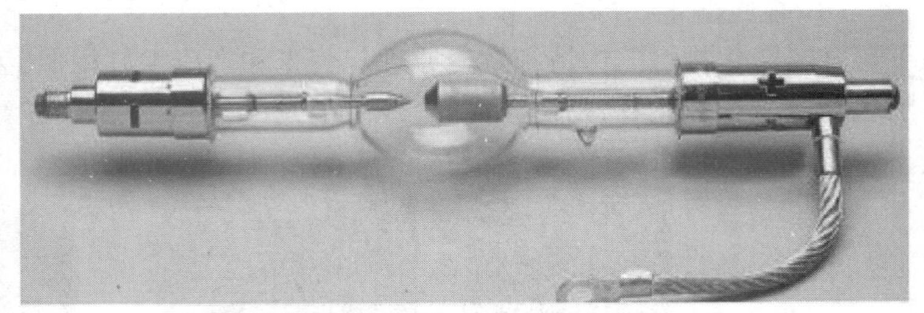

图 6.11　氙灯

(7)无极灯

无电极荧光灯简称无极灯,是一种新颖的微波灯。无电极荧光灯的光效和光色较好,寿命特别长(图 6.12)。可以用于植物大棚、大型室内空间等处。

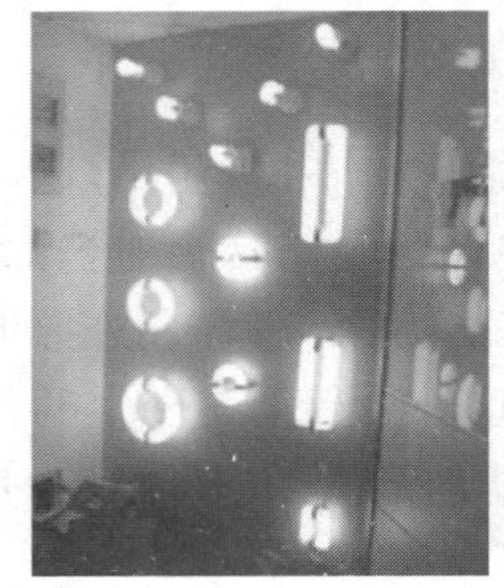

图 6.12　无极灯及其照明效果

常用照明光源发出的光通量和光效的关系如图 6.13 所示,各灯相关参数指标见表 6.1。

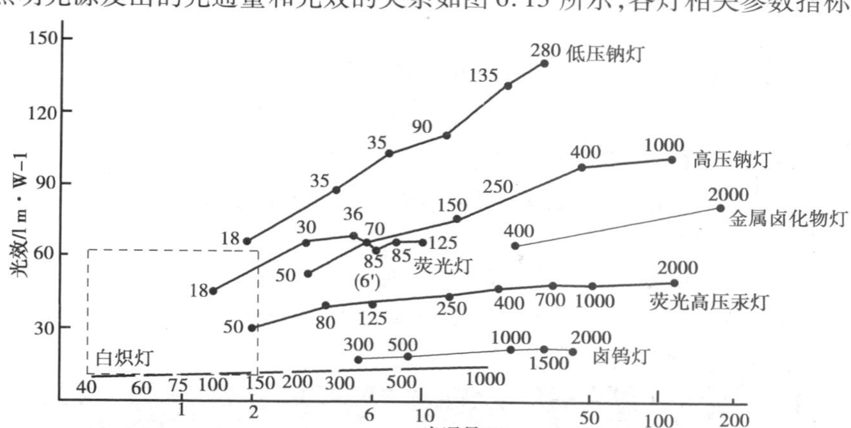


图 6.13　常用照明光源发出的光通量和光效的关系

表 6.1　各灯相关参数指标表

| 序号 | 项　目 | 普通白炽灯 | 卤钨灯 | 荧光灯 | 荧光高压汞灯 | 金属卤化物灯 | 高压钠灯 |
|---|---|---|---|---|---|---|---|
| 1 | 光效 lm/W | 7 ~ 19 | 15 ~ 21 | 32 ~ 70 | 33 ~ 56 | 52 ~ 110 | 57 ~ 107 |
| 2 | 色温 $k$ | 2 800 | 2 850 | 3 000 ~ 6 500 | 6 000 | 4 500 ~ 7 000 | ≥2 000 k |
| 3 | 显色指数 $R_n$ | 95 ~ 99 | 95 ~ 99 | 50 ~ 93 | 40 ~ 50 | 60 ~ 95 | >20 |
| 4 | 平均寿命 $h$ | 1 000 | 800 ~ 2 000 | 2 000 ~ 5 000 | 3 500 ~ 12 000 | 300 ~ 20 000 | 3 000 ~ 24 000 |
| 5 | 表面亮度 | 较大 | 大 | 小 | 较大 | 较大 | 较大 |
| 6 | 启动及再启动时间 | 瞬时 | 瞬时 | 较短 | 长 | 长 | 长 |
| 7 | 受电压波动的影响 | 大 | 大 | 较大 | 较大 | 较大 | 较大 |
| 8 | 受环境温度的影响 | 小 | 小 | 大 | 较小 | 较小 | 较小 |
| 9 | 耐震性 | 较差 | 差 | 较好 | 好 | 较好 | 较好 |
| 10 | 所需附件 | 无 | 无 | 电容器镇流器起爆器 | 镇流器 | 镇流器 | 镇流器 |
| 11 | 频闪现象 | 无 | 无 | 有 | 有 | 有 | 有 |
| 12 | 发热量（kJ/h1 000 lm） | 238(100 W) | 184（500 W） | 180(40 W) | 196(400 W) | 50(400 W) | 33(400 W) |

**4)半导体灯(LED)**

LED 光源的特点如下:

①电压:LED 使用低压电源,供电电压为 6 ~ 24 V,是一个更安全的电源,特别适用于公共场所。

②效能:消耗能量较同光效的白炽灯减少 80%。

③适用性:1 个发光二极管很小,所以可以制备成各种形状的器件。

④稳定性:10 万 h,光衰为初始的 50%。

⑤响应时间:其白炽灯的响应时间为毫秒级,LED 灯的响应时间为纳秒级。

⑥对环境的污染:无有害金属汞。

⑦颜色:改变电流可以变色,发光二极管能方便地通过化学修饰的方法,调整材料的能带结构和带隙,实现红黄绿蓝橙多色发光。如小电流时为红色的 LED,随着电流的增加,可以依次变为橙色,黄色,最后为绿色(图 6.14)。

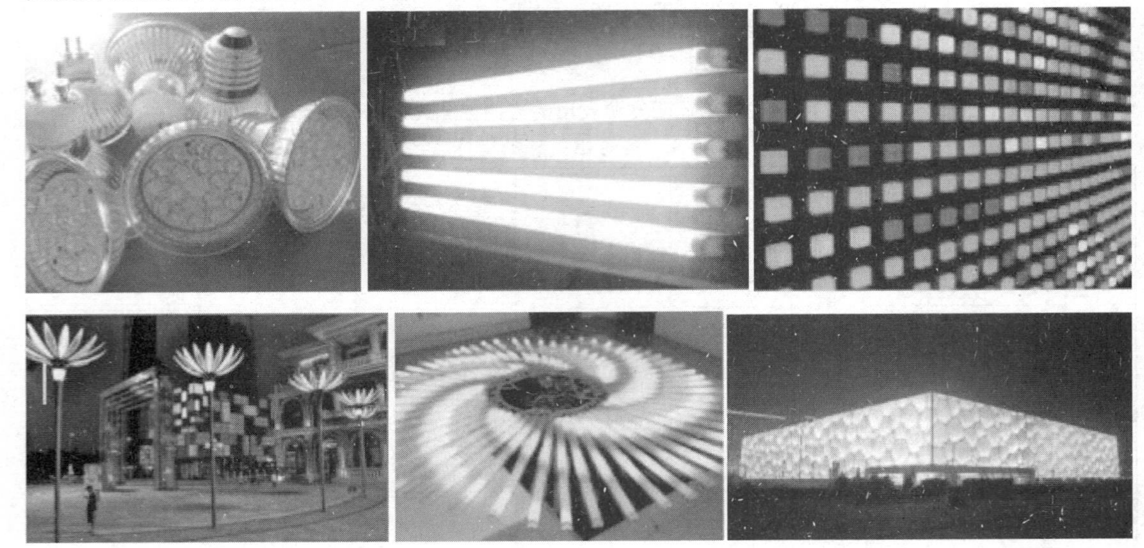

图 6.14 LED 灯及应用

**5)光导纤维**

光导纤维又称导光纤维或尾发光纤维,是一种把光能闭合在纤维中传输而产生导光作用的纤维。它能将光的明暗、光点的明灭变化等信号从一端传送到另一端。它的基本类型是起着导光作用的芯材,或者同能够将光能闭合于芯材之中的皮层构成。

利用光导纤维可以实现一个光源多点照明、光缆照明。由于光导纤维柔软易弯曲,可做成任何形状,以及耗电少、光质稳定、光泽柔和、色彩广泛,是艺术照明光源的选项之一,如与太阳能的利用结合起来将成为最经济实用的光源。还可直接使用光导纤维制成的天花板或墙壁,以及彩织光导纤维字画等,也可用于道路、公共设施的路灯、广场的照明和商店橱窗的广告,如图 6.15 所示。

**6)聚合物光纤**

POF(聚合物光纤)光缆是将若干光导纤维聚为一束(可埋入地下),将其一端通过灯头置于地下,另一端集束同光源耦合,从而在地面上形成更强的光点,形成地面星光的效果,如图 6.16 所示。其特点是光纤发光端面与地面平齐,既美观又不影响人们行走。地埋式光纤地面星光带适合于景观、步行街、街心花园等公共休闲娱乐场所的照明与装饰,也适应于宾馆、饭店、商场及会展中心等厅、堂、楼道等场所的照明与装饰。随着城市的迅猛发展，许多景观设计师和装璜设计师已越来越多地采用光纤照明装饰。

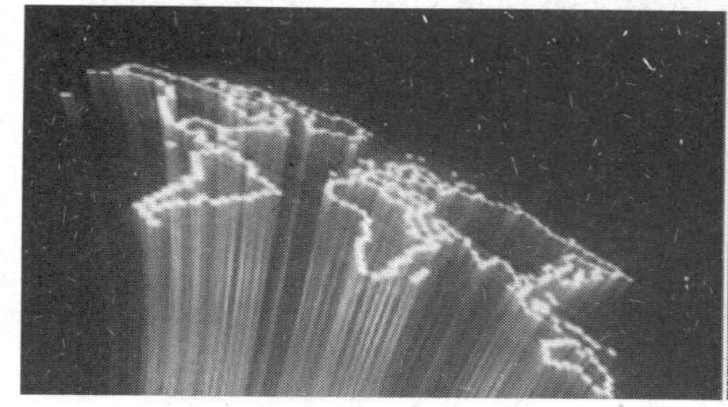

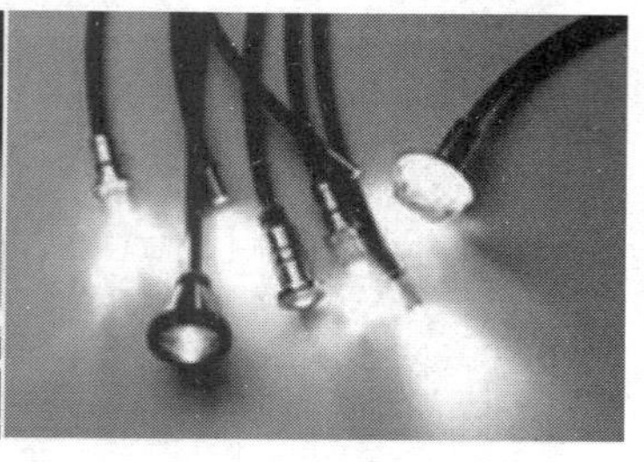

图 6.15 光导纤维灯

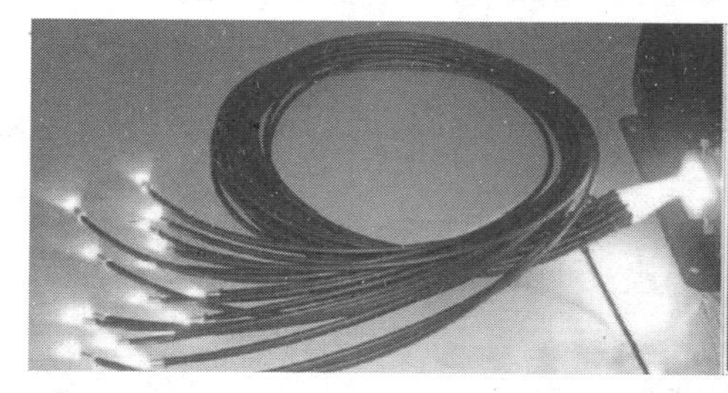

图 6.16 聚合物光纤

7)发光纤维

发光纤维的特点是本身能发光,包括荧光纤维、激发活性光纤维和自发光维。其特点是光照较弱,主要起装饰照明作用(图 6.17)。

图 6.17 发光纤维

### 6.2.2 景观常用灯具

灯具一般指光源、灯罩及其附件的组合。这些灯具大多采用 LED 光源,有些特殊场景的灯具也可采用光导纤维。

主要有:景观灯、埋地灯、道路灯、庭院灯、室外射灯、泛光灯、投光灯、草坪灯、芦苇灯、激光灯、高杆灯、池底灯、其他专业灯具。

(1)景观灯

景观艺术灯利用不同的造型、相异的光色与亮度来造景。例如红色光的灯笼造型景观灯能为广场带来一片喜庆气氛，绿色椰树灯能在池边立出一派热带风情（图6.18）。

图6.18 景观灯

中华灯是景观灯的一种，其外观大方得体，一般有多个光源，照明度高，景观效果好，是传统式的代表系列之一（图6.19）。

图6.19 中华灯

（2）埋地灯（地埋灯）

在外形上有方的也有圆的，广泛用于商场、停车场、绿化带、公园旅游景点、住宅小区、城市雕塑、步行街道、大楼台阶等场所，主要是埋于地面，用来做装饰或指示照明之用，还有的用来洗墙或是照树，其应用有相当大的灵活性（图6.20、图6.21）。

图6.20 地埋灯及其景观效果

图6.21 地埋灯景观效果

(3)道路灯

道路灯是在道路上设置的为在夜间给车辆和行人提供必要能见度的照明设施。道路灯一般需要配光合理,其光源最好能寿命超长,常年使用免维护。光效高、显色性好,能在超低温环境下瞬时启动正常工作的特点(图6.22、图6.23)。

图6.22 太阳能道路灯

图6.23 道路灯

(4)庭院灯

庭院灯通常是指6 m以下的户外道路照明灯具,其主要部件由光源、灯具、灯杆、法兰盘、基础预埋件5部分组成。

庭院灯具有美化和装饰环境的特点,也被称为景观庭院灯。主要应用于城市慢车道、窄车道、居民小区、旅游景区,公园、广场等公共场所的室外照明,能够延长人们的户外安全活动的时间(图6.24、图6.25)。

(5)室外射灯

室外射灯主要用于小范围照射树木和各种造型,其特点是照射方向可以调节。同埋地灯,它也是从低处往上照射(图6.26、图6.27)。

TYD–11801
TYD– 11802
TYD–11803
TYD–11804
TYD–11805
TYD–11806
TYD– 11807

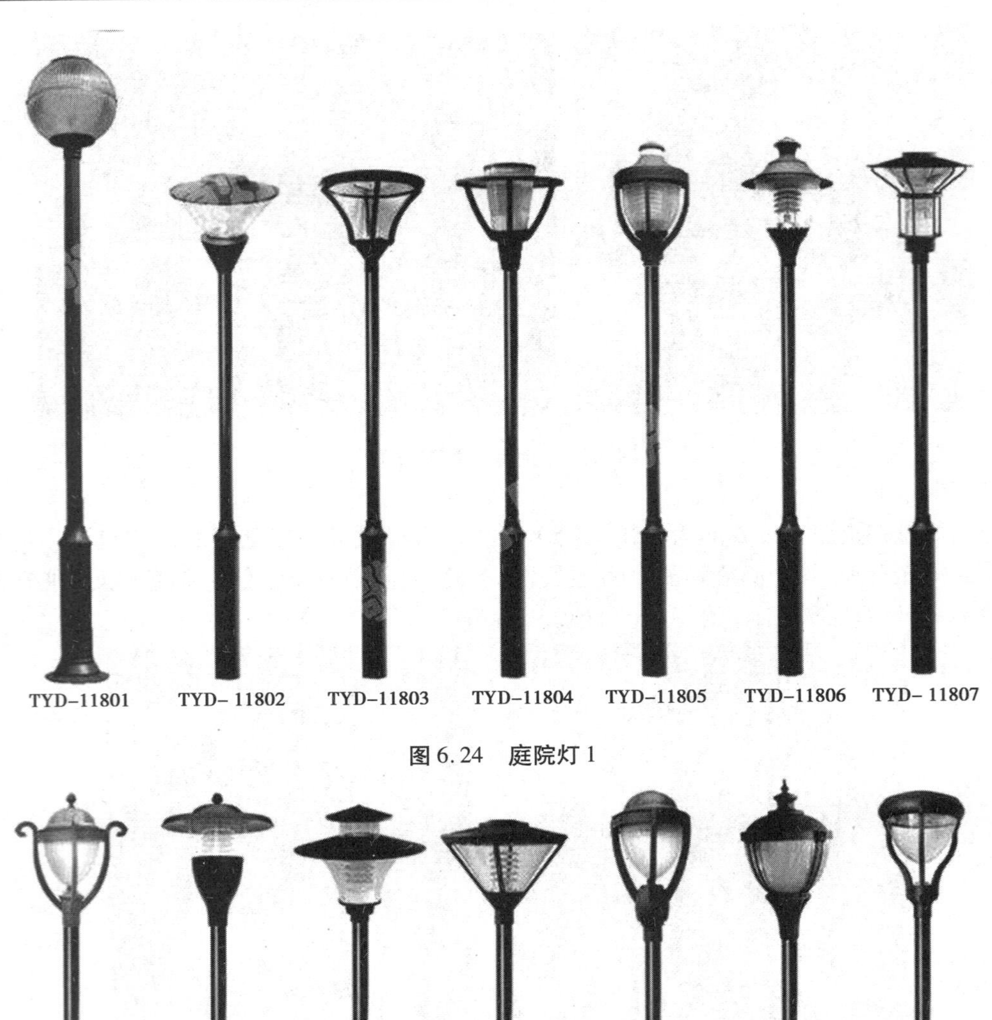

图 6.24　庭院灯 1

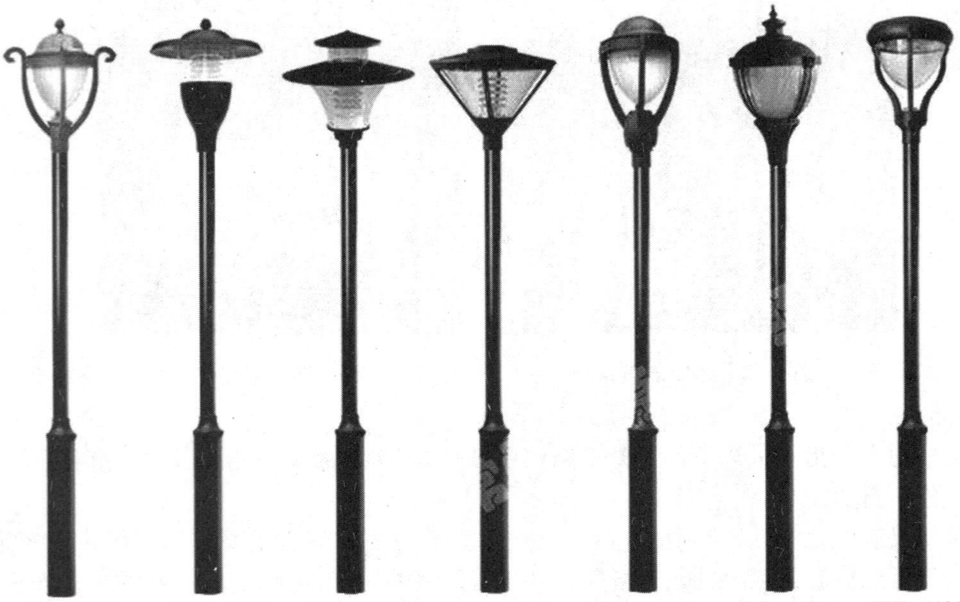

TYD–11808
TYD–11809
TYD–11810
TYD–11811
TYD–11812
TYD–11813
TYD–11814

图 6.25　庭院灯 2

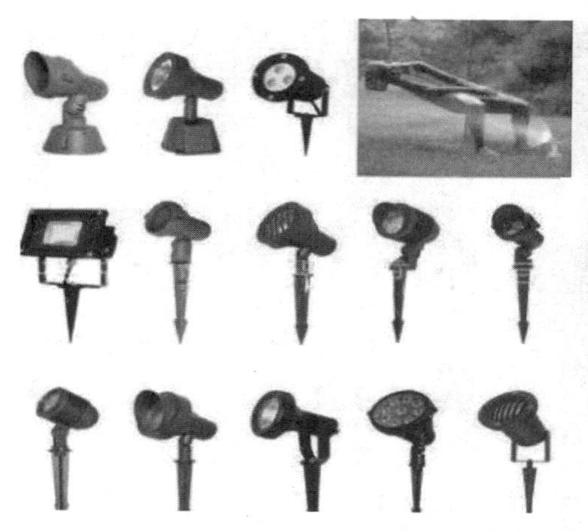

图 6.26　射灯

图 6.27　射灯景观效果

(6)泛光灯

泛光灯是一种可以向四面八方均匀照射的点光源,其照射范围可以任意调整,在场景中表现为一个正八面体的图标。射灯会形成光柱和光斑,泛光灯不会。泛光灯的光源有金卤灯、高压钠灯或 LED。它有各种色彩和规格,常用于建筑、树木、桥梁、雕塑和广告照明(图 6.28、图 6.29)。

图 6.28　泛光灯

图 6.29　泛光灯景观效果

(7)投光灯(亮化投光灯)

投光灯是指光束比较集中、指向明显的大型射灯、聚光灯等,通常用于建筑外立面或高大植物的装饰照明,以及商业空间照明,装饰性的成分较重(图 6.30、图 6.31)。

(8)草坪灯

自 20 世纪 90 年代起,草坪灯就被广泛运用于城市车道、居民小区、旅游景区、公园、广场、私家花园、庭院走廊、草坪等公共场所,用作道路照明。它可以改变人们的心情,调动人的情绪,创造一个明暗相间的调色板般的夜晚。

白天,草坪灯可以点缀城市风景;夜晚,草坪灯具既能提供必要的照明及生活便利,增加居民的安全感,又能突显城市亮点、演绎亮丽风格(图 6.32、图 6.33)。

图6.30　投光灯

图6.31　投光灯效果

图6.32　草坪灯景观效果

图6.33　草坪灯

(9)芦苇灯

芦苇灯是一种新型灯具,以 LED 为光源,或借助光导纤维技术,形成众多的小发光点集合,制作成各种照明效果(图6.34、图6.35)。

图6.34　芦苇灯

图6.35　芦苇灯景观效果

(10)激光灯

激光灯光具有颜色鲜艳、亮度高、指向性好、射程远、易控制等优点,看上去更具神奇梦幻的感觉。应用在大楼、公园、广场、剧场等,利用激光光束的不发散性,能吸引远至几公里外人们的目光,因此激光发出点也成了人们关注的焦点(图6.36、图6.37)。

图6.36 激光灯

图6.37 激光灯景观效果

(11)高杆灯

高杆灯一般是指15 m以上钢制锥形灯杆和大功率组合式灯架构成的新型照明装置。它由灯头、内部灯具电气、杆体及基础部分组成。内部灯具多由泛光灯和投光灯组成,光源采用NG400高压钠灯,照明半径达60 m。杆体一般为棱锥形独体结构,用钢板卷制而成,高度为15~40 m,多为两到三节构成(图6.38、图6.39)。

使用范围:城市广场、车站、码头、运动场、立交桥等。

图6.38 高杆灯

图6.39 高杆灯景观效果

(12)水下灯和池底灯

装在水底下的灯,外观小而精致,美观大方,外型和有些地埋灯差不多,只是多了个安装底盘,底盘是用螺丝固定。

有水下射灯及池底灯若干类型(图6.40—图6.42)。

图 6.40　水下灯

图 6.41　池底灯

图 6.42　池底灯景观效果

(13)其他专业灯具

如演艺场所(包括露天剧场或舞台)使用的灯具等,一般借助金属灯架安装到不同位置,如图 6.43—图 6.49 所示。

图 6.43　变色聚光灯

图 6.44　小聚光灯

图 6.45　宇宙灯

图 6.46　图案灯

图 6.47　电脑灯

图 6.48　强力频闪灯

图 6.49　效果花灯

## 6.3　灯具安装

景观中的小型灯具安装图，一般由景观工程师根据生产厂家提供的资料绘制。

景观灯具安装可参考《特殊灯具安装》(03D 702－3)标准图集如图 6.50—图 6.58 所示。

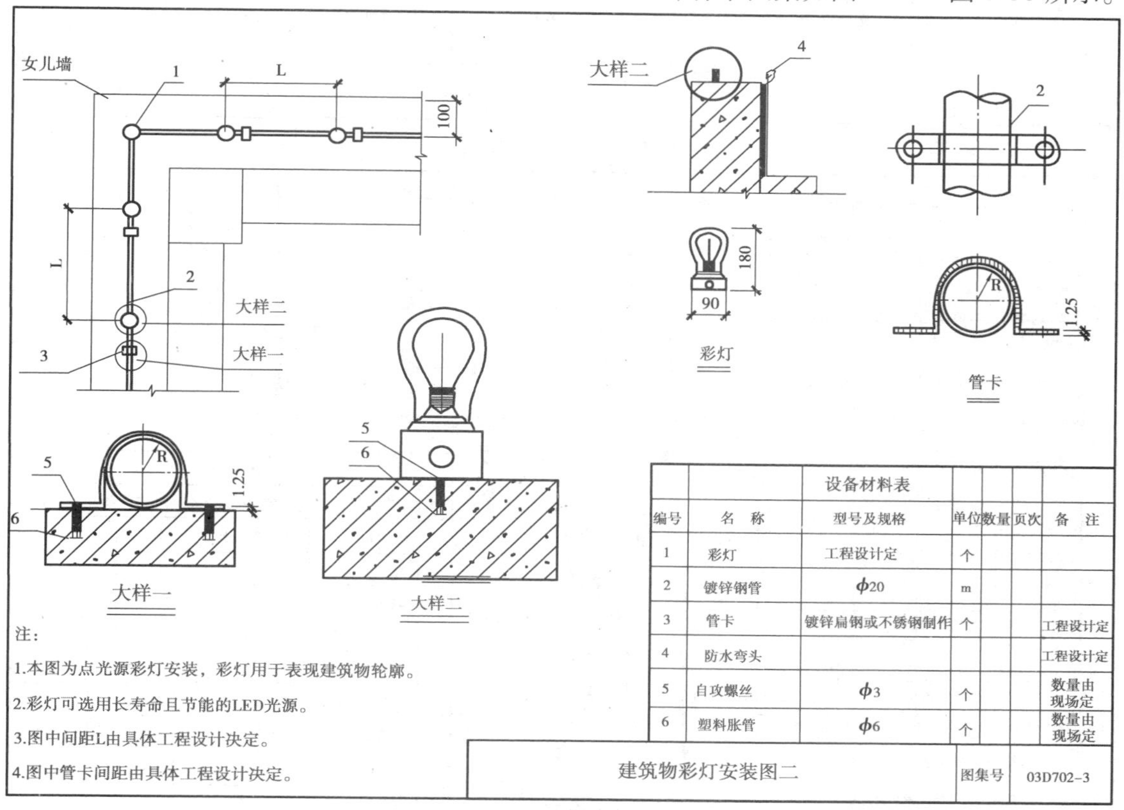


| 设备材料表 | | | | | | |
|---|---|---|---|---|---|---|
| 编号 | 名　称 | 型号及规格 | 单位 | 数量 | 页次 | 备　注 |
| 1 | 彩灯 | 工程设计定 | 个 | | | |
| 2 | 镀锌钢管 | $\phi$20 | m | | | |
| 3 | 管卡 | 镀锌扁钢或不锈钢制作 | 个 | | | 工程设计定 |
| 4 | 防水弯头 | | | | | 工程设计定 |
| 5 | 自攻螺丝 | $\phi$3 | 个 | | | 数量由现场定 |
| 6 | 塑料胀管 | $\phi$6 | 个 | | | 数量由现场定 |

图 6.50　建筑物彩灯安装

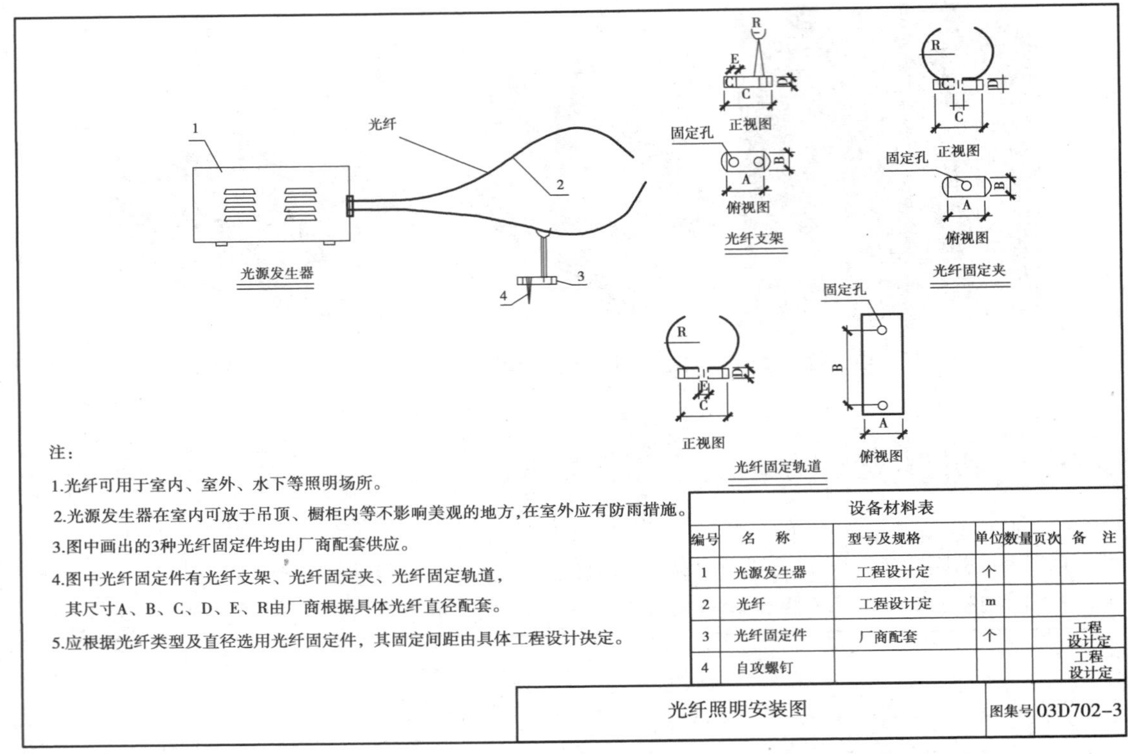


| 编号 | 名称 | 型号及规格 | 单位 | 数量 | 页次 | 备注 |
|---|---|---|---|---|---|---|
| 1 | 光源发生器 | 工程设计定 | 个 | | | |
| 2 | 光纤 | 工程设计定 | m | | | |
| 3 | 光纤固定件 | 厂商配套 | 个 | | | 工程设计定 |
| 4 | 自攻螺钉 | | | | | 工程设计定 |

图 6.51　光纤灯安装

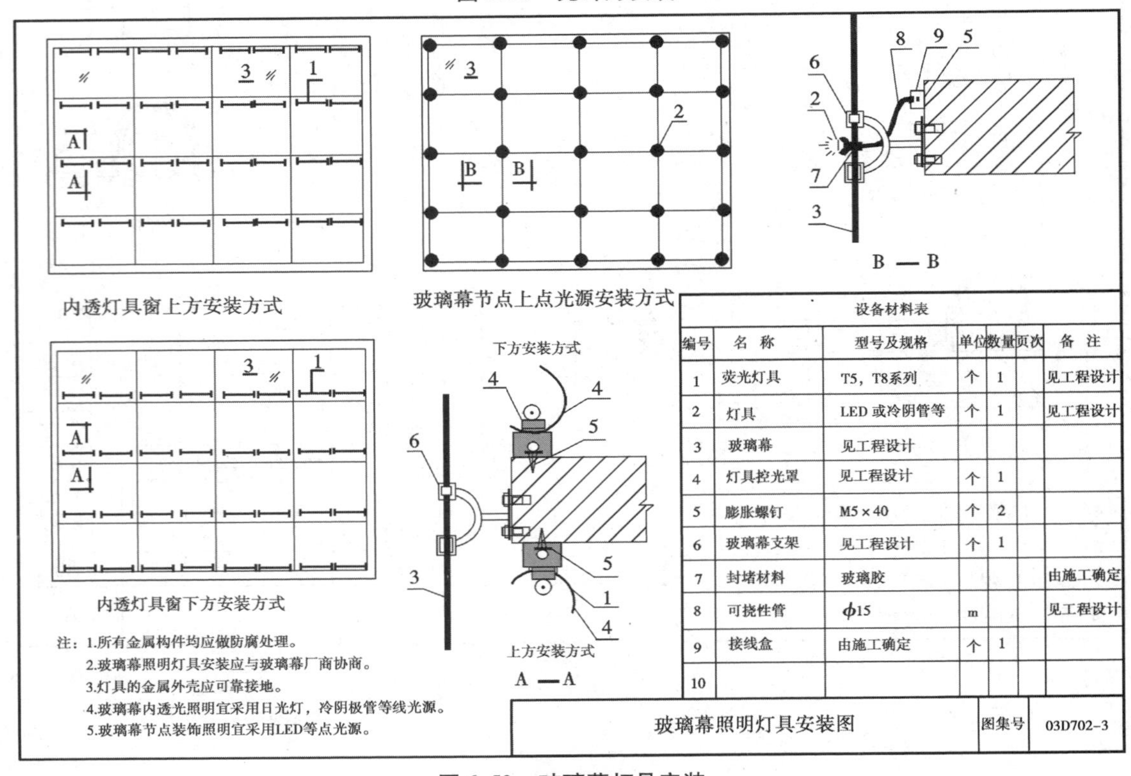


| 编号 | 名称 | 型号及规格 | 单位 | 数量 | 页次 | 备注 |
|---|---|---|---|---|---|---|
| 1 | 荧光灯具 | T5，T8系列 | 个 | 1 | | 见工程设计 |
| 2 | 灯具 | LED 或冷阴管等 | 个 | 1 | | 见工程设计 |
| 3 | 玻璃幕 | 见工程设计 | | | | |
| 4 | 灯具控光罩 | 见工程设计 | 个 | 1 | | |
| 5 | 膨胀螺钉 | M5×40 | 个 | 2 | | |
| 6 | 玻璃幕支架 | 见工程设计 | 个 | 1 | | |
| 7 | 封堵材料 | 玻璃胶 | | | | 由施工确定 |
| 8 | 可挠性管 | $\phi$15 | m | | | 见工程设计 |
| 9 | 接线盒 | 由施工确定 | 个 | 1 | | |
| 10 | | | | | | |

图 6.52　玻璃幕灯具安装

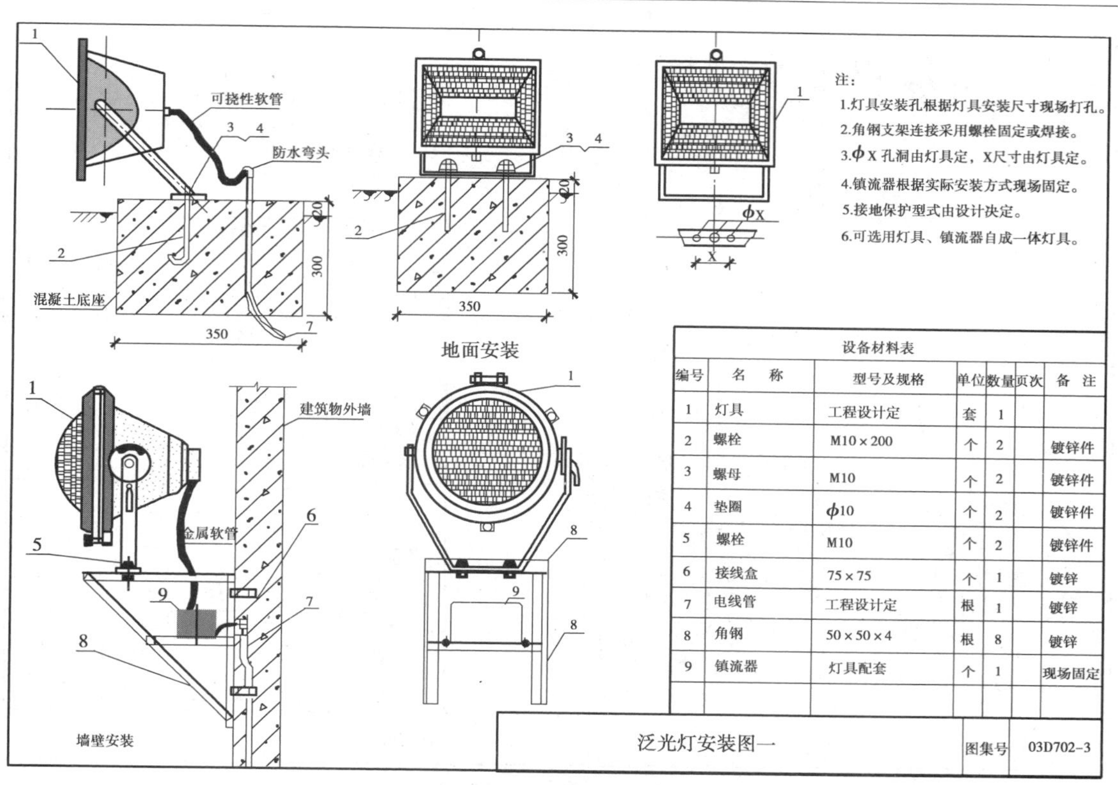


设备材料表

| 编号 | 名称 | 型号及规格 | 单位 | 数量 | 页次 | 备注 |
|---|---|---|---|---|---|---|
| 1 | 灯具 | 工程设计定 | 套 | 1 | | |
| 2 | 螺栓 | M10×200 | 个 | 2 | | 镀锌件 |
| 3 | 螺母 | M10 | 个 | 2 | | 镀锌件 |
| 4 | 垫圈 | φ10 | 个 | 2 | | 镀锌件 |
| 5 | 螺栓 | M10 | 个 | 2 | | 镀锌件 |
| 6 | 接线盒 | 75×75 | 个 | 1 | | 镀锌 |
| 7 | 电线管 | 工程设计定 | 根 | 1 | | 镀锌 |
| 8 | 角钢 | 50×50×4 | 根 | 8 | | 镀锌 |
| 9 | 镇流器 | 灯具配套 | 个 | 1 | | 现场固定 |

图 6.53　泛光灯灯具安装

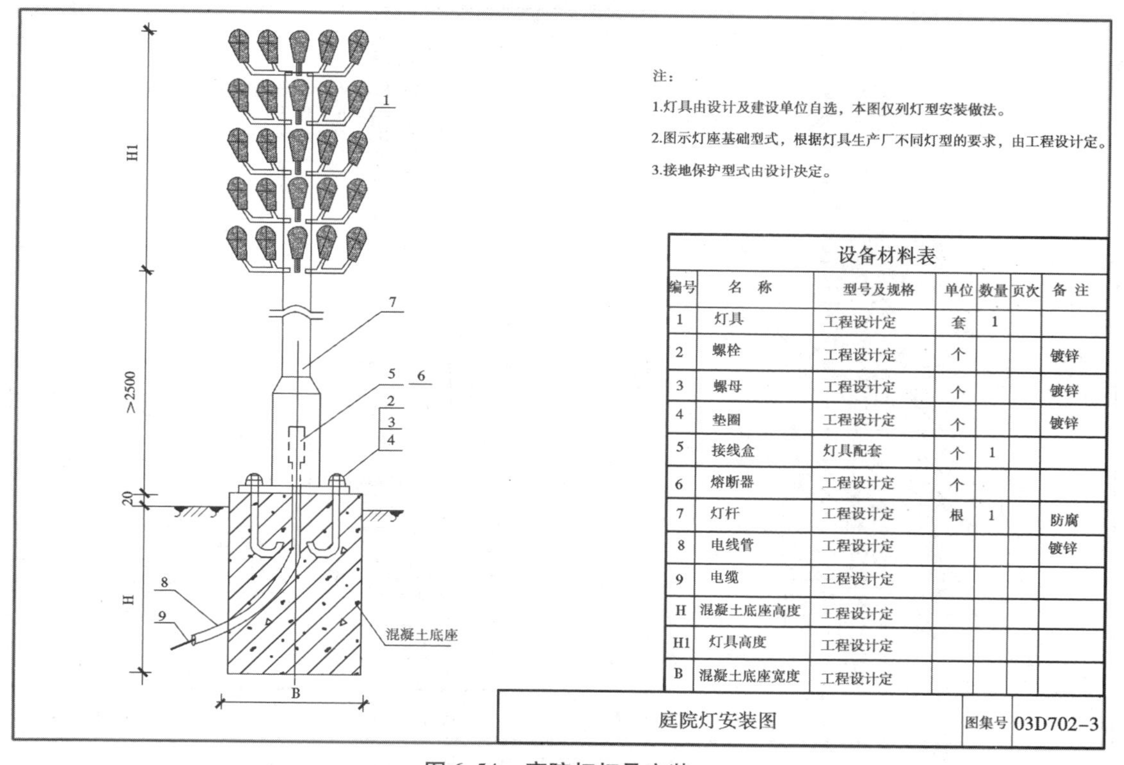


设备材料表

| 编号 | 名称 | 型号及规格 | 单位 | 数量 | 页次 | 备注 |
|---|---|---|---|---|---|---|
| 1 | 灯具 | 工程设计定 | 套 | 1 | | |
| 2 | 螺栓 | 工程设计定 | 个 | | | 镀锌 |
| 3 | 螺母 | 工程设计定 | 个 | | | 镀锌 |
| 4 | 垫圈 | 工程设计定 | 个 | | | 镀锌 |
| 5 | 接线盒 | 灯具配套 | 个 | 1 | | |
| 6 | 熔断器 | 工程设计定 | 个 | | | |
| 7 | 灯杆 | 工程设计定 | 根 | 1 | | 防腐 |
| 8 | 电线管 | 工程设计定 | | | | 镀锌 |
| 9 | 电缆 | 工程设计定 | | | | |
| H | 混凝土底座高度 | 工程设计定 | | | | |
| H1 | 灯具高度 | 工程设计定 | | | | |
| B | 混凝土底座宽度 | 工程设计定 | | | | |

图 6.54　庭院灯灯具安装

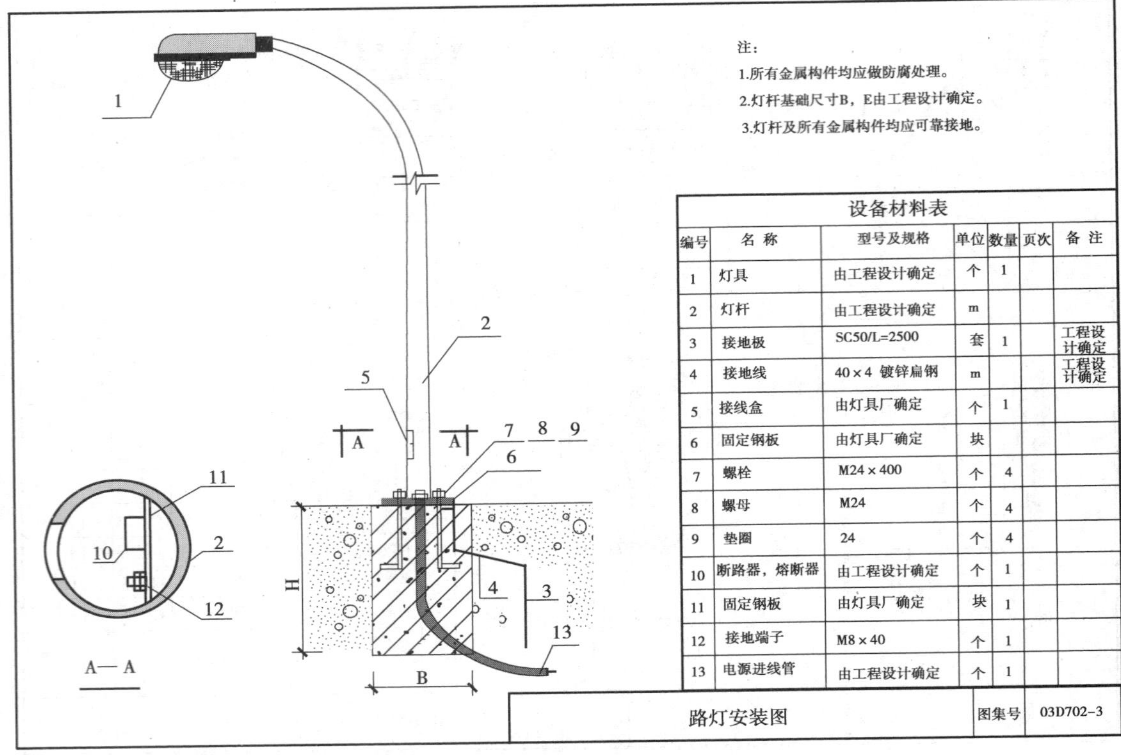


设备材料表

| 编号 | 名称 | 型号及规格 | 单位 | 数量 | 页次 | 备注 |
| --- | --- | --- | --- | --- | --- | --- |
| 1 | 灯具 | 由工程设计确定 | 个 | 1 | | |
| 2 | 灯杆 | 由工程设计确定 | m | | | |
| 3 | 接地极 | SC50/L=2500 | 套 | 1 | | 工程设计确定 |
| 4 | 接地线 | 40×4 镀锌扁钢 | m | | | 工程设计确定 |
| 5 | 接线盒 | 由灯具厂确定 | 个 | 1 | | |
| 6 | 固定钢板 | 由灯具厂确定 | 块 | | | |
| 7 | 螺栓 | M24×400 | 个 | 4 | | |
| 8 | 螺母 | M24 | 个 | 4 | | |
| 9 | 垫圈 | 24 | 个 | 4 | | |
| 10 | 断路器，熔断器 | 由工程设计确定 | 个 | 1 | | |
| 11 | 固定钢板 | 由灯具厂确定 | 块 | 1 | | |
| 12 | 接地端子 | M8×40 | 个 | 1 | | |
| 13 | 电源进线管 | 由工程设计确定 | 个 | 1 | | |

图 6.55　路灯灯具安装

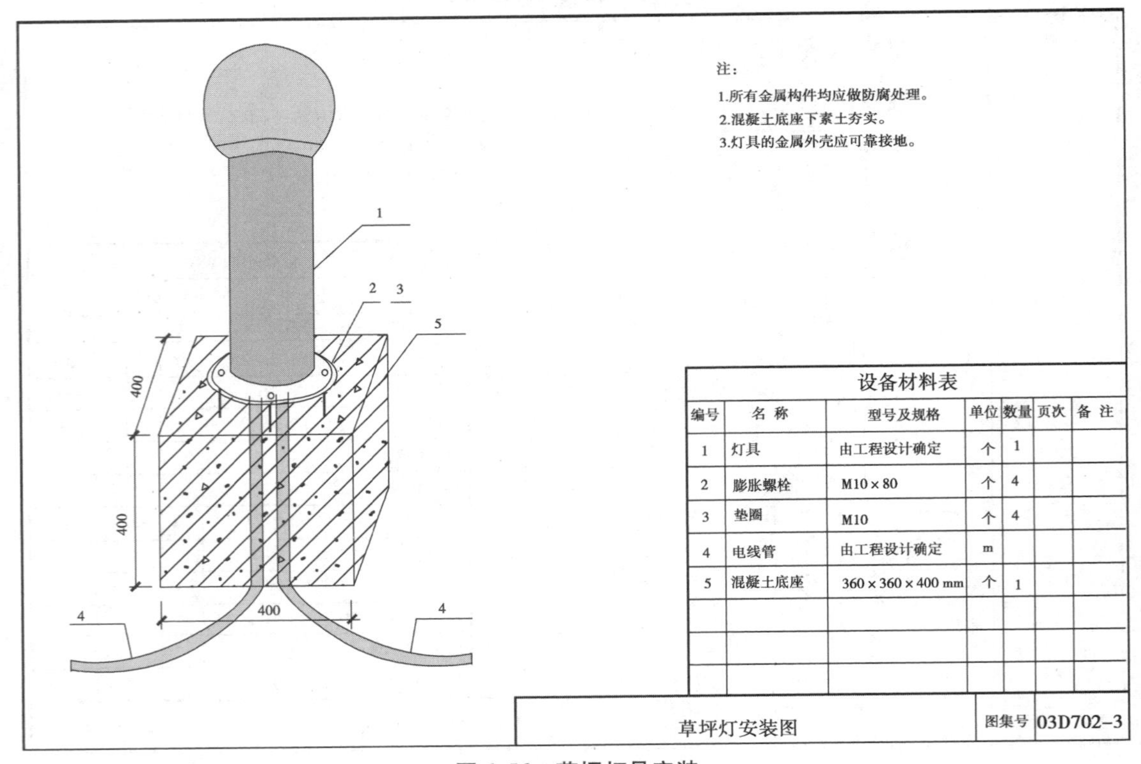


设备材料表

| 编号 | 名称 | 型号及规格 | 单位 | 数量 | 页次 | 备注 |
| --- | --- | --- | --- | --- | --- | --- |
| 1 | 灯具 | 由工程设计确定 | 个 | 1 | | |
| 2 | 膨胀螺栓 | M10×80 | 个 | 4 | | |
| 3 | 垫圈 | M10 | 个 | 4 | | |
| 4 | 电线管 | 由工程设计确定 | m | | | |
| 5 | 混凝土底座 | 360×360×400 mm | 个 | 1 | | |

图 6.56　草坪灯具安装

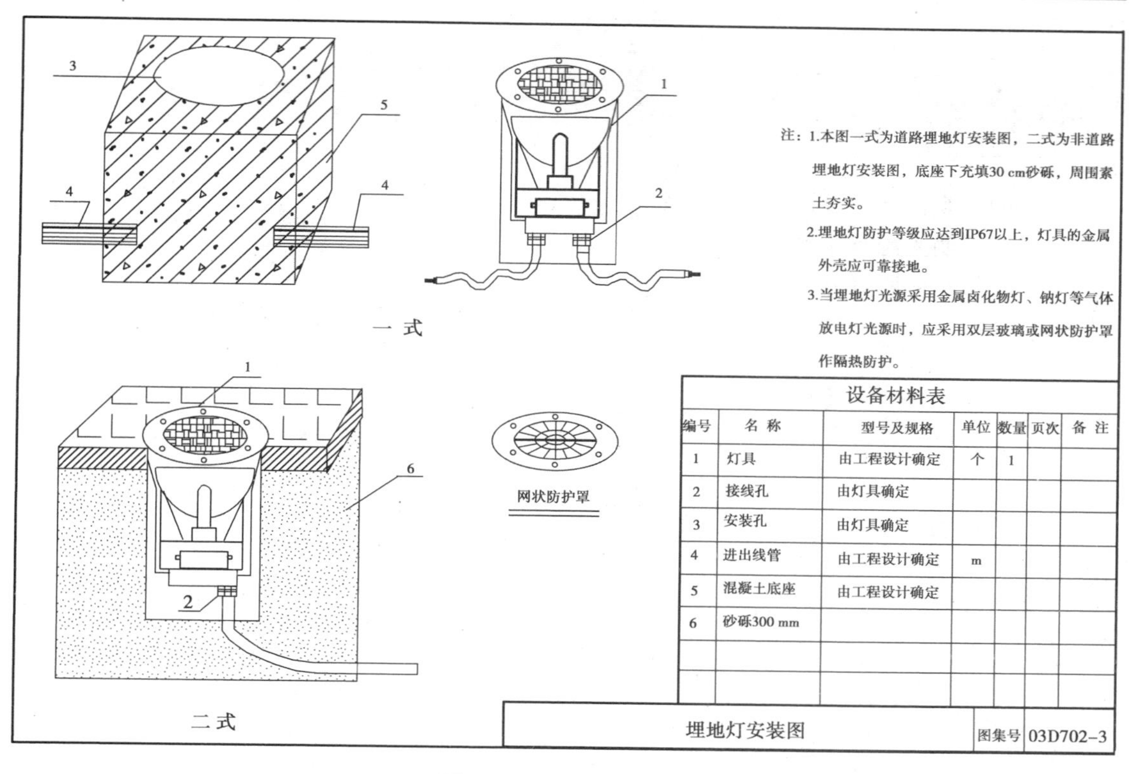


设备材料表

| 编号 | 名 称 | 型号及规格 | 单位 | 数量 | 页次 | 备 注 |
|---|---|---|---|---|---|---|
| 1 | 灯具 | 由工程设计确定 | 个 | 1 | | |
| 2 | 接线孔 | 由灯具确定 | | | | |
| 3 | 安装孔 | 由灯具确定 | | | | |
| 4 | 进出线管 | 由工程设计确定 | m | | | |
| 5 | 混凝土底座 | 由工程设计确定 | | | | |
| 6 | 砂砾300 mm | | | | | |
| | | | | | | |
| | | | | | | |

图 6.57　埋地灯具安装

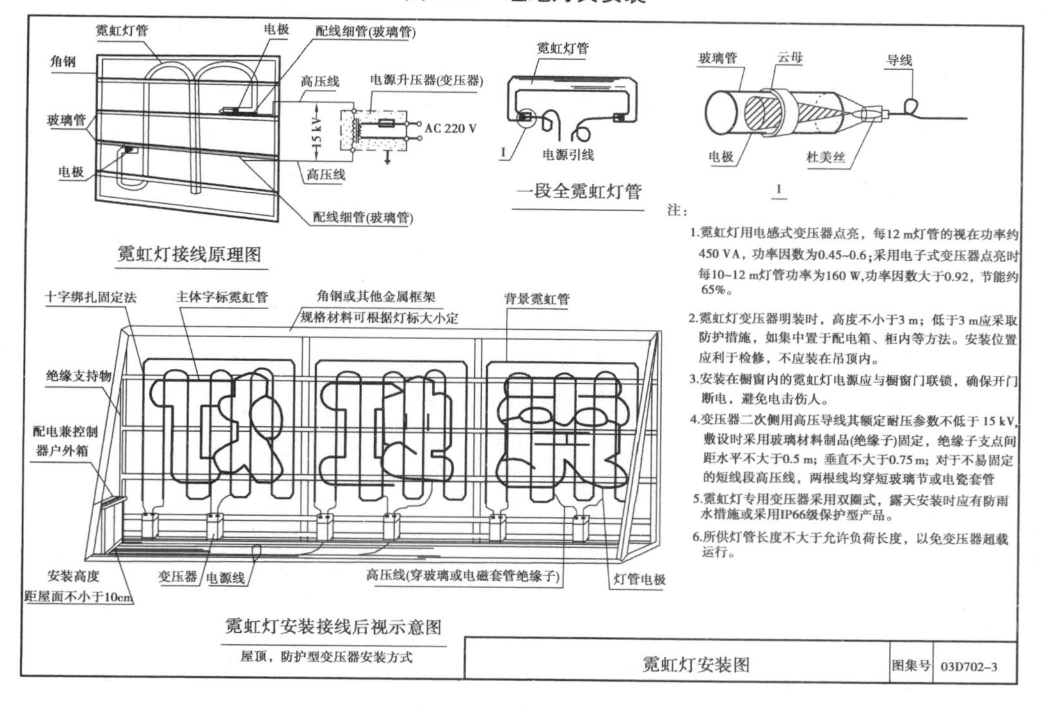


图 6.58　景观灯具安装示意图

## 思考题

1. 照明景观设计师设计原则是什么?
2. 景观照明光源有哪些?
3. 常见景观照明灯具有哪些?

# 景观围护设施构造

**本章导读**

景观维护设施是景观工程中必不可少的部分，而园林景观工程中的维护设施——景观墙、挡土墙和护坡运用较为广泛，本章将系统介绍这些内容的构造原理和构造措施，通过本章学习了解及掌握相关知识。

## 7.1 景观墙

景观中的墙有景墙、围墙等形式，它们只承受自重，建造的材料以砖、石、混凝土、金属为主。景墙和围墙一般分为基础、墙体、顶饰和面饰等几部分。构造设计图中，应明确标明主材和辅材（如水泥砂浆）的强度标号。如C20混凝土、M5水泥砂浆、M10烧结砖等。而用于抹灰的砂浆，是采用水灰比（体积比）来区分，例如1∶2水泥砂浆。

### 7.1.1 墙体基础

由于不承受其他荷载且自重较轻，围墙的基础断面较小，埋置于硬土或构筑物如挡土墙之上（图7.1）。

### 7.1.2 墙　体

为加强稳定性，墙体中间应间隔2 400～3 600 mm设置墙垛或柱，墙垛的平面尺寸符合砖或砌块的模数。墙体的高度一般为2 200～3 200 mm，厚度常为120 mm、180 mm、240 mm等几种。砌筑墙体常使用烧结砖、小型空心砖块。使用实心烧结砖，可砌筑成实心墙、空斗墙、漏花墙等多种形式，使用小型空心砌块时，应在墙垛处浇筑细石混凝土，并在孔洞中加设 $4\phi10\sim4\phi14$ 的钢筋。

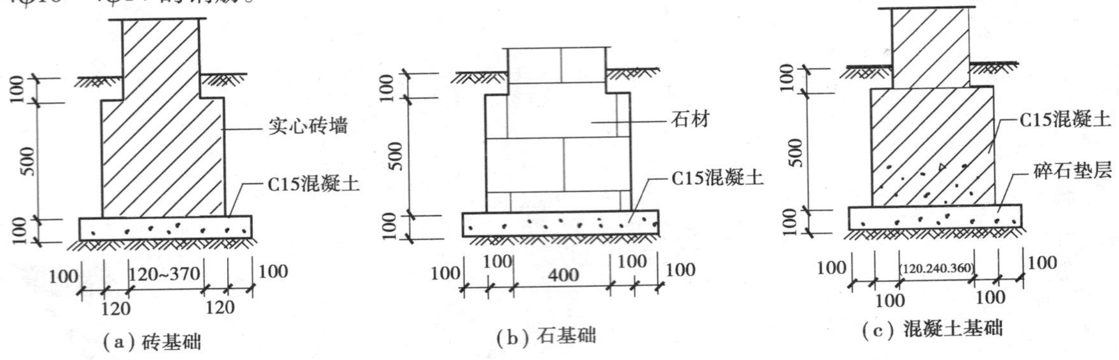


图7.1 墙体基础构造

## 7.1.3 顶 饰

顶饰指墙体的顶部装饰。顶饰的构造处理不仅考虑造型，还能保护墙体。

顶饰常采用抹灰工艺进行处理，或者以装饰砂浆、石子砂浆抹出各种装饰线脚，以及用瓦覆盖等。

## 7.1.4 墙面饰

墙面饰指墙面的装饰，一般有勾缝、抹灰、贴面、植物攀爬等构造类型。

(1)勾缝

勾缝指对砌体或饰面块材间的缝隙进行涂抹处理。常用的有麻丝砂浆、白水泥砂浆、细沙水泥浆等。勾缝的剖面形状有凸缝、平缝、凹缝、圆缝等类型(图7.2)，勾缝的立面样式，可做冰纹缝(一般做凹缝)、虎皮缝(一般做凸缝)、十字缝、十字错缝等多种形式(图7.3)。

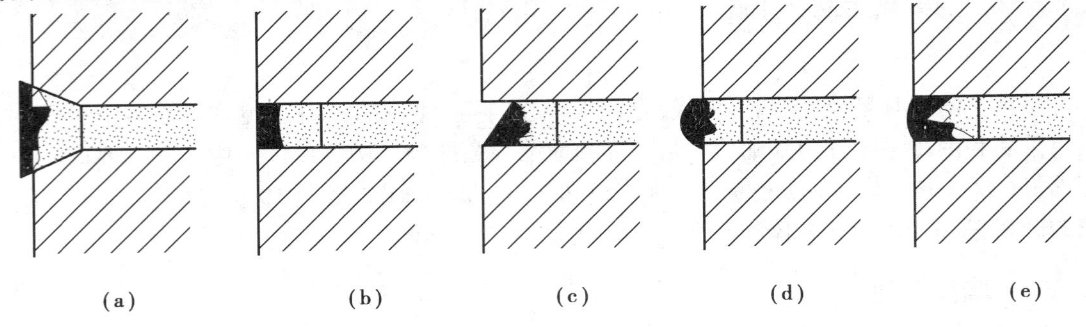


图7.2 砌体勾缝

(2)抹灰

抹灰指在墙体表面采用水泥混合砂浆、水泥砂浆或石子水泥砂浆，经过拉毛、搭毛、压毛、扯制浅脚、堆花，或采用喷砂、喷石、洗石、斩石、磨石等工艺处理，取得相应的材质效果。在抹灰层的表面，可以喷涂各种涂料，能够获得设计所需要的色彩效果。

(3)贴面

围墙和景墙的贴面材料种类很多,如青砖、劈裂石、劈裂砖、花岗石、大理石板、琉璃砖以及墙面雕塑块件等。

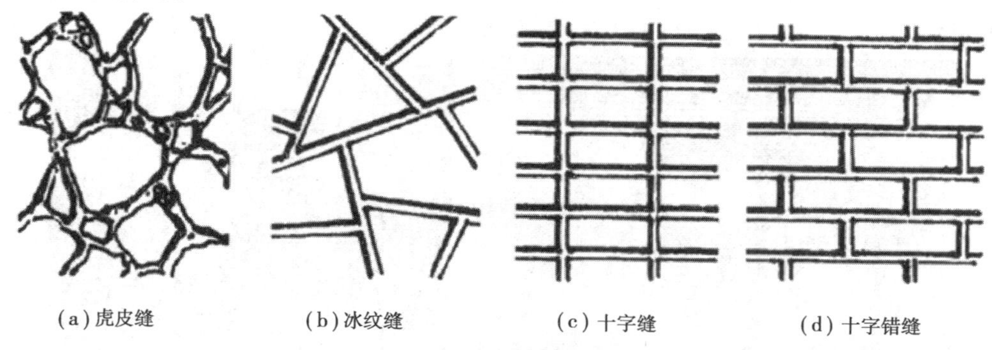

(a)虎皮缝　(b)冰纹缝　(c)十字缝　(d)十字错缝

图7.3　勾缝平面形式

(4)植物攀爬

在庭园的外围或建筑物周围常用珊瑚树、女贞、黄杨等木本植物绿化并形成墙的效果称为树墙。树墙和砖、石、水泥墙一样具有分隔空间、防尘、隔音、防火、防风、防寒、遮挡视线等效果和观赏效果。

很多庭园的园墙用水泥、砖石、铁栅栏等建筑材料做成各种花墙,最好在墙旁用紫藤、凌霄、常春藤、木香等藤本植物进行绿化,使墙面披以绿色外衣,生气倍增(图7.4、图7.5)。

图7.4　树墙

图7.5　花墙

### 7.1.5　墙窗洞口

园林意境的空间构思与创造,往往通过墙门(又称墙洞)、空窗(又称月洞)、墙窗(又称漏墙或花墙窗洞)等小品设施的设计作为空间的分隔,穿插,渗透,陪衬来增加景深变化,扩大空间,使方寸之地能小中见大,并在园林艺术上又巧妙地作为取景的画框,步移景异,遮移视线又成为情趣横溢的造园障景。

**1)墙门**

墙门(图7.6)仅有门框而没有门扇,其作用不仅引导游览、沟通空间,本身又成为园林中的装饰。通过墙门透视景物,可以形成焦点突出的框景。采取不同角度交错布置园墙、墙门,在强烈的阳光下会出现多样的光影变化。表现形式主要有曲线式、直线式和混合式三种。

墙门的净高设计在 2.1 m 以上较为合适(图 7.7),以免产生心理碰头的感觉。若还有车辆出入,其宽度应该考虑车辆的通行要求。用材上除砖石外可就地取材,直接采用茅草、藤、竹。木,树等较为朴素的自然材料。墙门的门框游人进出繁忙,易受碰挤磨损,需要配置坚硬耐磨的材料。

图 7.6　墙门

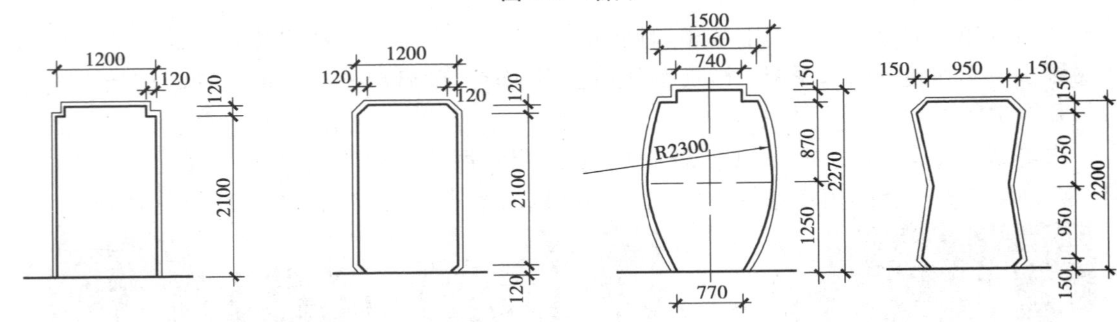


图 7.7　墙门立面举例

墙门门框的构造做法多样,可以根据具体情况进行选择,示例如图 7.8 所示。

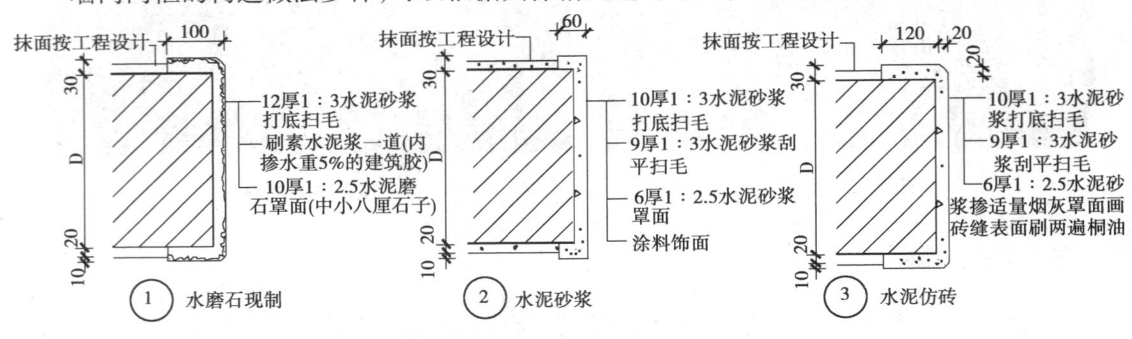


图 7.8　墙门门框的构造图举例

### 2)墙窗

景墙上设置的墙窗也是中国园林的一种装饰方法。墙窗不设窗扇,有六角、方胜、扇面、梅花、石榴等形状,常在墙上连续开设,形状不同,称为“什锦窗”。什锦窗,外形丰富多彩。以其功能不同可分为镶嵌窗(图 7.9)、漏窗(图 7.10)和夹樘窗(图 7.11)三种形式。

墙窗高度一般在 1.5 m 左右,与人眼视线相平,透过漏窗可隐约看到窗外景物,取得似隔非隔的效果,可用于面积小的园林,可以免除小空间的闭塞感,增加空间层次,做到小中见大。

江南宅园中应用很多。墙窗的常用尺寸如图 7.12、图 7.13 所示。

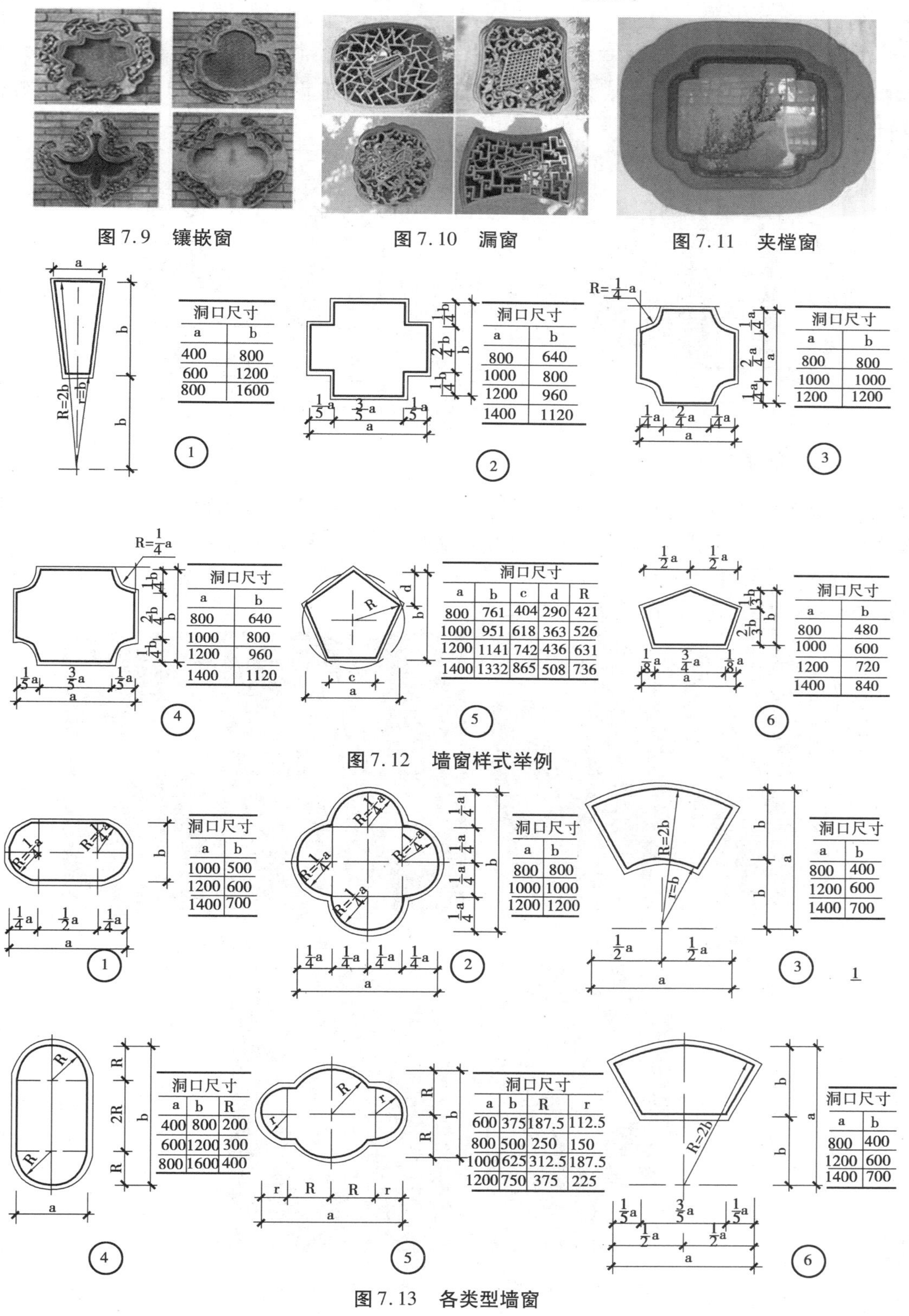

图 7.9 镶嵌窗

图 7.10 漏窗

图 7.11 夹樘窗

①

| 洞口尺寸 | |
|---|---|
| a | b |
| 400 | 800 |
| 600 | 1200 |
| 800 | 1600 |

②

| 洞口尺寸 | |
|---|---|
| a | b |
| 800 | 640 |
| 1000 | 800 |
| 1200 | 960 |
| 1400 | 1120 |

③

| 洞口尺寸 | |
|---|---|
| a | b |
| 800 | 800 |
| 1000 | 1000 |
| 1200 | 1200 |

④

| 洞口尺寸 | |
|---|---|
| a | b |
| 800 | 640 |
| 1000 | 800 |
| 1200 | 960 |
| 1400 | 1120 |

⑤

| 洞口尺寸 | | | | |
|---|---|---|---|---|
| a | b | c | d | R |
| 800 | 761 | 404 | 290 | 421 |
| 1000 | 951 | 618 | 363 | 526 |
| 1200 | 1141 | 742 | 436 | 631 |
| 1400 | 1332 | 865 | 508 | 736 |

⑥

| 洞口尺寸 | |
|---|---|
| a | b |
| 800 | 480 |
| 1000 | 600 |
| 1200 | 720 |
| 1400 | 840 |

图 7.12 墙窗样式举例

①

| 洞口尺寸 | |
|---|---|
| a | b |
| 1000 | 500 |
| 1200 | 600 |
| 1400 | 700 |

②

| 洞口尺寸 | |
|---|---|
| a | b |
| 800 | 800 |
| 1000 | 1000 |
| 1200 | 1200 |

③

| 洞口尺寸 | |
|---|---|
| a | b |
| 800 | 400 |
| 1200 | 600 |
| 1400 | 700 |

④

| 洞口尺寸 | | |
|---|---|---|
| a | b | R |
| 400 | 800 | 200 |
| 600 | 1200 | 300 |
| 800 | 1600 | 400 |

⑤

| 洞口尺寸 | | | |
|---|---|---|---|
| a | b | R | r |
| 600 | 375 | 187.5 | 112.5 |
| 800 | 500 | 250 | 150 |
| 1000 | 625 | 312.5 | 187.5 |
| 1200 | 750 | 375 | 225 |

⑥

| 洞口尺寸 | |
|---|---|
| a | b |
| 800 | 400 |
| 1200 | 600 |
| 1400 | 700 |

图 7.13 各类型墙窗

### 7.1.6 外墙变形缝

外墙变形缝其构造可参考标准图集《变形缝图集》(04CJ 01—3),其中构造方式较多,本文主要举例橡胶嵌平型(ER1),如图 7.14 所示。一般的工程项目每隔 10～20 m 长必须有 20 mm可伸缩的缝隙。

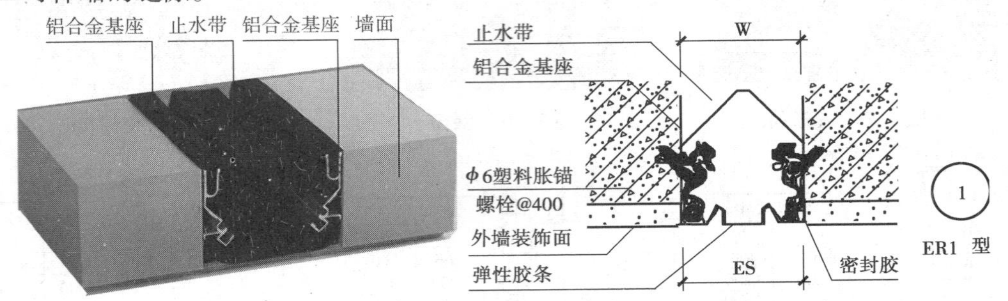


图 7.14 外墙变形缝 ER1 型(BA 型)构造图

### 7.1.7 景墙构造

在园林风景区、城市公园、居住小区景观中,在不同的景观节点中经常可以看到各式各样的景墙。景墙有隔断、划分、组织空间的作用,也有围合、标识、衬景的功能。有竹编墙(见图 7.15)、蚝壳墙(见图 7.16)等,按其材料与构造还可分为板筑墙(见图 7.17)、乱石墙(见图 7.18)、磨砖墙(见图 7.19)、白粉墙(见图 7.20)等。

图 7.15 竹编园墙

图 7.16 蚝壳墙

图 7.17 板筑墙

图 7.18 乱石墙

图7.19　磨砖墙

图7.20　白粉墙

以绿篱为背景,贴面饰面的景墙构造实例如图7.21、图7.22所示。

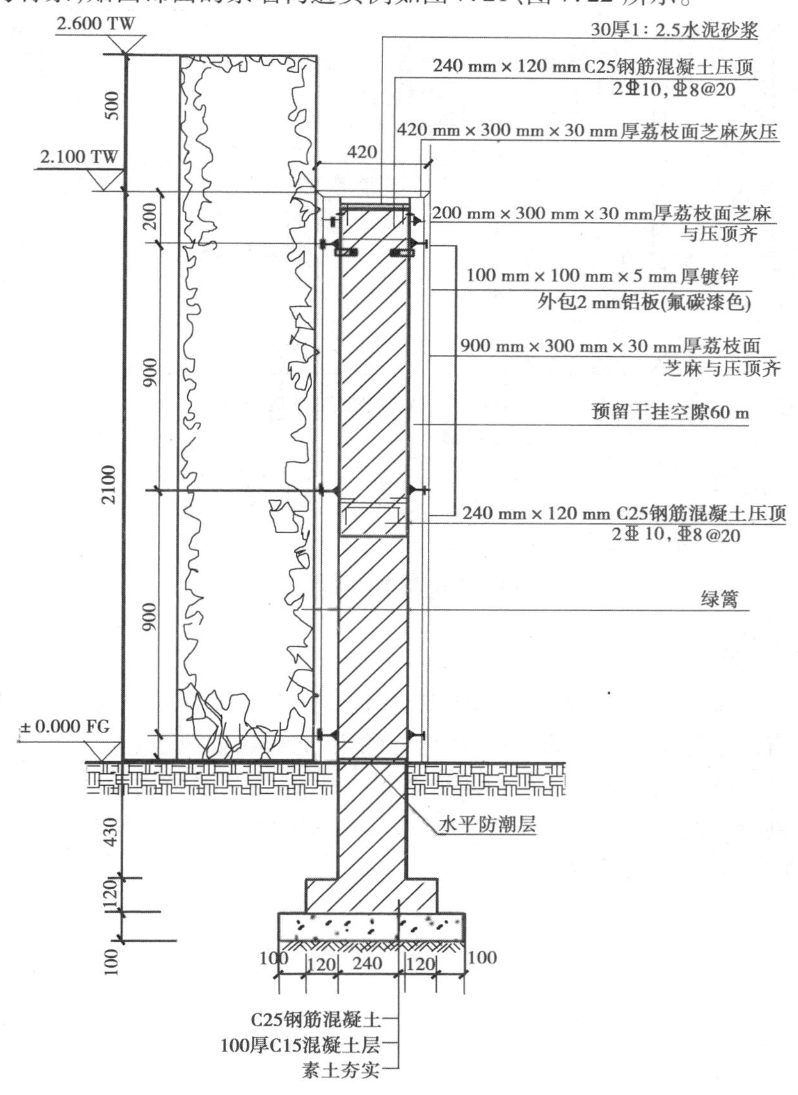


图7.21　景墙构造图1

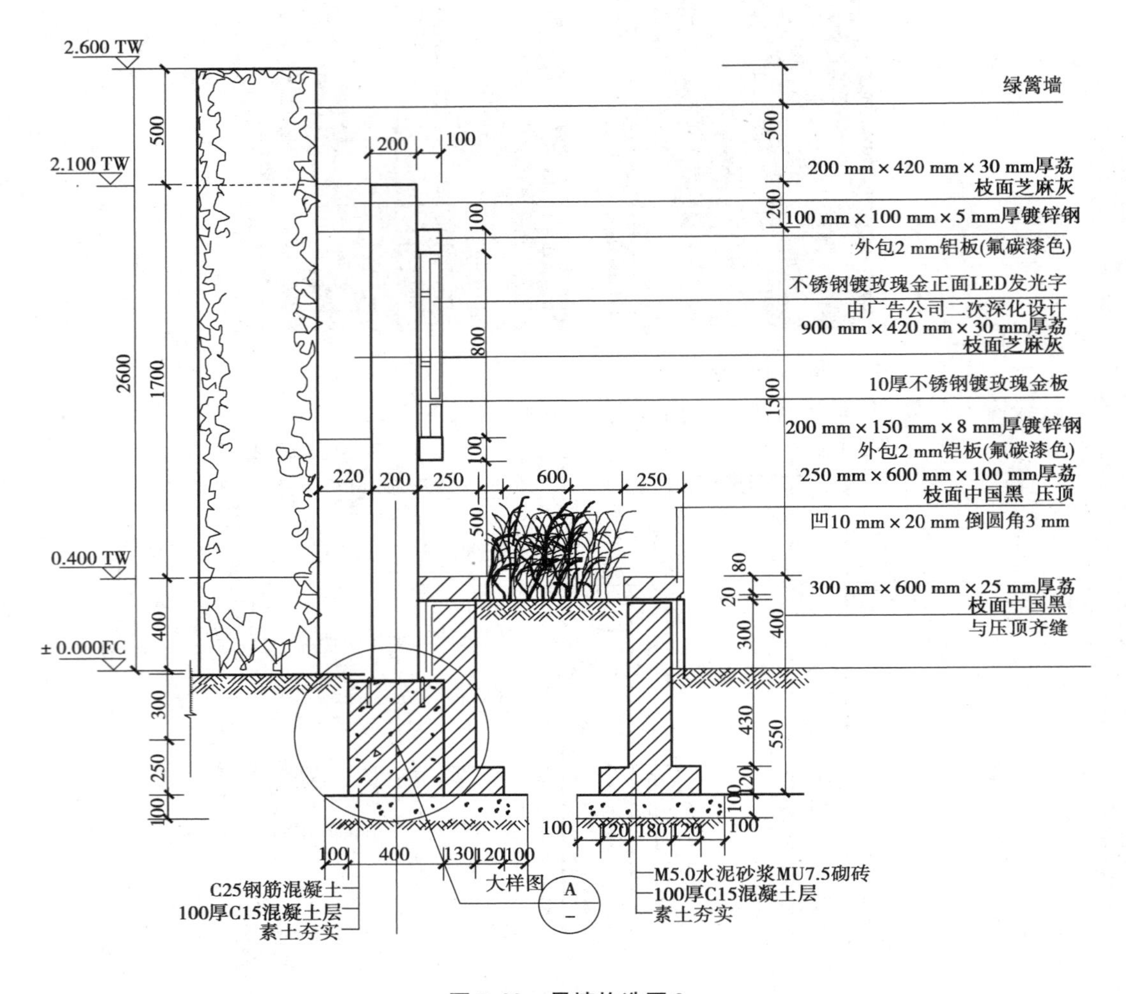


图 7.22　景墙构造图 2

## 7.1.8　围墙构造

围墙是指一种垂直向的空间隔断结构,用来围合分割或保护某一区域,一般都围着建筑体的墙。围墙有助于界定围合空间、遮挡场地外的不利因素,如风、噪声、视线不佳的景观,并提供安全感和私密感。围墙主要表现为两种类型:一种是作为园林周边、生活区的分隔围墙;另一种是园内划分空间、组织景色、安排导游而布置的围墙。这种情况在中国传统园林中是经常见到的,如图 7.23 和图 7.24 所示。

图 7.23 围墙 1

图 7.24 围墙 2

(1)竹木围墙

竹篱笆是过去最常见的围墙,现已很少采用。但有人设想过种一排竹子而加以编织,成为“活”的围墙(篱),则是最符合生态学要求的墙垣了,如图 7.25—图 7.27 所示。

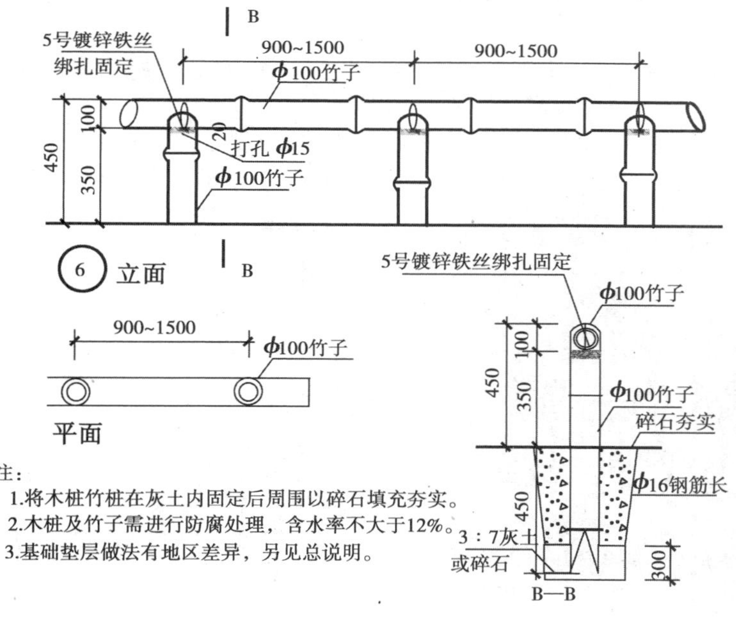


图 7.25 竹栏杆构造

图 7.26 竹子围墙

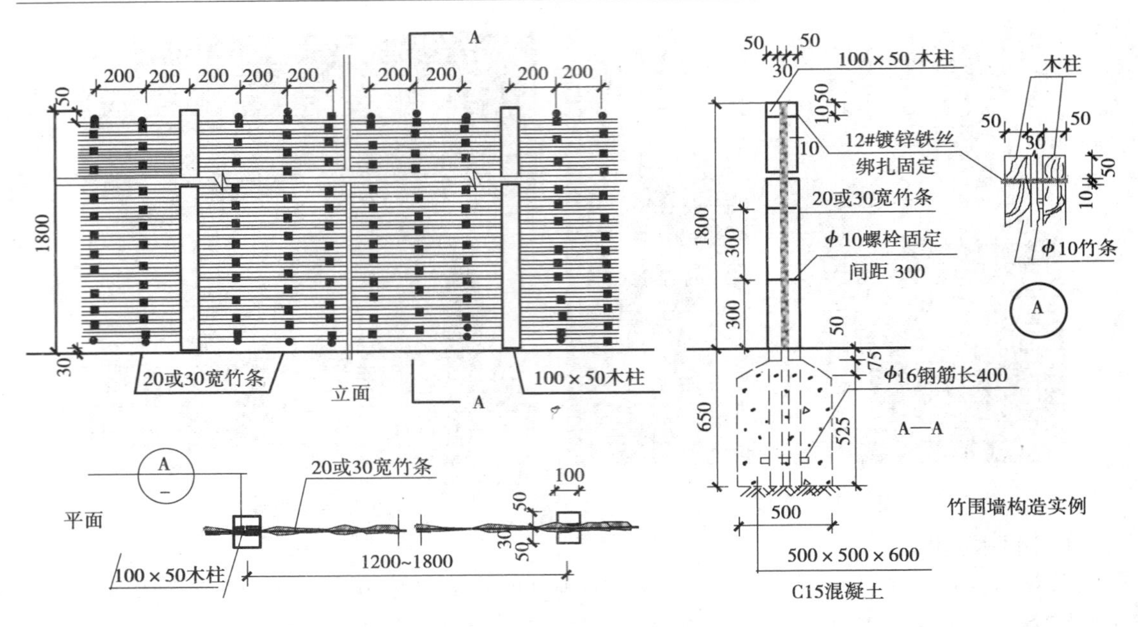


图 7.27 竹质围墙构造

(2)砖墙

墙柱间距 3～4 m,墙体中开各式漏花窗,是节约又易节施工、管养的办法。缺点是较为闭塞,如图 7.28 所示。

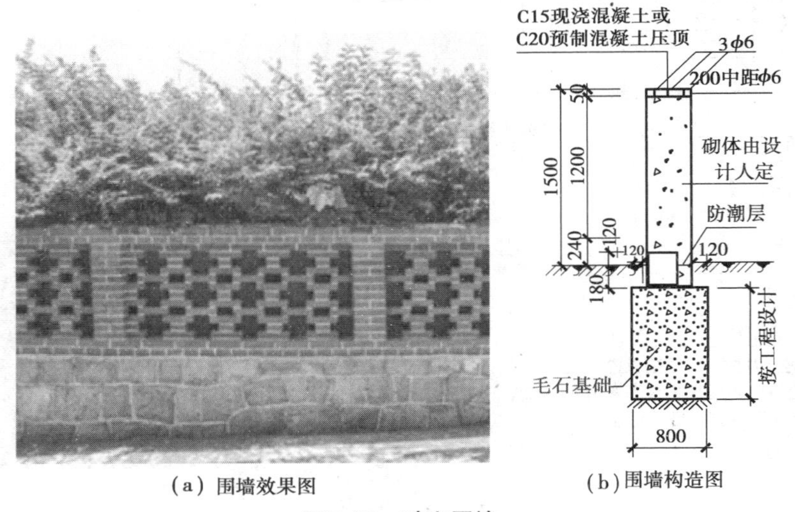


(a) 围墙效果图 (b)围墙构造图

图 7.28 砖砌围墙

(3)混凝土砌块围墙

一是以预制花格砖砌墙,花型富有变化但易爬越;二是用混凝土预制成片状,可透绿易管养。混凝土墙的优点是一劳永逸,缺点是不够通透,如图 7.29(a)所示。

(a) 围墙效果图

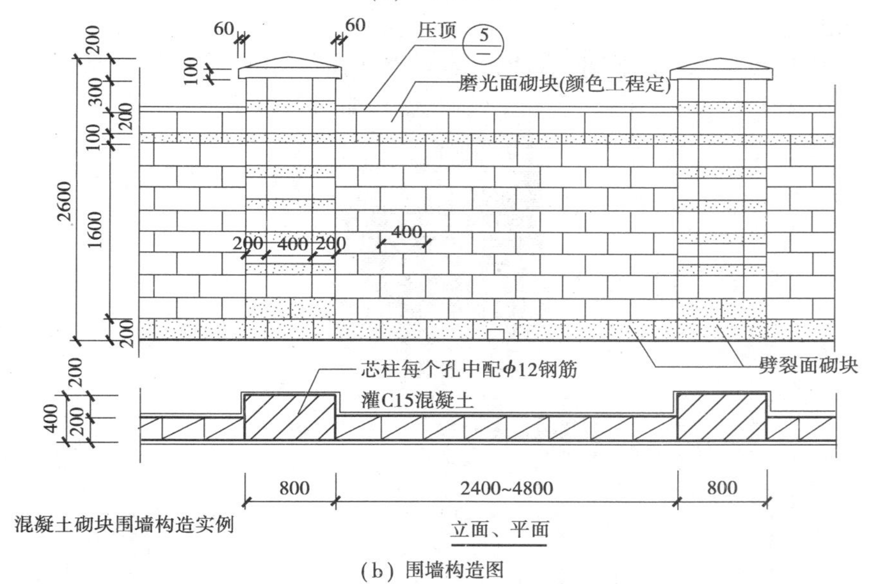


(b) 围墙构造图

**图 7.29 混凝土砌块围墙**

(4)金属围墙

金属围墙以型钢为材,断面有几种,表面光洁,性韧,易弯不易折断,缺点是每 2 ~3 年要油漆一次;以铸铁为材,可做各种花型,优点是不易锈蚀且价格不高,缺点是性脆又光滑度不够。购买时需注意所含成分不同,如锻铁、铸铝材料,质优而价高,常在局部花饰中或室内使用,还有各种金属网材,如镀锌、镀塑铅丝网、铝板网等。

现在往往把几种材料结合起来建造围墙。混凝土往往用作墙柱、勒脚墙。取型钢为透空部分框架,用铸铁为花饰构件。局部、细微处用锻铁、铸铝。围墙是长型构造物。长度方向要按要求设置伸缩缝,按转折和门位布置柱位,调整因地面标高变化的立面;横向则关及围墙的强度,影响用料的大小。利用砖、混凝土围墙的平面凹凸、金属围墙构的前后交错位置,实际上等于加大围墙的横向断面尺寸,可以免去墙柱,使围墙更自然通透[图 7.30(a)、图 7.30(b)]。

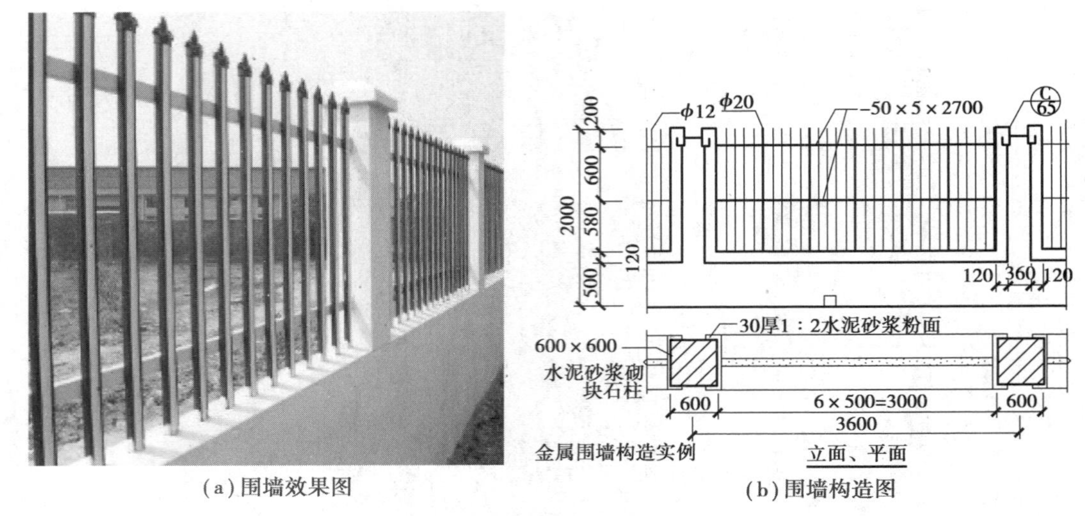


(a)围墙效果图　　(b)围墙构造图

图 7.30　混凝土及金属组合围墙

(5)绿化围墙

这种生机盎然的绿色围墙,不但占地少,省料省钱,而且在绿化美化市容市貌、减噪防尘、净化空气、调节温度等方面效果显著,颇受人们欢迎,如图 7.31 所示。

(a)围墙效果图

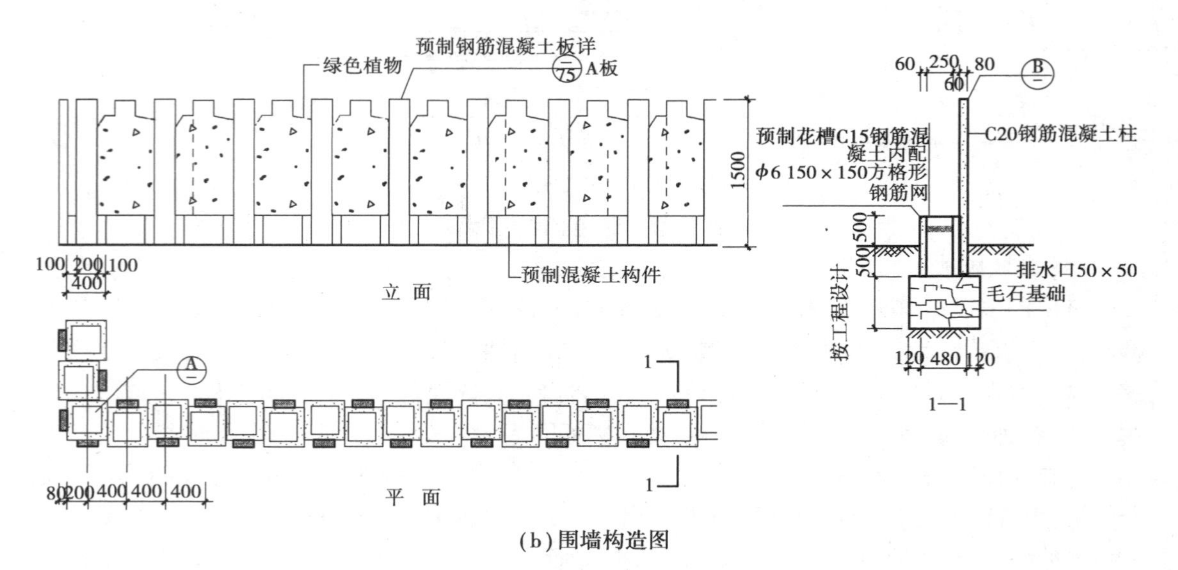


(b)围墙构造图

图 7.31　绿化围墙

# 7.2　挡土墙与护坡构造

## 7.2.1　挡土墙构造

小型挡土墙如花池一类(一般不超过 1 m 高),可由园林工程师或建筑师设计,而大型的可由结构工程师或岩土工程师设计。

(1)挡土墙分类

挡土墙的主要功能是在较高地面与较低地面之间充当泥土阻挡物,以防止陡坡坍塌。其建造材料为砌体块材、混凝土与钢筋混凝土等。结构类型有重力式、悬臂式、扶垛式、桩板式和砌块式等,如图 7.32 所示。

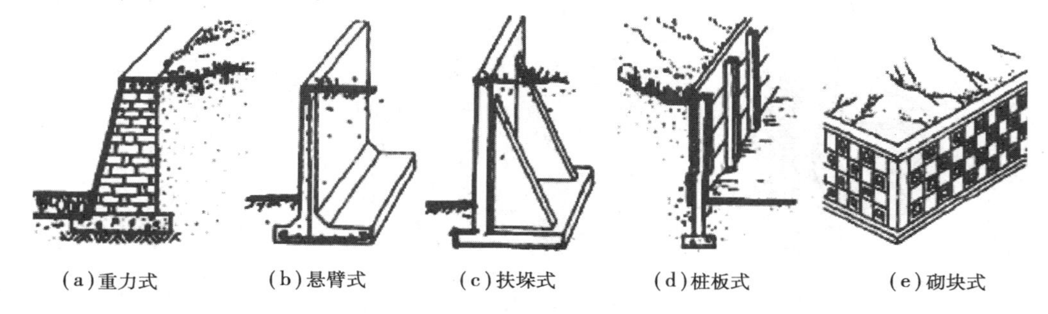


图 7.32　挡土墙类型

图 7.33　宾格笼挡土墙

还有现在较为生态的宾格笼挡土墙,格宾网是指由机编双绞合六边形金属网面构成箱型网笼,并由间隔 1 m 的隔板分成若干单元格,为了加强格宾网箱结构的强度,所有的面网板边端均采用直径更粗的钢丝,宾格笼挡土墙如图 7.33、图 7.34 所示。

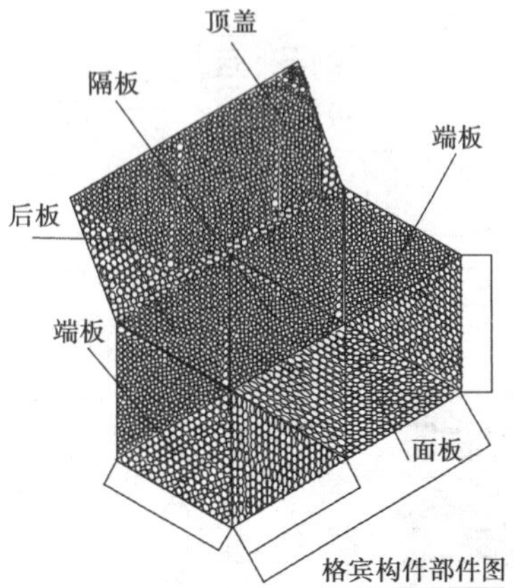

顶盖 隔板 端板 后板 端板 面板

格宾构件部件图

镀锌覆塑格宾细部构件图

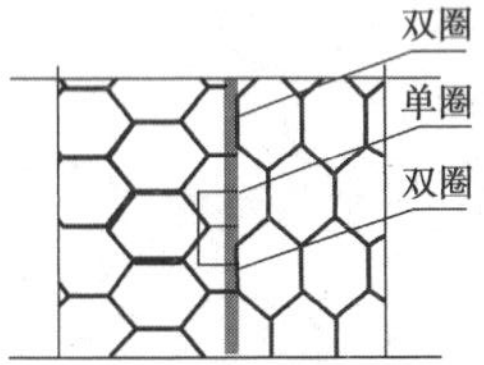

双圈 单圈 双圈

绞边示意图

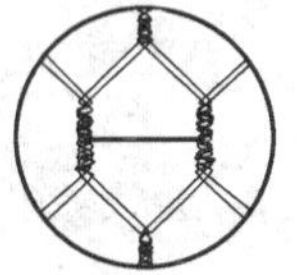

根据EN10233-3标准，张开的网格"D"是指两个连续的绞合钢丝轴心之间的距离。公差的确定是指两个连续的双绞合轴心之间的距离，取10个连续网格的平均值。

网孔示意图

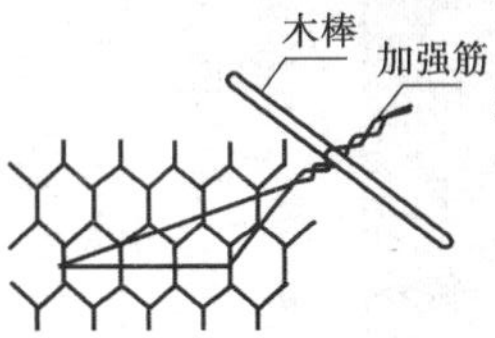

木棒 加强筋

面板加强筋操作示意图

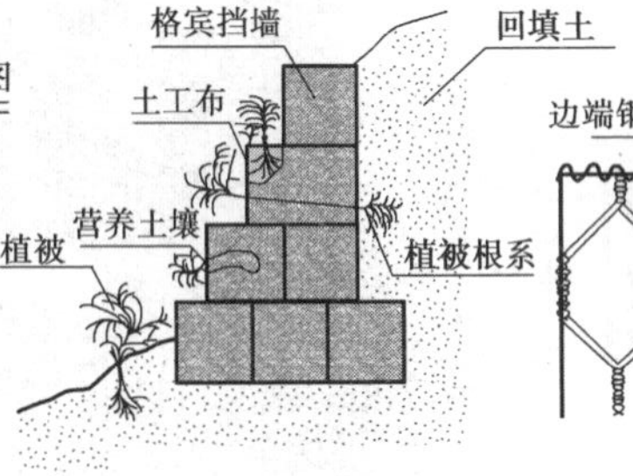

格宾挡墙 回填土 土工布 营养土壤 植被 植被根系

格宾挡墙面墙绿化图例

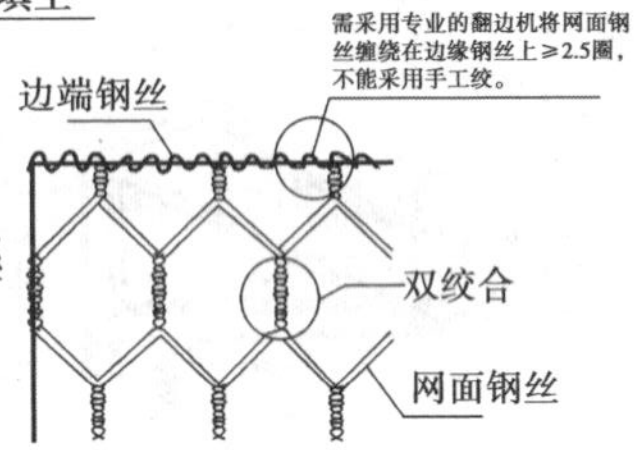

需采用专业的翻边机将网面钢丝缠绕在边缘钢丝上≥2.5圈，不能采用手工绞。

边端钢丝 双绞合 网面钢丝

机械翻边示意图

规格型号表

表1

| 规格型号 | $L$=长(m) | $W$=宽(m) | $H$=高(m) | 单元格数量 |
|---|---|---|---|---|
| G2×1×0.5ZnP | 2 | 1 | 0.5 | 2 |
| G3×1×0.5ZnP | 3 | 1 | 0.5 | 3 |
| G4×1×0.5ZnP | 4 | 1 | 0.5 | 4 |
| G1.5×1×1ZnP | 1.5 | 1 | 1 | 1 |
| G2×1×1ZnP | 2 | 1 | 1 | 2 |
| G3×1×1ZnP | 3 | 1 | 1 | 3 |
| G4×1×1ZnP | 4 | 1 | 1 | 4 |

网孔型号参数表

表2

| 产品名称 | 网孔型号 | $D$(mm) | 公差 | 网面钢丝 |
|---|---|---|---|---|
| 格宾 | 8×10 | 80 | +16%/-4% | 2.7/3.7 |

钢丝技术参数表

表3

| 钢丝类型 | 网面钢丝 | 边端钢丝 | 绑扎钢丝 |
|---|---|---|---|
| 钢丝直径(内径) mm | 2.7 | 3.4 | 2.0 |
| 钢丝直径(外径) mm | 3.7 | 4.4 | 3.0 |
| 钢丝直径公差(±)$\phi$mm | 0.06 | 0.07 | 0.05 |
| 最小镀锌量g/m² | 245 | 265 | 215 |

注：内径指的是覆塑前的线径，外径指的是覆塑后的线径。

覆塑技术参数表

表4

| 指标 | 技术要求 | 指标 | 技术要求 |
|---|---|---|---|
| 颜色 | 灰色 | 拉伸强度/MPa | ≥20 |
| 比重g/mm | 1.35~1.40 | 断裂伸长率/% | ≥200 |
| 邵氏A硬度 | 90~100 | 覆塑厚度/mm | 0.5 |

说明：

1.格宾(Gabion)是由特殊防腐处理的低碳钢丝经机器编织成的六边形双绞合钢丝网，在工厂做成符合工程要求的网箱结构，其具有更优于 EN10223-3标准中所述网箱的力学性能。在施工现场用石料填充格宾，用于建造如挡墙、河道固脚以及堤堰等结构，其结构具有柔性、透水性及整体性等特点。

2.格宾规格见表1，内部每间隔1m采用横隔板隔成独立的单元，根据施工现场情况组合使用。长度、宽度、高度公差±5%。网孔参数见表2。

3.钢丝厚镀锌覆塑防腐处理，其他具体指标见表3、表4,镀层的粘附力要求:当钢丝绕具有4倍钢丝直径的心轴6周时，用手指摩擦钢丝，其不会剥落或开裂，符合EN10223-3标准；

4.力学指标:网面抗拉强度头度为50kN/m，钢丝的抗张强度应在350~550 N/mm 之间，延伸率不能低于10%，符合EN10223-3标准；

5.翻边要求:网面裁剪后末端与边端钢丝的连接处是整个结构的薄弱环节，为加强网面与边端钢丝的连接强度，需采用专业的翻边机将网面钢丝缠绕在边端钢丝上≥2. 5圈，不能采用手工绞。详见图示。

6.绞边要求:钢丝必须采用与网面钢丝一样材质的钢丝，为保证连接强度需严格按照间隔10~15 cm单圈-双圈交替绞合。详见图示。

7.面墙加强筋要求:为了避免面板受压鼓出，每层格宾靠近外侧一面都需设置加强筋,每平方米面板均匀布置4根，具体布置和操作如图。

8.填充石料要求:坚硬、不易风化、不易水解、不易碎的卵石或者块石。格宾填充石料粒径以100~300 mm为宜。

9.为了加快绿化效果，宜在格宾面墙台阶上覆盖土层撒草籽，或者布设营养土工包种植适宜的植被，或者通过插枝(根系延伸到回填土)等方式进行绿化。

10.格宾的安装应在专业厂家的指导下进行。

图7.34 宾格笼挡土墙构造实例

格宾挡墙的特点如下：

①利用格宾网制作成长方形箱体内填装石料，分层堆砌，各箱体用扎丝连接，整体性好；

②抗压强度高，箱体内填石在外力作用下，受箱的限制，填体石之间越加密实；

③当地基变形和受到超设计侧向外力时，能够很好地适应地基变形，不会削弱整个结构；

④不易产生垮塌、断裂等破坏，柔性很好；

⑤墙体不需要设计排水孔，受地表水和地下水的影响，不容易产生破坏，透水性好；

⑥受施工质量和地基条件的限制小，耐久性好；

⑦墙体内可以由内向外生长植被，也可以在墙体内利用植生袋加快墙体绿化，对生态环境有利；

⑧经现场指导后，即可投入工作，对施工人员要求不高；

⑨质量容易控制；

⑩对填石强度、形状、大小要求一般，破坏后易维修，且工程造价适中。

(2)挡土墙泄水口

挡土墙应设泄水孔排水，孔的直径可为 20～40 mm，竖向每隔 1 500 mm 左右设一个，水平方向的间距为 2 000～3 500 mm，在迎水面当采用石粒堆码作过滤层。当墙面不允许设泄水孔时，则在墙身背面采用砂浆或贴面防水构造措施，并在墙脚设排水沟，如图 7.35 所示。挡土墙每隔 10～20 m，应设置伸缩缝，挡土墙的主体一般由结构工种设计。

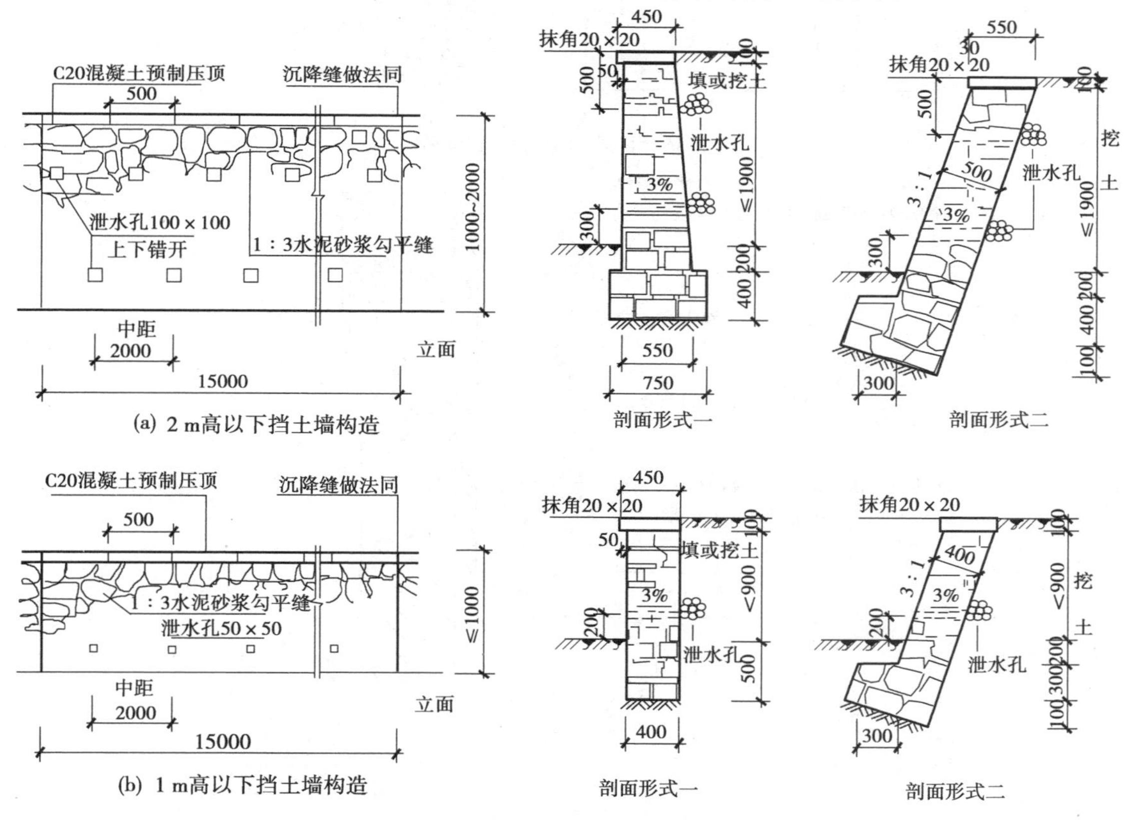

图 7.35 挡土墙排水

(3)景观挡土墙构造实例

某景观挡土墙构造实例如图7.36和图7.37所示。

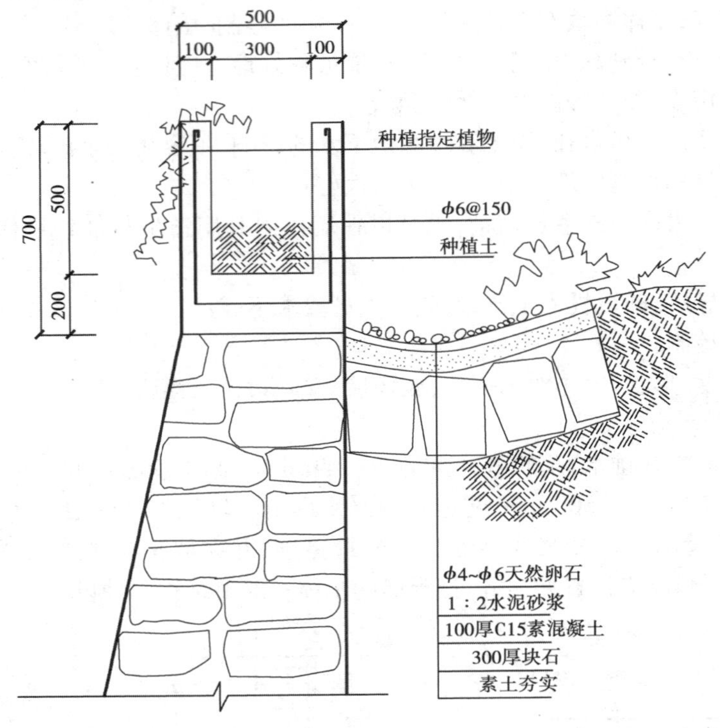


图7.36　景观挡土墙构造实例一

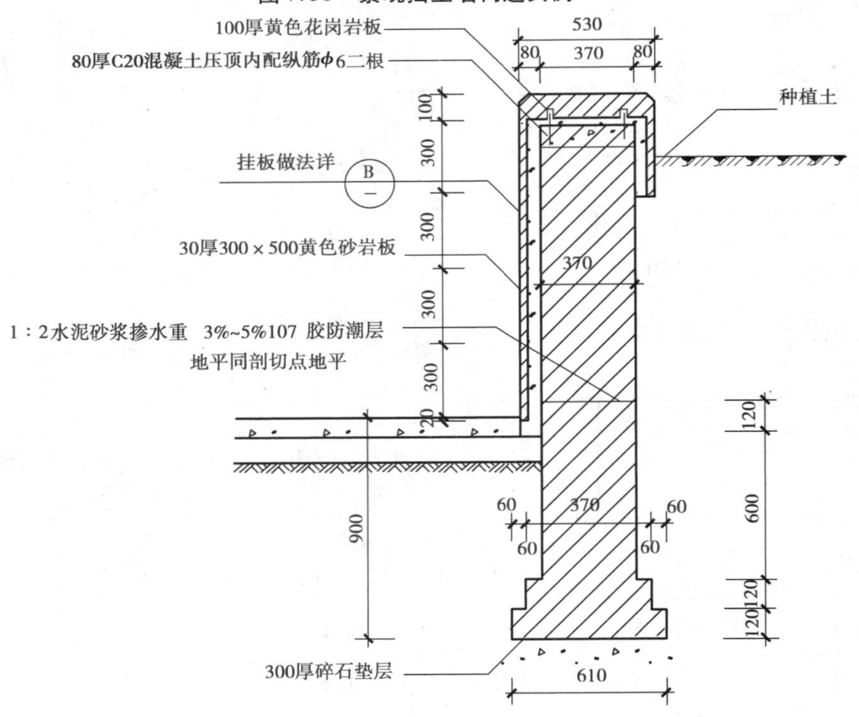


图7.37　景观挡土墙构造实例二

## 7.2.2　护坡构造

护坡指的是为防止边坡受冲刷,在坡面上所做的各种铺砌和栽植的统称。护坡的设计目的是防止坡面的风化和水力浸湿,一般不承受土压力;而挡土墙的作用是挡土,肯定要承受边坡的土压力。边坡防护现在很多都是下部挡土墙,上部护坡。另外,根据需要,护坡和挡墙上下(包括中间)可能需要修筑排水沟,保证护坡和挡墙的稳定性。

园林护坡的类型主要有:草皮护坡、灌丛护坡、花坛护坡、石钉护坡、预制框格护坡和截水沟护坡。

根据护坡的功能可将其概分为两种:一种为抗风化及抗冲刷的坡面保护工程,该保护工程并不承受侧向土压力,如喷混凝土护坡,格框植生护坡,植生护坡等均属此类,仅适用于平缓且稳定无滑动之虞的边坡上。另一种为提供抗滑力的挡土护坡(挡土墙)。

常见的护坡工程有:干砌片石和混凝土砌块护坡、浆砌片石和混凝土护坡、格状框条护坡、喷浆和混凝土护坡、铺固法护坡等。

(1)边坡绿化

边坡绿化是一种新兴的能有效防护裸露坡面的生态护坡方式,它与传统的土木工程护坡(钢筋铀杆支护、挂网、格构等)相结合,可有效地实现坡面的生态植被恢复与防护。不仅具有保持水土的功能,还可以改善环境和景观,提高保健、文化水平。边坡绿化主要分为:陡峭边坡绿化和缓边坡绿化;土质边坡绿化和石质边坡绿化(图7.38、图7.39)。

边坡绿化的环保意义十分明显,边坡绿化可美化环境,涵养水源,防止水土流失和滑坡,净化空气。对于石质边坡而言,边坡绿化的环保意义尤其突出。

图7.38　灌木边坡绿化

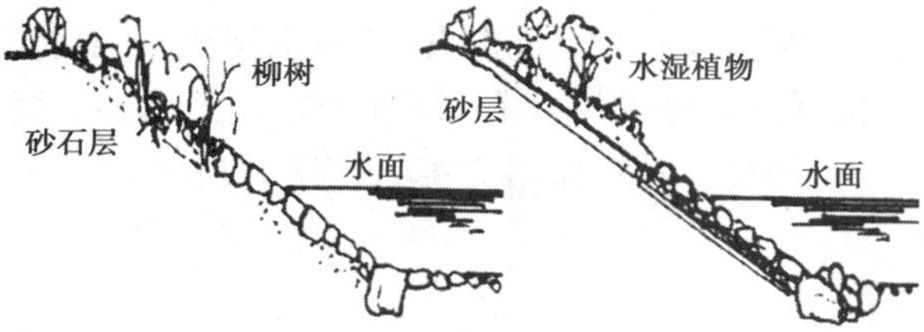

柳树
砂石层
水面
水湿植物
砂层
水面

图7.39　灌木护坡构造

(2)格状框条护坡

格状框条护坡用预制构件在现场装配或在现场直接浇制混凝土和钢筋混凝土，修成格式建筑物，格内可进行植被防护。为防止滑动，应固定框格交叉点或深埋横向框条。适用于泥岩、灰岩、砂岩等岩质路堑边坡，以及土质或沙土质道路边坡、堤坡、坝坡等稳定边坡，坡率不陡于1∶1.0。坡率超过1∶1时慎用。每级坡高不超过10 m，如图7.40、图7.41所示。

图7.40 格状框条护坡

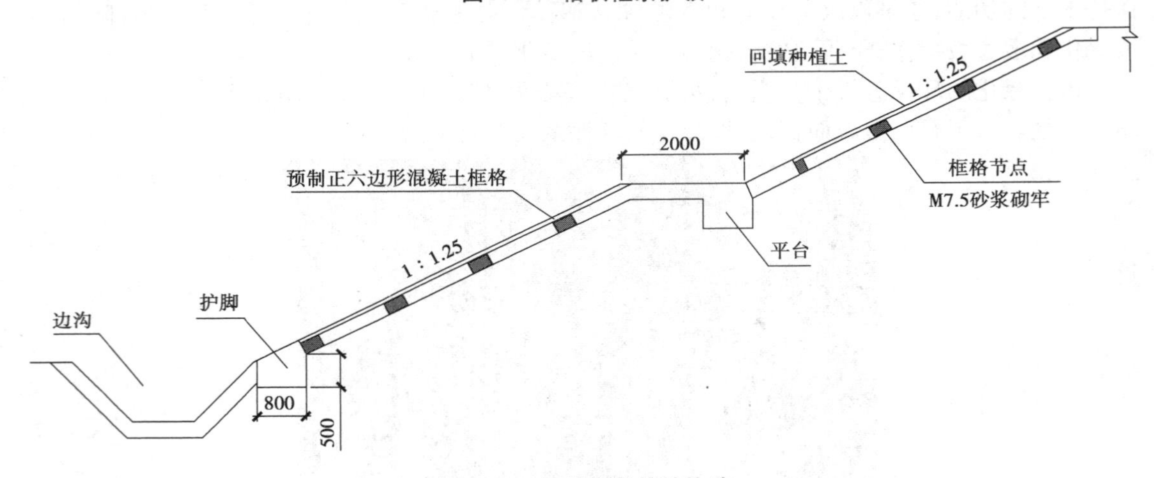


图7.41 格状框条护坡构造

(3)浆砌石护坡

浆砌片石常用作路基工程中挡土墙或是一些公路的护坡，是采用砂浆与毛石料砌筑的砌体结构，石料属不规则形状，短边厚度15 cm左右，有时也用块石，具体看毛石的形状尺寸，没有明确的划分界限，一般接近长方体的为片石，接近正方体为块石。浆砌片石护坡可以防止岩石风化和水流冲刷，适用于较缓的坡，如图7.42、图7.43所示。

图 7.42 浆砌石护坡

(4)植物护坡

造林护坡:对坡度 10° ~ 20°,在南方坡面土层厚 15 cm 以上、北方坡面土层厚 40 cm 以上、立地条件较好的地方,采用造林护坡;种草护坡:对坡比小于 1.0:1.5,土层较薄的沙质或土质坡面,可采取种草护坡工程;种草护坡应先将坡面进行整治,并选用生长快的低矮钢伏型草种。种草护坡应根据不同的坡面情况,采用不同的方法。一般土质坡面采用直接播种法;密实的土质边坡上,采取坑植法;在风沙坡地,应先设沙障,固定流沙,再播种草籽。种草后 1 ~2年内,进行必要的封禁和抚育措施,如图 7.44、图 7.45 所示。

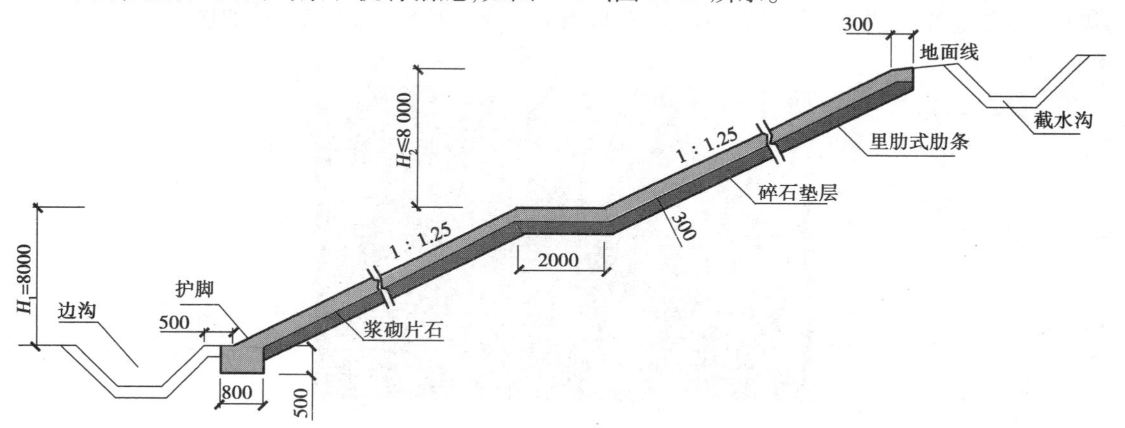


图 7.43 浆砌石护坡构造

图 7.44 草皮护坡

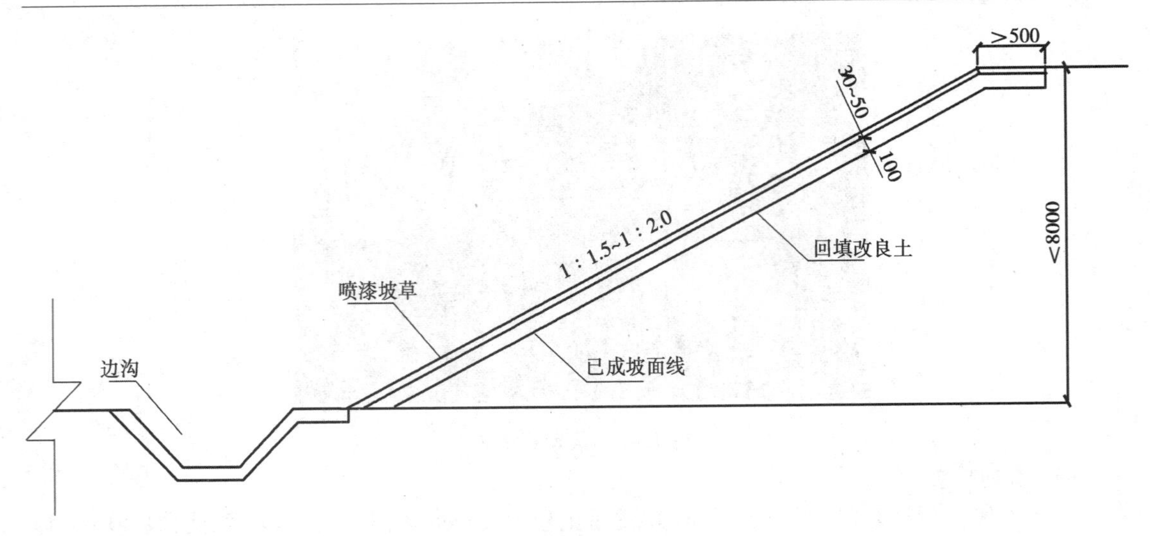


图 7.45　草皮护坡构造

(5)干砌石护坡

坡面较缓(1.0∶2.5～1.0∶3.0)、受水流冲刷较轻的坡面,采用单层干砌块石护坡或双层干砌块石护坡。坡面有涌水现象时,应在护坡层下铺设 15 cm 以上厚度的碎石、粗砂或砂砾作为反滤层。扣顶用平整块石砌护。干砌石护坡的坡度,根据土体的结构性质而定,土质坚实的砌石坡度可陡些,反之则应缓些。一般坡度 1.0∶2.5～1.0∶3.0,如图 7.46、图 7.47 所示。

图 7.46　干砌石护坡

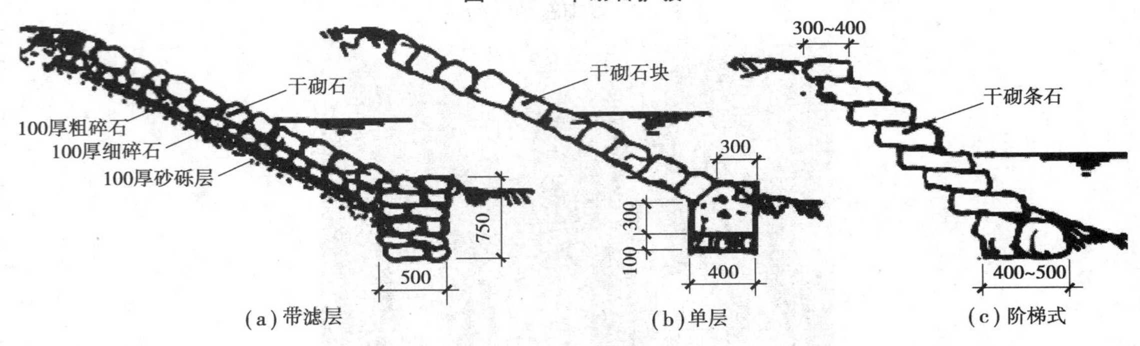


图 7.47　干砌石护坡构造

图 7.48 喷混凝土护坡

(6)混凝土护坡

在边坡坡脚可能遭受强烈洪水冲刷的陡坡段,采取混凝土(或钢筋混凝土)护坡,必要时需加铀固定。边坡介于 1.0∶1.0～1.0∶0.5 的、高度小于 3 m 的坡面,用一般混凝土砌块护坡。砌块长宽各 30～50 cm;边坡陡于 1.0∶0.5 的,用钢筋混凝土护坡。坡面有涌水现象时,用粗砂、碎石或砂砾等设置反滤层。涌水量较大时,修筑盲沟排水。盲沟在涌水处下端水平设置,宽 20～50 cm,深 20～40 cm,如图 7.48、图 7.49 所示。

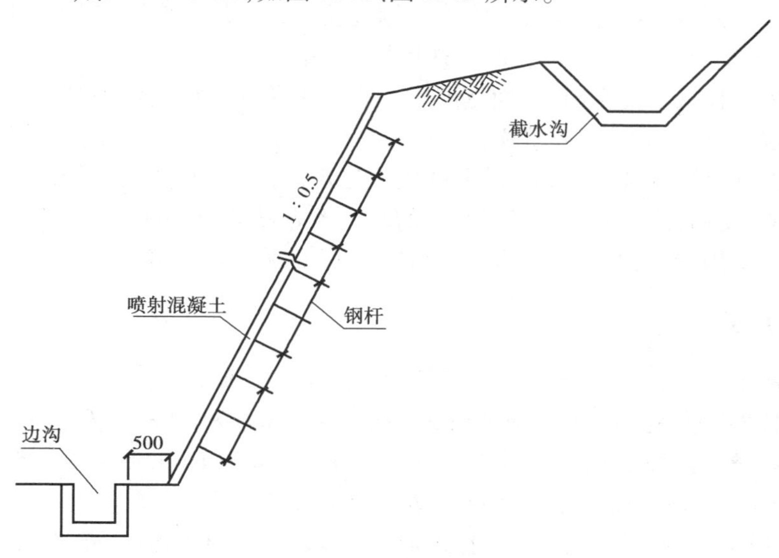


图 7.49 喷混凝土护坡构造

## 7.3 栏杆、栏板和扶手构造

### 7.3.1 楼梯栏杆的基本要求

楼梯栏杆(或栏板)和扶手是上下楼梯或踏步的安全设施,也是建筑中装饰性较强的构件。在设计中,应满足以下基本要求:

①人流密集场所梯段或台阶高度超过 750 mm 时,应设栏杆。

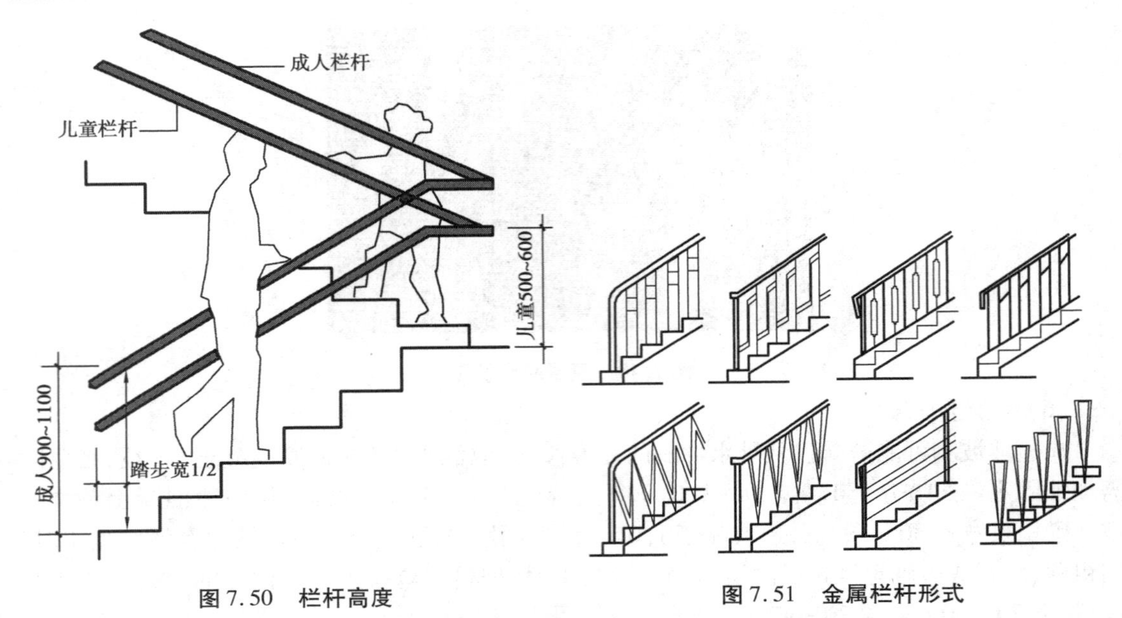


图 7.50　栏杆高度

图 7.51　金属栏杆形式

②梯段净宽在两股人流以下的，在临空一侧设扶手；梯段净宽达三股人流时应两侧加扶手（其中一个在墙面上），达四股人流时宜加设中间扶手。

③一般室内楼梯扶手高度（自踏面宽度中心点量起至扶手面的竖向高度）为 900 mm，供儿童使用的高度为 600 mm。室外楼梯栏杆扶手高度不应小于 1 100 mm，如图 7.50 所示。

④有少年儿童活动的场所，如幼儿园、住宅等建筑，为防止儿童穿过栏杆空当发生危险事故，栏杆应采用不易攀登的构造，垂直栏杆间的净距不应大于 110 mm。

⑤栏杆应以坚固、耐久的材料制作，必须具有一定的强度和刚度。

### 7.3.2　栏杆形式

楼梯栏杆的形式一般有空花栏杆、实心栏板和组合式栏板 3 种。

①空花栏杆多用方钢、圆钢、扁钢等型材焊接或铆接成各种图案。既起防护作用，又有一定的装饰效果。常用栏杆断面尺寸：圆钢 Φ16 ~ Φ25；方钢 15 mm × 15 mm ~ 25 mm × 25 mm；扁钢（30 ~ 50）mm ×（3 ~ 6）mm；钢管 Φ20 ~ Φ50，如图 7.51 所示。

②实心栏板多用于钢筋混凝土、加筋砖砌体、有机玻璃、不锈钢栏板、安全玻璃（夹胶玻璃）和钢化玻璃等制作。砖砌栏板厚度为 60 mm 时，外侧需要钢筋网加固，再将钢筋混凝土扶手与栏板连成一个整体。现浇钢筋混凝土楼梯栏板可与楼梯段现浇成为整体。

③组合式栏板是将空花栏杆与实心栏板组合而成。空花栏杆可用金属材料制成，栏板部分可用砖砌、石材、有机玻璃、安全玻璃（夹胶玻璃）和钢化玻璃等制成。

### 7.3.3　栏杆与楼梯段的连接

栏杆与楼梯段应有可靠的连接，连接的方法有：

①预埋铁件焊接，将栏杆的立杆与楼梯段中预埋的钢板或套管焊接在一起。

②预留孔洞嵌固，将栏杆的立杆端部做成开脚或倒刺插入楼梯段预留的孔洞后，再用细石混凝土填实。

③螺栓连接,用螺栓将栏杆固定在梯段上,用板底螺母栓紧贯穿踏板的栏杆,如图 7.52 所示。

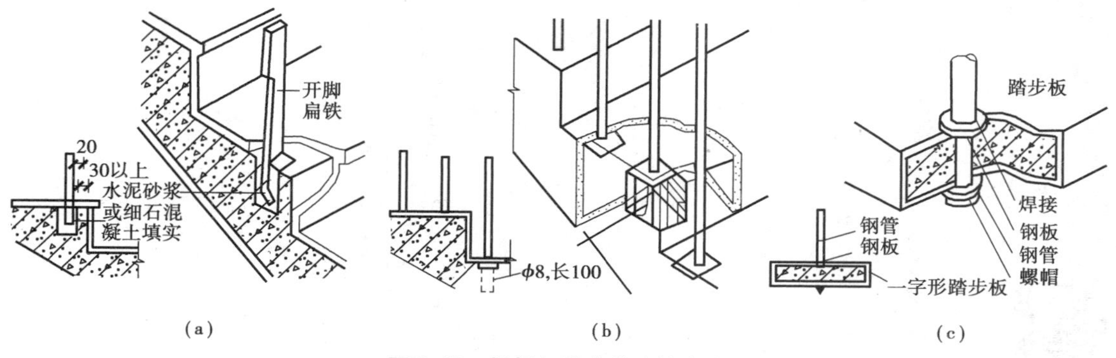


图 7.52　栏杆与踏步的连接方式

## 7.3.4　扶手构造

扶手一般采用硬木、塑料和金属材料制成,还可用水泥砂或水磨石抹面而成,或用大理石、预制水磨石板或者木材贴面制成。硬木扶手与金属栏杆的连接,是在金属栏杆的顶部先焊接一根带小孔的从楼底到屋顶的 4 厚通长扁铁,然后用木螺钉通过扁铁上的预留小孔,将木扶手和栏杆连接成整体;塑料扶手与金属栏杆的连接方式一样,也可使塑料扶手通过预留的卡口直接卡在扁铁上,金属扶手多用焊接。

楼梯扶手有时须固定在砖墙或混凝土柱上,如顶层安全栏杆扶手、休息平台护窗扶手、梯段的靠墙扶手等。扶手的安装方法为,在墙上预留 120 mm × 120 mm × 120 mm 的洞,将扶手或扶手铁件深入洞中,用细石混凝土或水泥砂浆填实;扶手与混凝土墙或柱连接时,一般在墙或柱上预埋铁件,与扶手铁件焊牢,也可用膨胀螺栓连接,或预留孔洞嵌固,如图 7.53 所示。

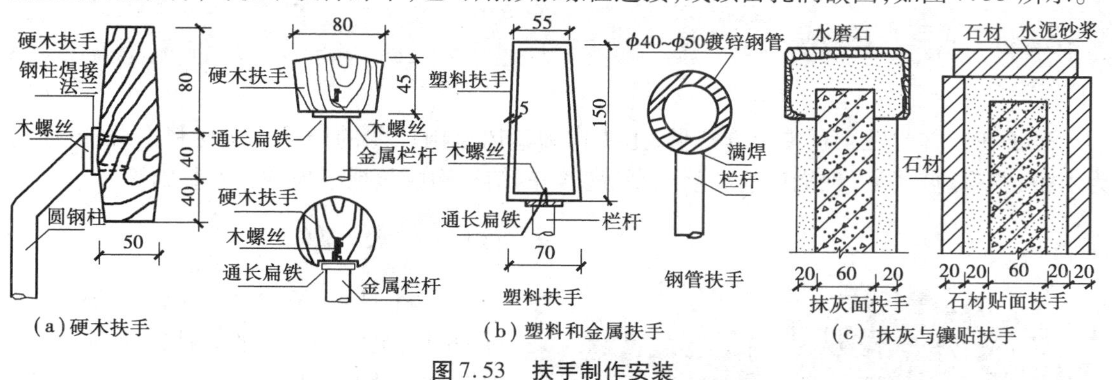


图 7.53　扶手制作安装

# 思考题

1. 景观墙体主要分为哪几部分?
2. 挡土墙分为哪几类?
3. 园林护坡分为哪几类?

# 8

# 建筑小品构造

**本章导读**

本章主要简要介绍亭子、游廊、花架、小桥、栈道这些建筑小品,通过介绍这些内容的构造原理和构造措施,了解建筑小品的作用和构造,熟悉相关标准设计。

## 8.1 亭子构造

亭子在园林景观工程中十分常见,主要作为遮风避雨休憩的场地。从材料上分,亭子分为木亭、草亭、玻璃亭、现浇钢筋混凝土亭等。亭的结构构成包括亭顶、梁柱、基础等。

### 8.1.1 木 亭

木材是亭子建造最常见的材料(图8.1)。现举例木亭的一种,其平面图、立面图、剖面图如图8.2所示。

其亭顶屋面构造层次(如图8.3所示)为:沥青油毡瓦(改性沥青胶粘接,不锈钢钉钉牢,如图8.4所示)、改性沥青油毡一层、25厚木望板、木结构(梁、檩等组成的木构架,如图8.5所示)。

图8.1 木亭

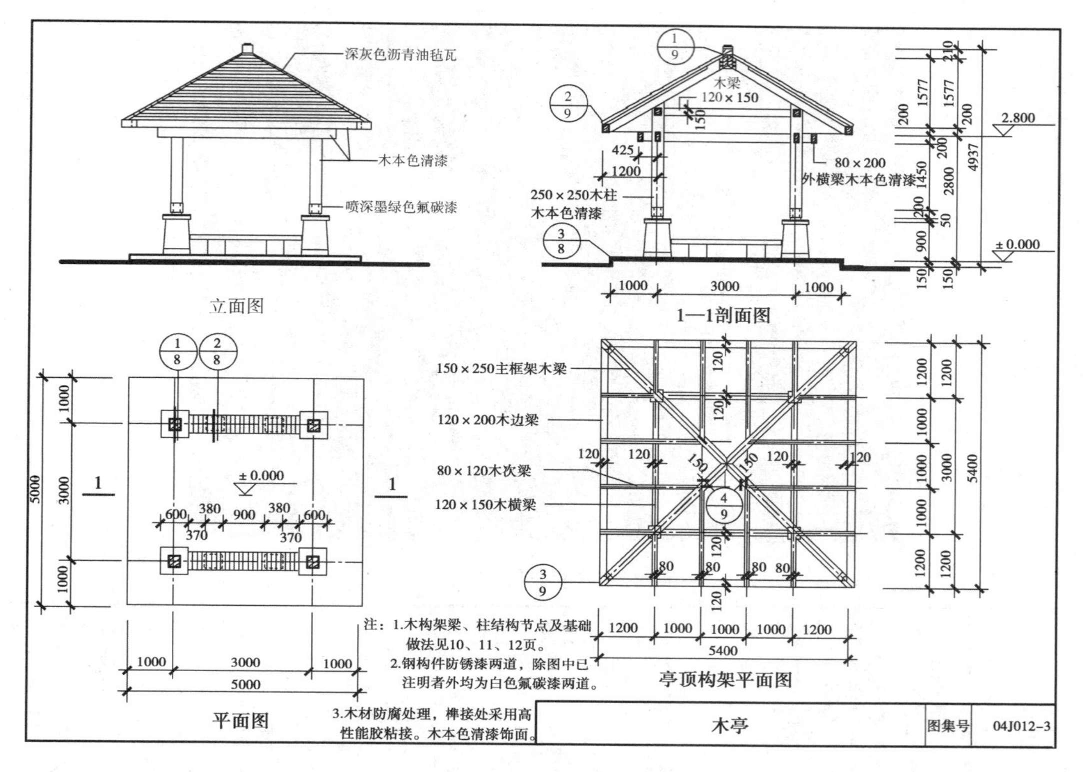


图8.2 木亭平立剖面图

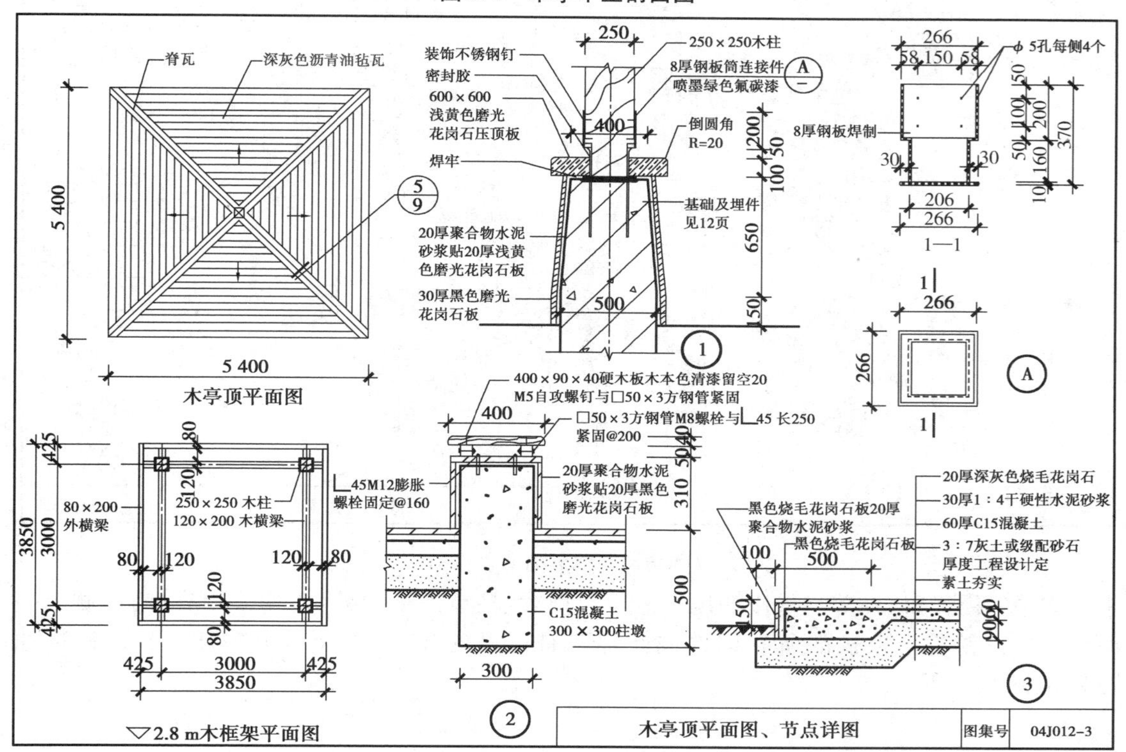


图8.3 木亭屋面构造

图 8.4　沥青油毡瓦屋面

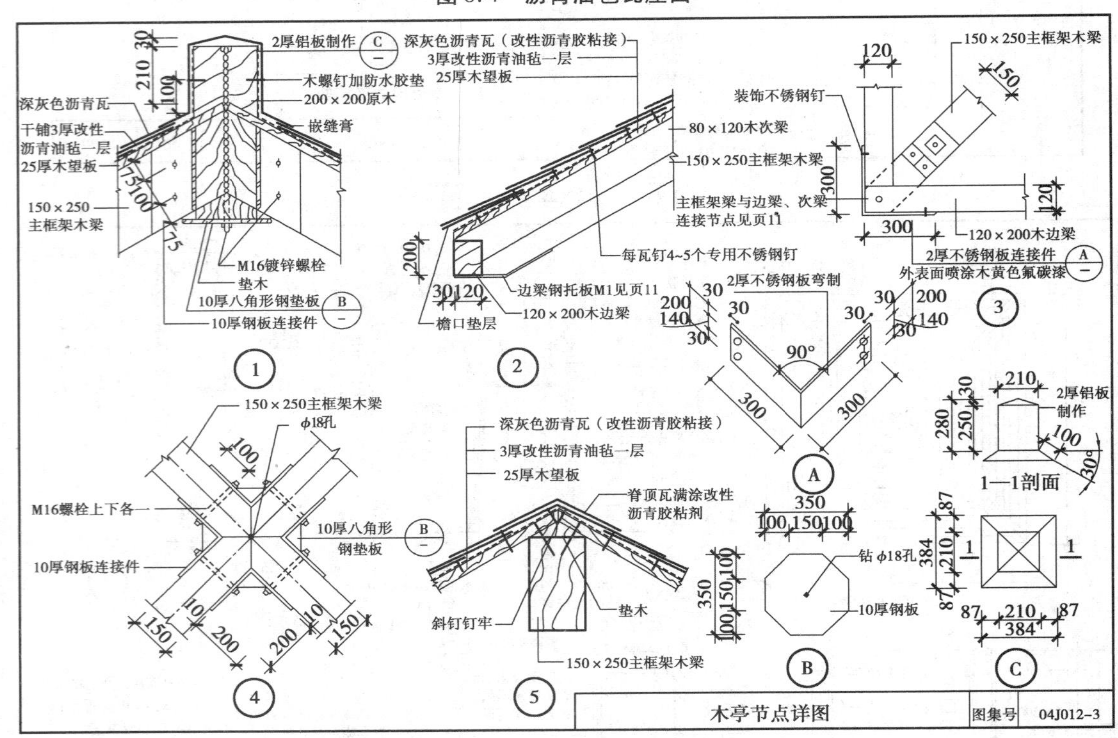


图 8.5　木亭屋顶节点详图

木亭上层横梁、柱节点采用燕尾榫。下层横梁、柱节点分内外侧，均采用直榫，内侧上表面镶入抗拉铁件。顶盖的所有构件彼此都要有可靠的连接，以免被风破坏。具体构造如图 8.6、图 8.7 所示。

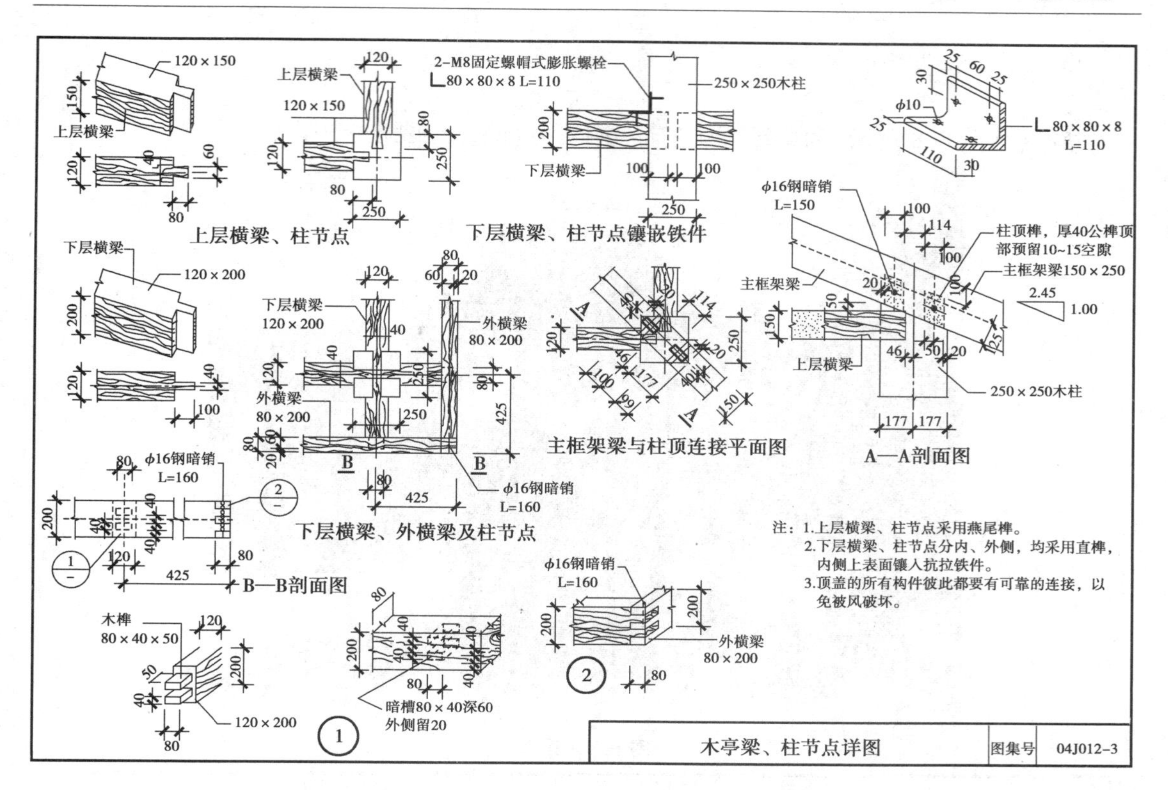


图 8.6　木亭梁、柱节点详图 1

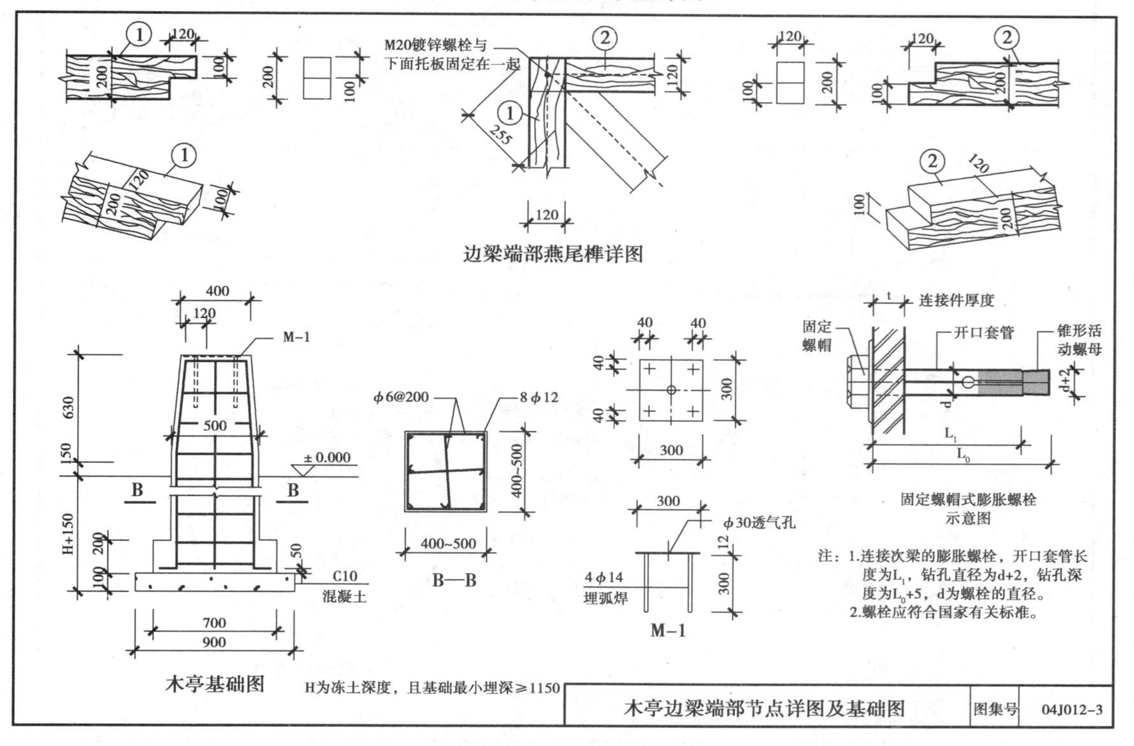


图 8.7　木亭梁、柱节点详图 2

## 8.1.2 草 亭

草亭(如图 8.8 所示)的构造包括屋面、梁柱、基础等(如图 8.9 所示)。

图 8.8 草亭

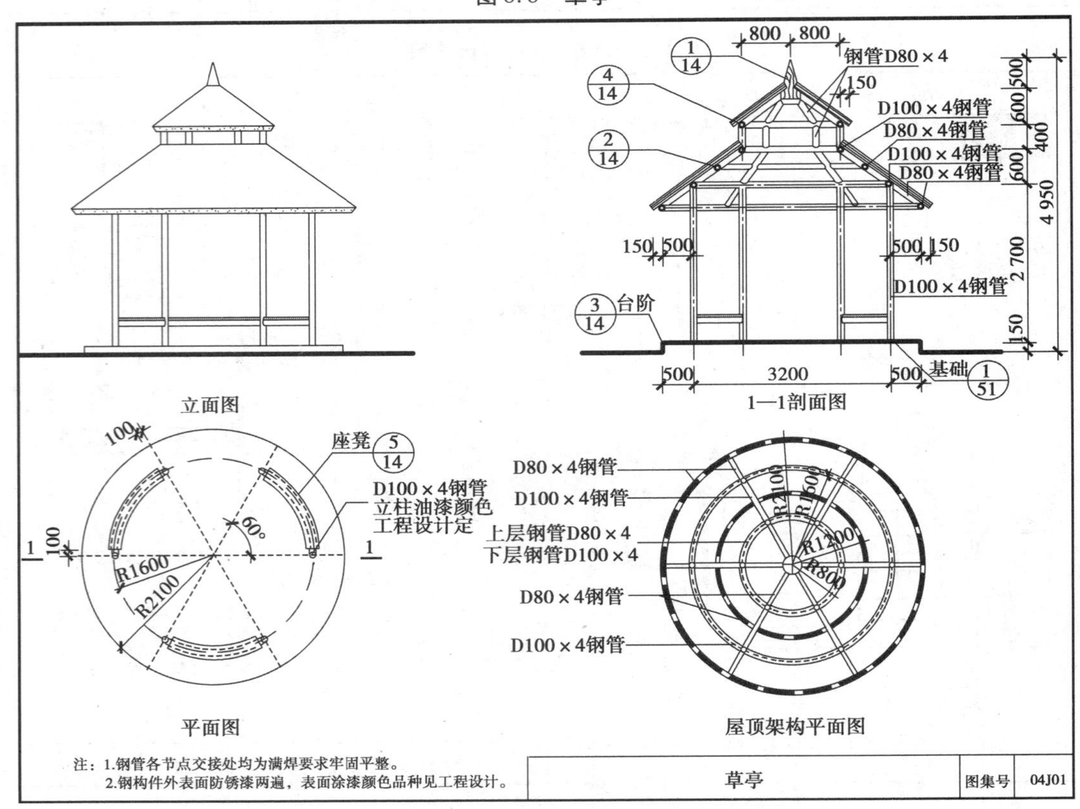


图 8.9 草亭平立剖面图

其屋面构造层次(如图 8.10 所示)如下:80 厚干草;满刷底图一层,0.8 厚聚氨酯防水涂膜两遍;20 厚木望板底油一道桐油两道;D80 ×4 钢管结构层。

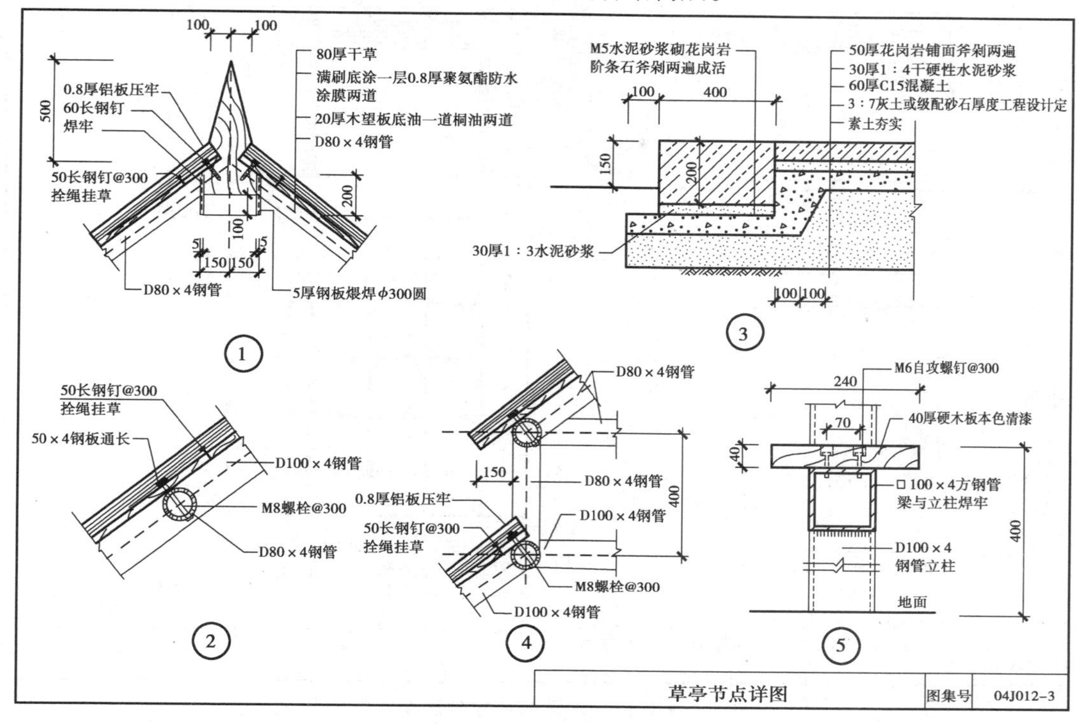


图 8.10　草亭构造详图

## 8.1.3　玻璃亭

如图 8.11 所示,玻璃亭的顶层屋面采用玻璃材质。

现举一例玻璃亭,其横梁、立柱材料均为钢管,其平立剖面图如图 8.12 所示。玻璃亭构造包括 10.76 厚夹层钢化玻璃、不锈钢驳接爪、横梁、立柱、基础等(如图 8.13 所示)。所有构件连接均为满焊,焊口除毛刺后锉平,防锈漆两遍,乳白色氟碳漆两遍。玻璃钻孔与选用驳接爪配钻,如图 8.14 所示,夹层钢化玻璃暴露的边部用硅酮防水胶密封。

图 8.11　玻璃亭

## 8.1.4　现浇钢筋混凝土亭

现浇钢筋混凝土亭(图 8.15)屋面构造层次(如图 8.16 所示)为:波纹瓦或琉璃瓦;结合层;钢筋混凝土屋面板;钢筋混凝土梁柱的框架结构。

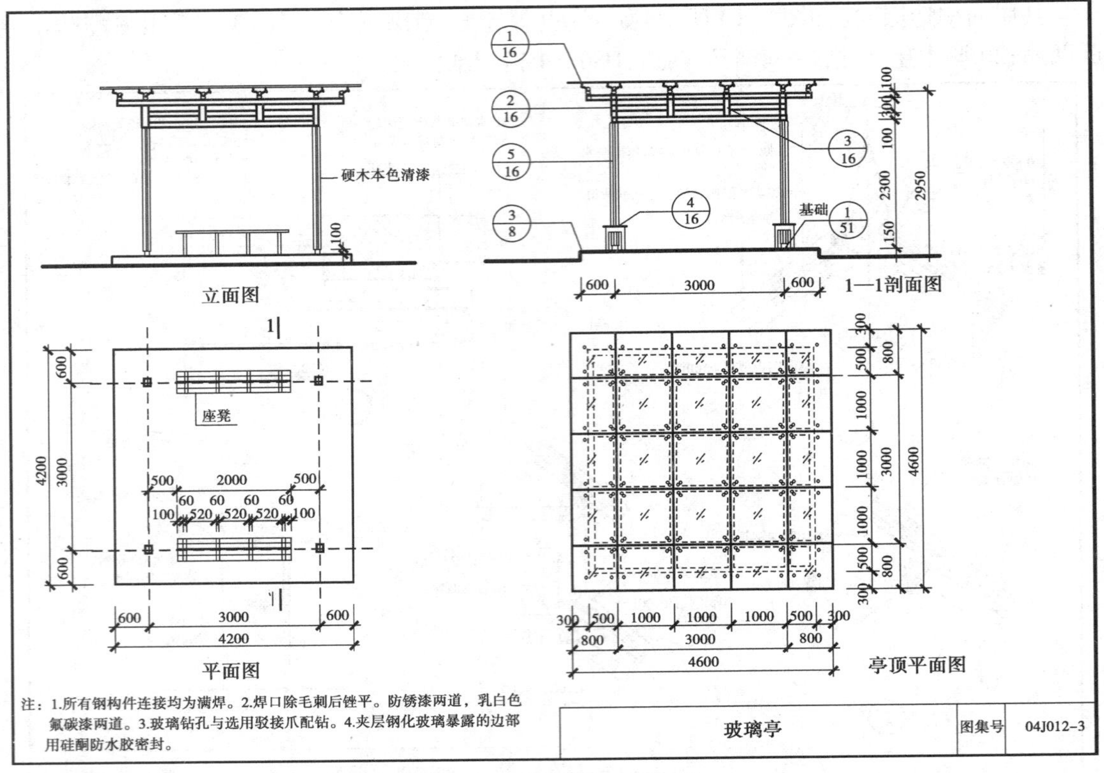


图 8.12　玻璃亭平立剖面图

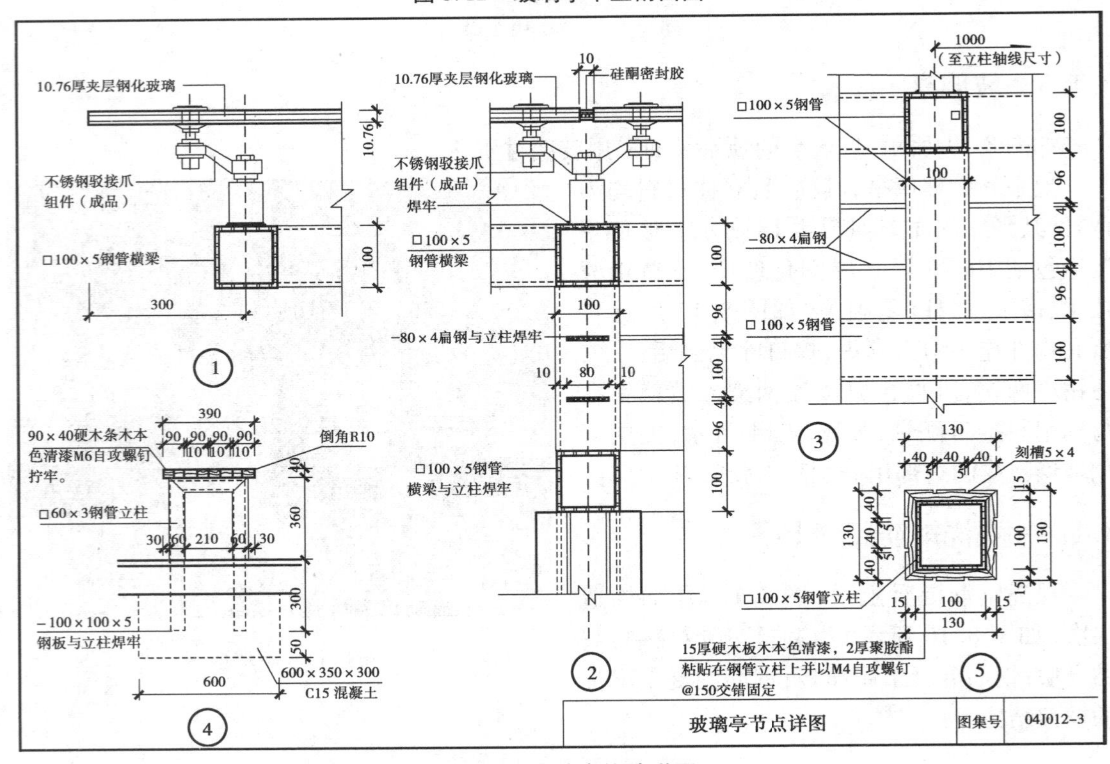


图 8.13　玻璃亭构造详图

图 8.14 驳接爪

图 8.15 现浇钢筋混凝土亭

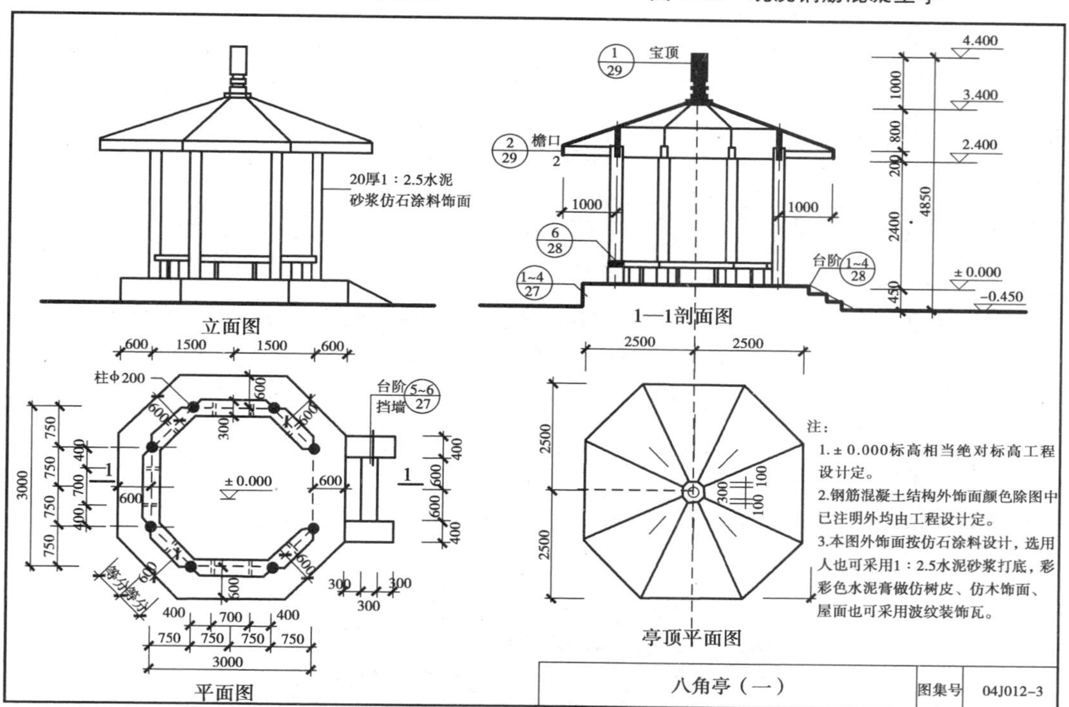


图 8.16 现浇钢筋混凝土亭平立剖面图

钢筋混凝土结构外饰面采用仿石涂料(构造为:20 厚 1:2.5 水泥砂浆找平层、涂刷封底涂料、喷或涂仿石涂料),也可采用 1:2.5 水泥砂浆打底,彩色水泥膏做仿树皮、仿木饰面,屋面也可采用波纹装饰瓦。

琉璃瓦屋面的构造(图 8.17)为:屋面瓦、水泥石灰砂浆满座灰、挂瓦钢筋网、水泥砂浆找平层、钢筋混凝土屋面板。

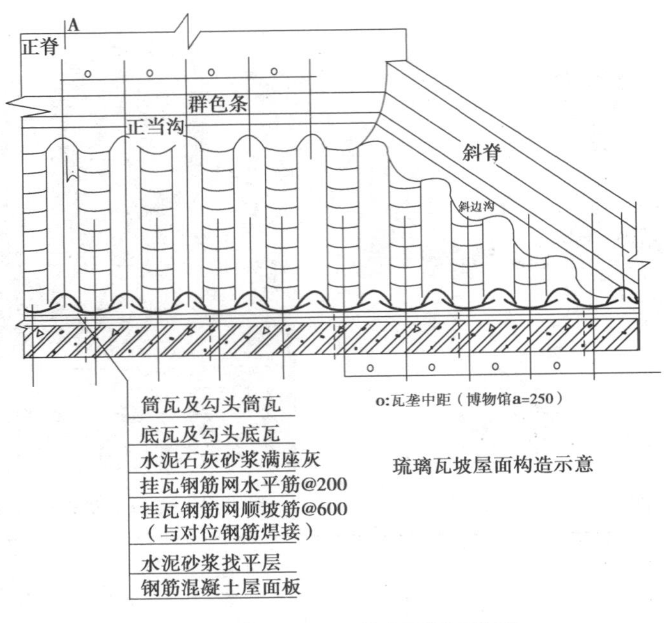


图 8.17　琉璃瓦屋面构造

## 8.2　游廊构造

廊是有屋顶的走道，园林中的廊，主要包括回廊和游廊，具有遮阳、防雨、小憩等功能。廊是建筑的组成部分，也是构成建筑外观特点和划分空间格局的重要手段。根据屋顶材料的不同，廊可分为玻璃廊、阳光板廊、花架廊、木质游廊等。

### 8.2.1　玻璃廊

玻璃廊屋顶采用夹层钢化玻璃，通过驳接爪与钢梁连接，如图 8.18(a)所示。其具体构造做法如图 8.18(b)所示。

(a)玻璃廊效果图

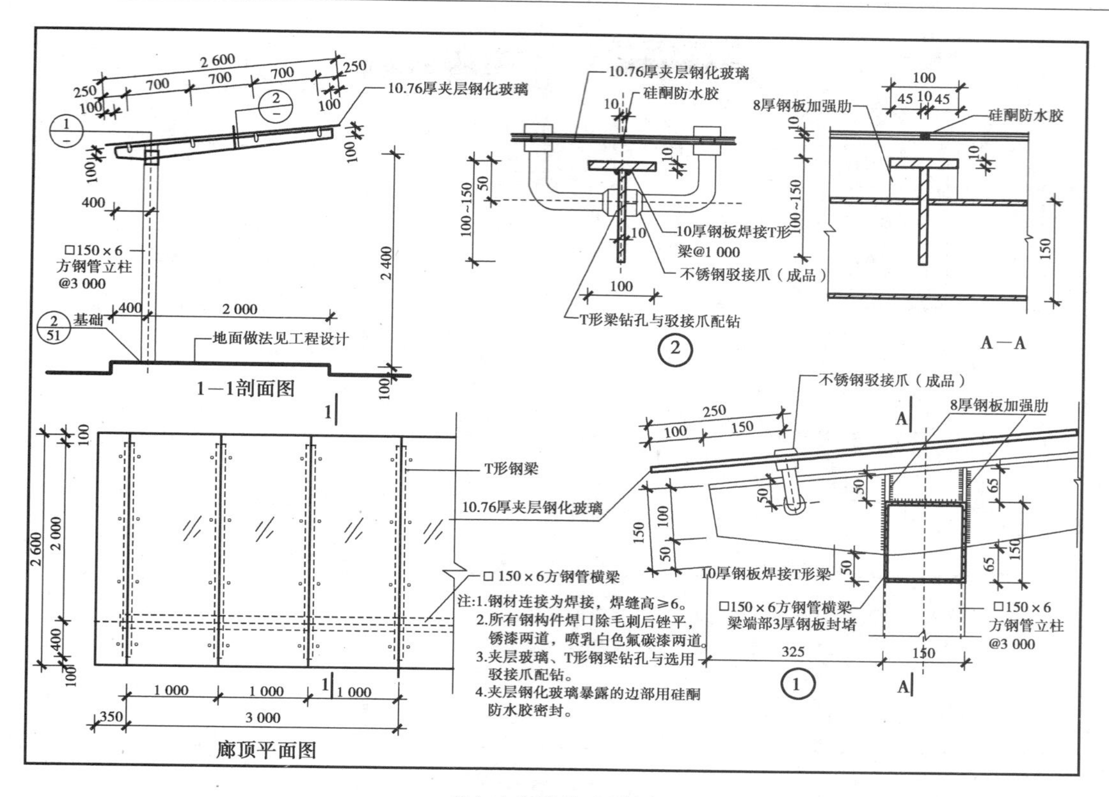


(b)玻璃廊构造详图

**图 8.18　玻璃廊**

## 8.2.2　阳光板廊

阳光板也称聚碳酸酯中空板,集采光、保温、隔音性能于一身,可遮阳挡雨,可保温、采光,色彩也丰富,如图 8.19 所示。阳光板常见厚度有 4 mm、6 mm、8 mm、10 mm,通常为双层结构。如果厚度再大点,通常表现为多层或者异形结构。

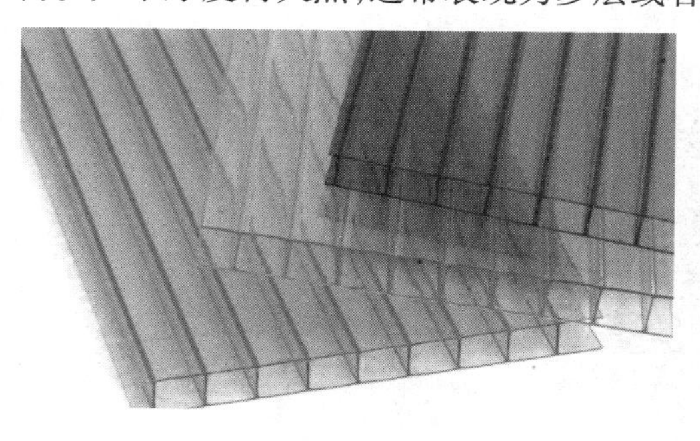

**图 8.19 阳光板**

**图 8.20　阳光板廊**

廊的屋顶采用阳光板材料,称为阳光板廊,如图 8.20 所示。现举一例阳光板廊,其构造包括 6 厚中空阳光板、方钢管弧形梁、方钢管梁、钢管立柱,具体做法如图 8.21 所示。

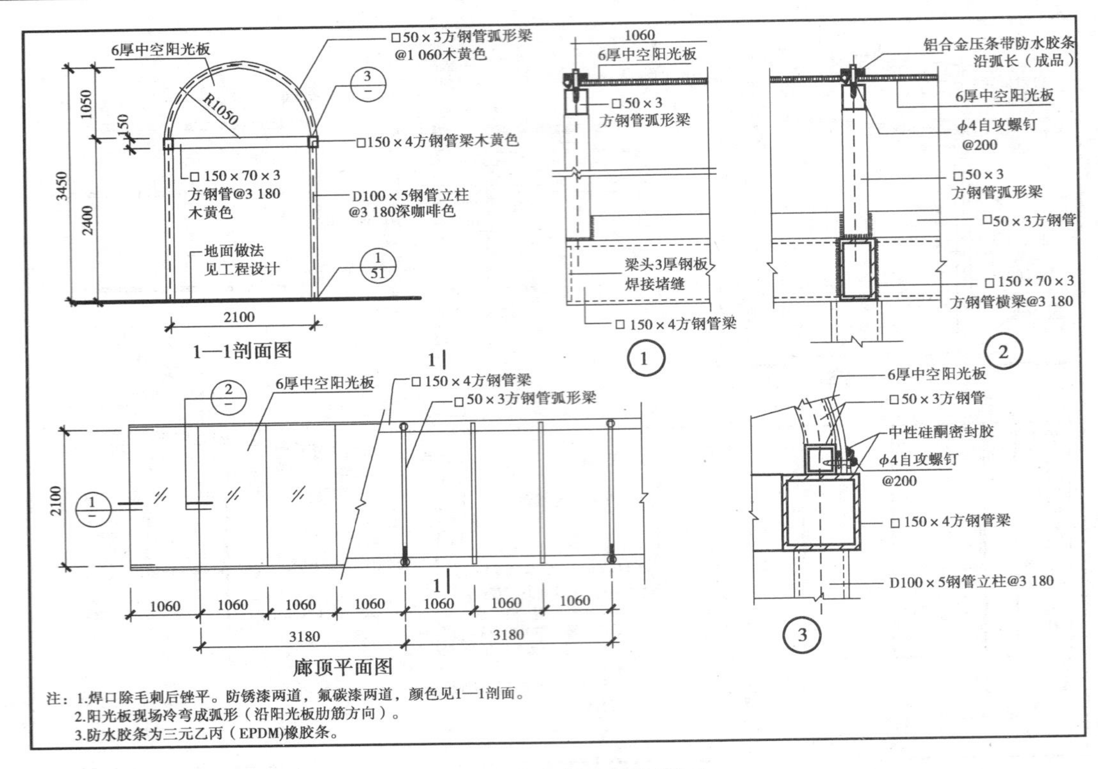


图8.21 阳光板廊构造详图

### 8.2.3 花架廊

花架廊(图8.22)的走道上部不是屋盖而是花架,花架部分以防腐布或钢筋混凝土构件居多。线以木质花架廊为例,构造层次为:60×150木架条、D200×5钢管立柱、坐凳、基础等,如图8.23所示。

图8.22 花架廊

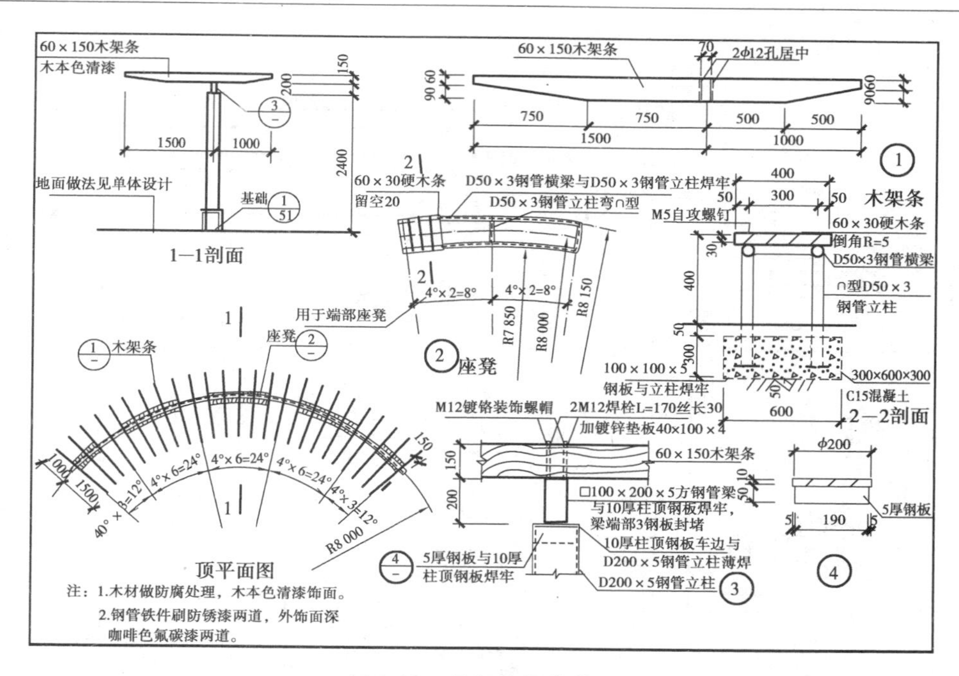


图8.23　花架廊构造详图

### 8.2.4　木质游廊

木质游廊在传统园林中十分常见（图8.24），常与建筑相连，满足人们在能遮阳避雨的前提下游览园区。木质游廊的屋顶构造层次可以是：传统屋脊、小青瓦屋面、30～70厚M5.0混合砂浆、PVC卷材防水屋面、20厚1:2水泥砂浆找平层、20厚满铺杉木望板（刷氟化钠防腐剂）、木檩子，如图8.25所示。

图8.24　木质游廊

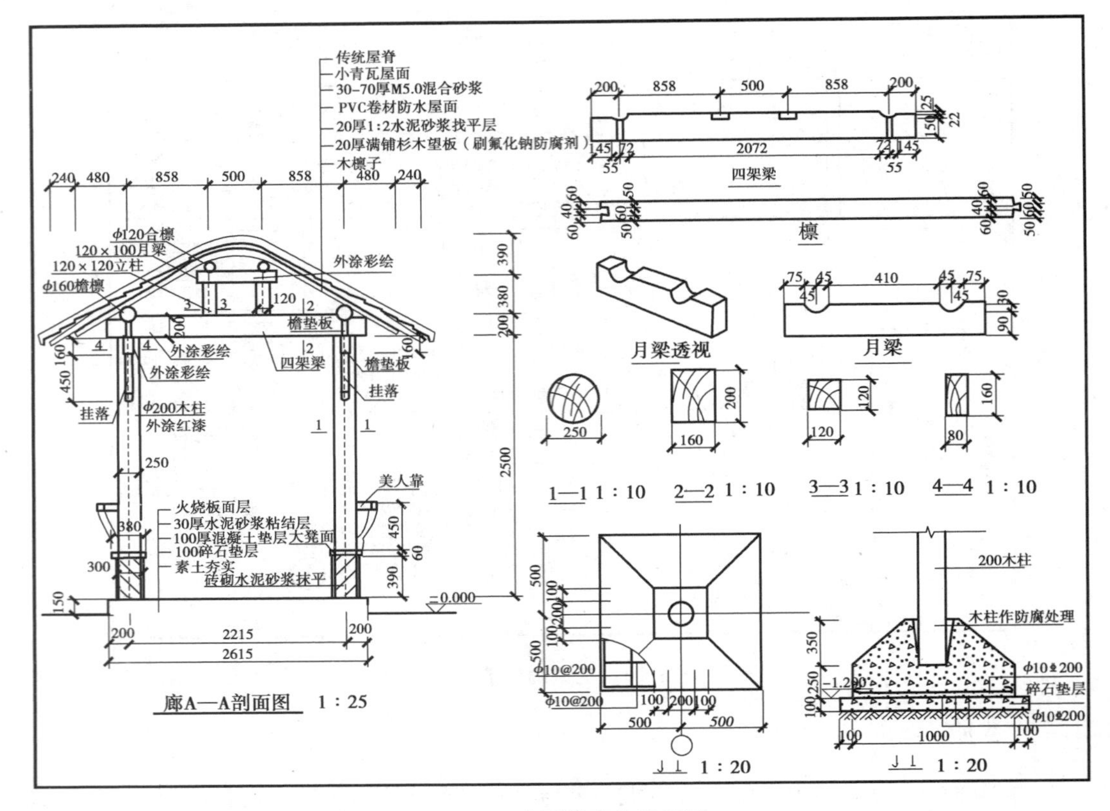


图8.25 木质游廊构造详图

## 8.3 花架构造

花架是指用刚性材料构成一定形状的格架供攀援植物攀附的园林设施，又称棚架、绿廊。

### 8.3.1 木竹花架

木竹花架(图8.26、图8.27)的特点是质量较轻，便于就地取材，造型容易，制作和维修方便，造价较低，以及便于植物的攀爬与存活，不足的是耐久性较差。

木质花架构造层次为木条、方木架、立柱、基础，如图8.28所示。

竹质花架的关键构造技术是竹框架的接合方法。这些方法包括弯接法、缠接法(包接法)、插接法、连接法、嵌接法，其中弯接法包含火烧弯曲法、锯口弯曲法、锯口夹接弯曲法，具体如图8.29和图8.30所示。

### 8.3.2 钢筋混凝土花架

钢筋混凝土花架用钢筋混凝土梁、柱组成框架结构，其上通常也布置钢筋混凝土预制构件。框架结构以上，可以用竹木材料替代预制构件，框架外装修，也可做成仿木质的效果(图8.31)，以与环境相协调。此外，GRC也是制作花架的较好材料。

图 8.26 木质花架

图 8.27 竹质花架

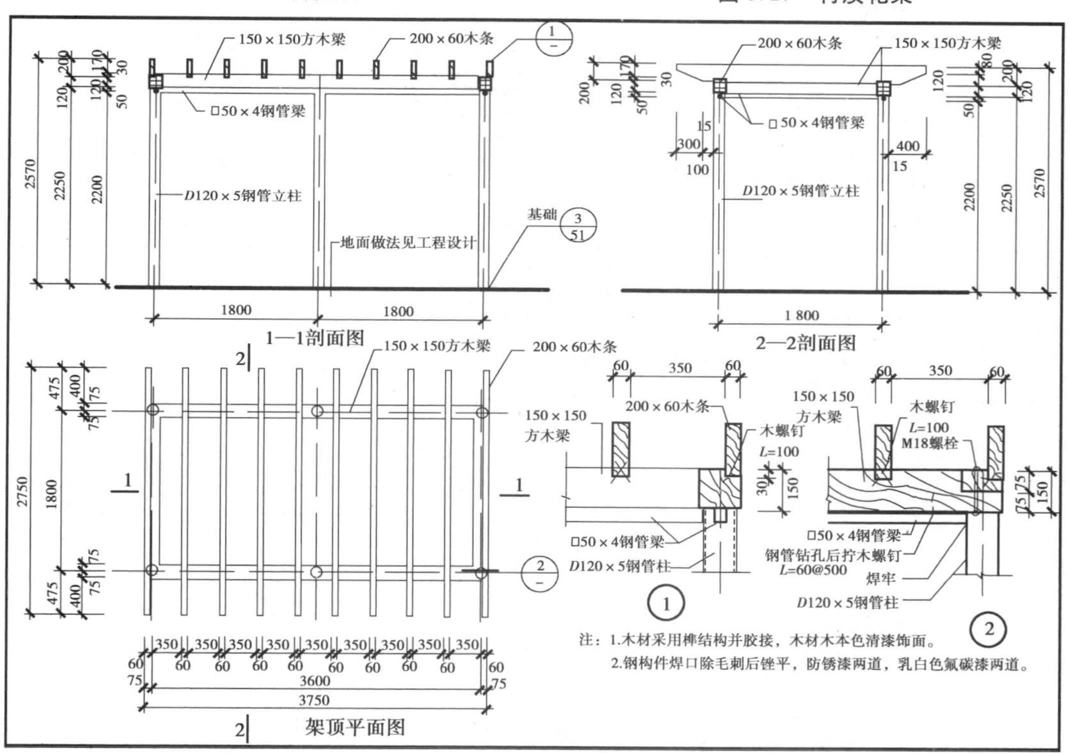


图 8.28 木质花架构造详图

钢筋混凝土花架的构造层次为花架条、梁(横梁)、柱，如图 8.32 所示。木架条与梁(横梁)、梁与柱的连接方法如图 8.33 所示，基础构造方法如图 8.34 所示。

这一类建筑，园林工程师只负责构造部分，或负责构件的“模板图”，既构件外观的投影图，结构部分(基础、梁、板、柱等)以及配筋图，归结构工程师负责设计，因为要经过力学计算。有的小建筑有着全套的标准设计图，园林工程师也可直接引用。

小桥在园林景观中既有通道(联通水体两岸区域)的功能，又有点景的功能。常用材料有木材、石材、混凝土等。

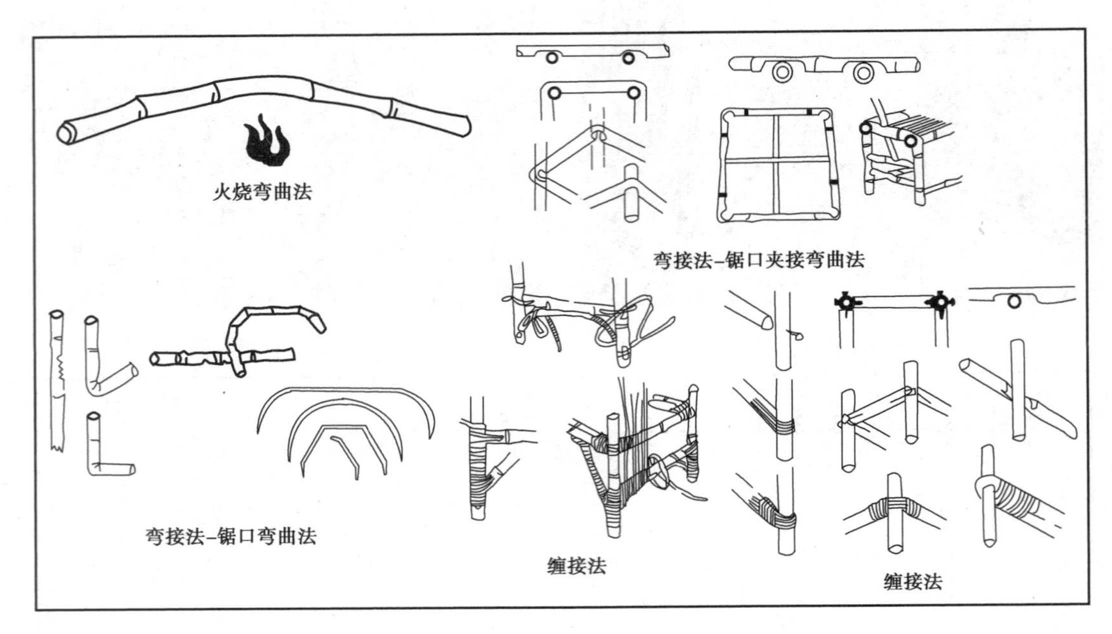


图8.29　竹框架接合方法1

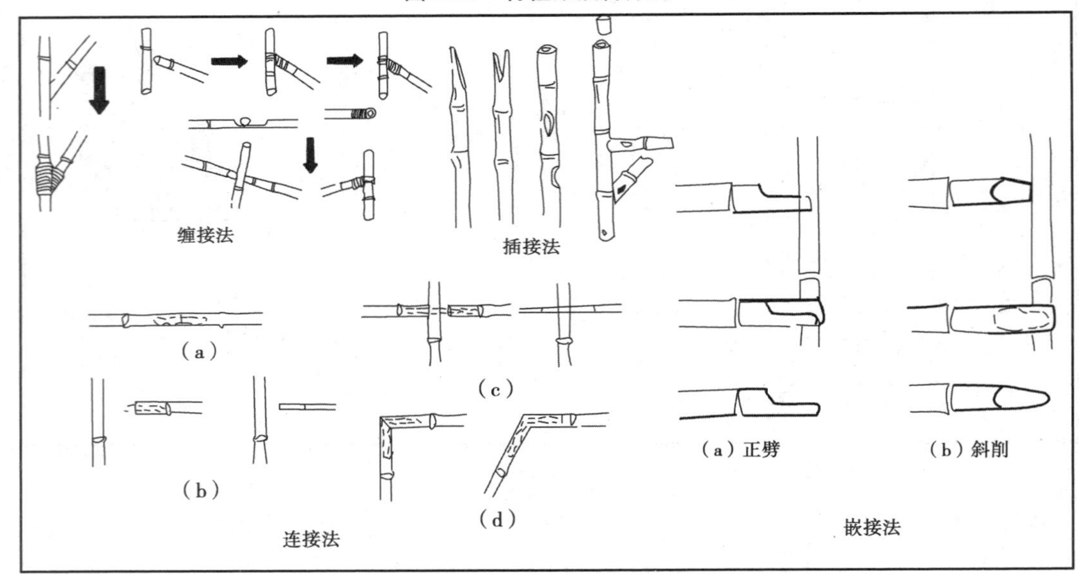


图8.30　竹框架接合方法2

图 8.31　仿木质效果的钢筋混凝土花架

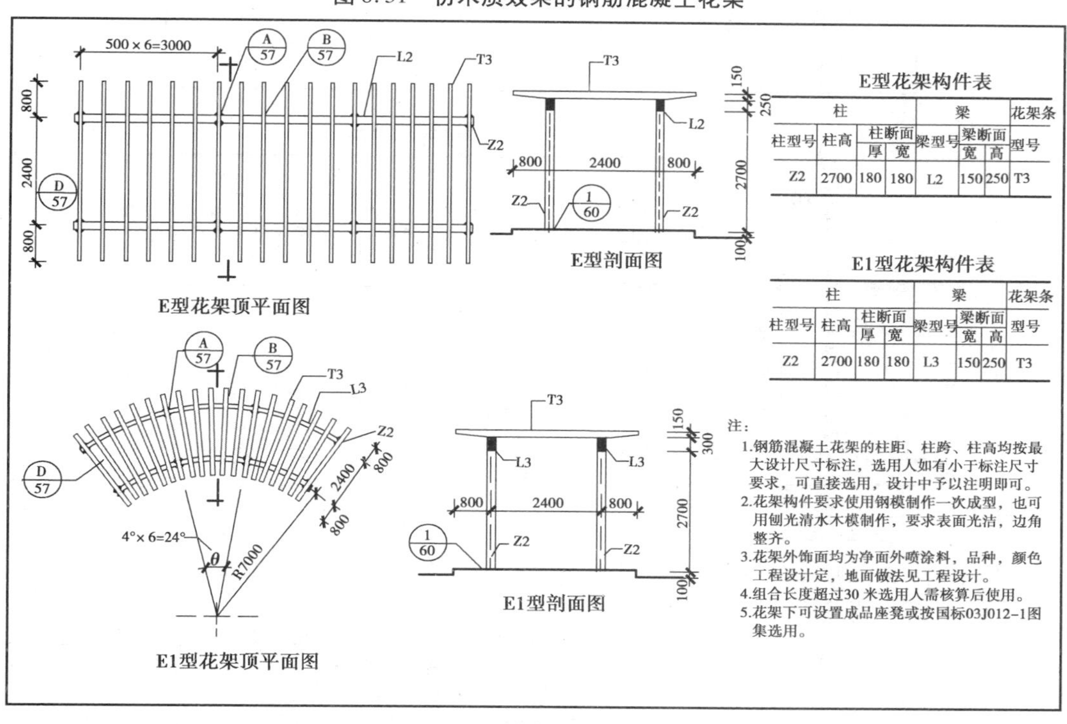

E型花架构件表

| 柱 | | | | 梁 | | | 花架条 |
|---|---|---|---|---|---|---|---|
| 柱型号 | 柱高 | 柱断面 | | 梁型号 | 梁断面 | | 型号 |
| | | 厚 | 宽 | | 宽 | 高 | |
| Z2 | 2700 | 180 | 180 | L2 | 150 | 250 | T3 |

E1型花架构件表

| 柱 | | | | 梁 | | | 花架条 |
|---|---|---|---|---|---|---|---|
| 柱型号 | 柱高 | 柱断面 | | 梁型号 | 梁断面 | | 型号 |
| | | 厚 | 宽 | | 宽 | 高 | |
| Z2 | 2700 | 180 | 180 | L3 | 150 | 250 | T3 |



图 8.32　钢筋混凝土花架构造层次示意图

## 8.4　小桥构造

### 8.4.1　木桥

木桥指桥面或桥柱等使用木材制作(图 8.35)，体型轻巧自然。现举一例，其构造层次包含木方、木梁、混凝土柱等，如图 8.36 所示。

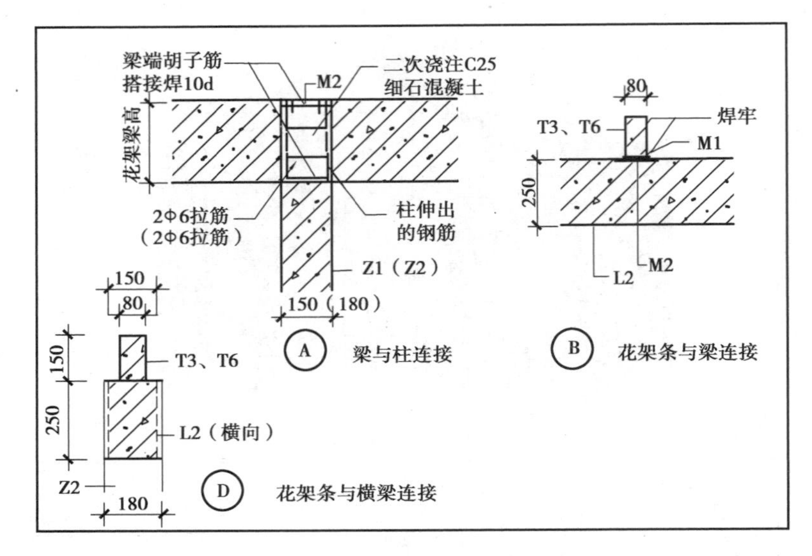


图 8.33　木架条与梁(横梁)连接方法

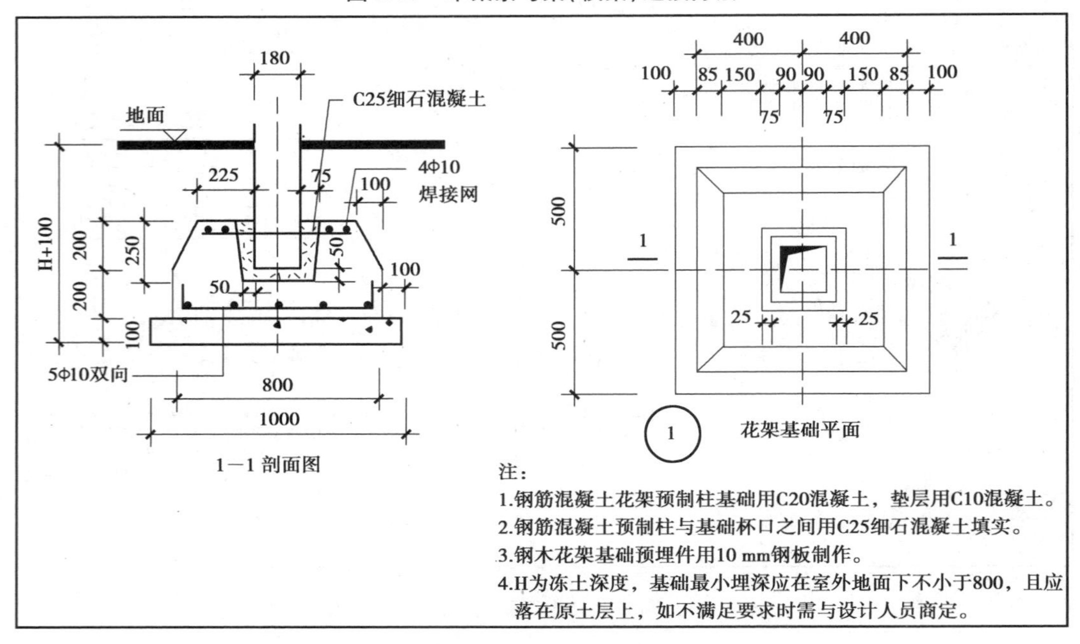


图 8.34　钢筋混凝土花架基础的构造方法

## 8.4.2　石桥构造

石桥是指桥面或桥柱等采用石材饰面,在古典园林中经常出现,其体型厚实,富有自然情趣,如图 8.37 所示。现举一例石材饰面小桥,其构造层次主要包含文化石面层、水泥砂浆立柱等,如图 8.38 所示。石桥的跨度不是太大,通常由园林工程师和结构工程师共同完成设计,其中园林工程师负责构造设计,即结构主体(基础、柱墩、梁券、桥板)以外的小构件设计和界面的表面设计。

图 8.35 木桥

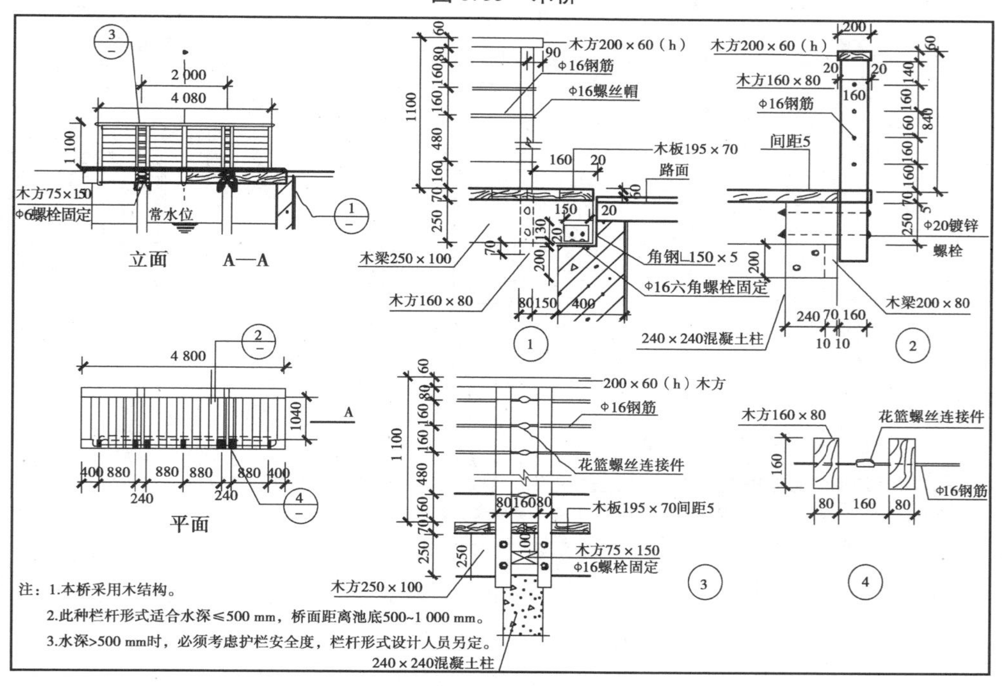


图 8.36 木桥构造详图

图 8.37　石桥

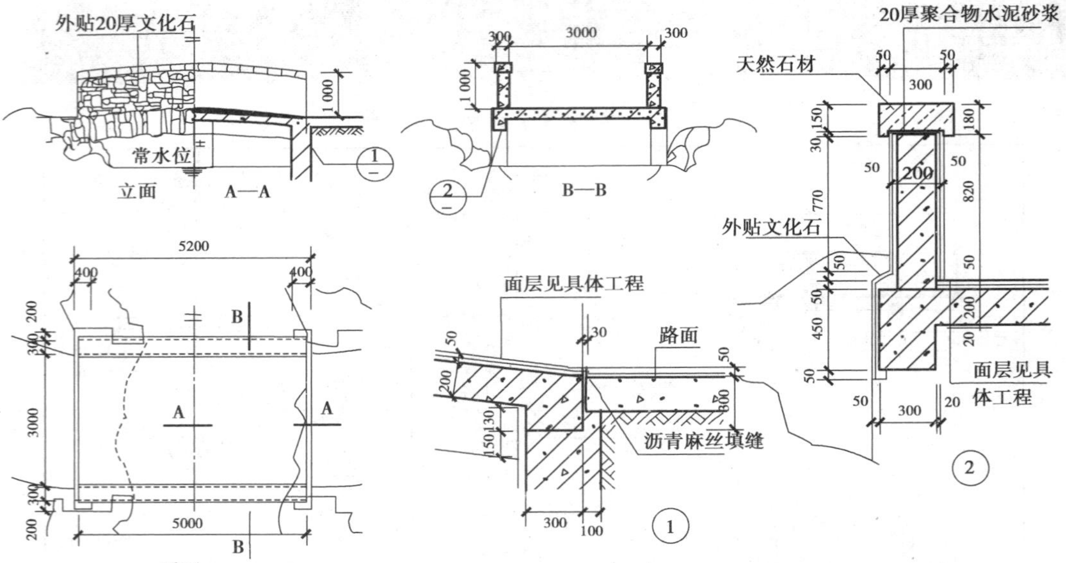

注:1.本桥采用现浇钢筋混凝土结构，两墙直接搭放在池壁上，配筋及基础由结构设计定。
2.$H$=1000~1500，桥面、桥身面层见具体工程，并应考虑防滑措施。
3.栏杆形式也可由设计人另定。

图 8.38　石桥构造详图

## 8.4.3　混凝土桥

混凝土桥(图 8.39)在现代园林景观中十分常见,跨度一般不大,常常与其他材料一起使用来建构小桥景观,相比于前述的木桥和石桥,跨度可以稍大一些。混凝土桥面层构造层次为:35 厚 1∶2 水泥豆石抹平厚水刷、微露小豆石、素水泥结合层一道、钢筋混凝土桥面板,面板与面板之间填嵌缝膏,如图 8.40 所示。

图 8.39 混凝土桥

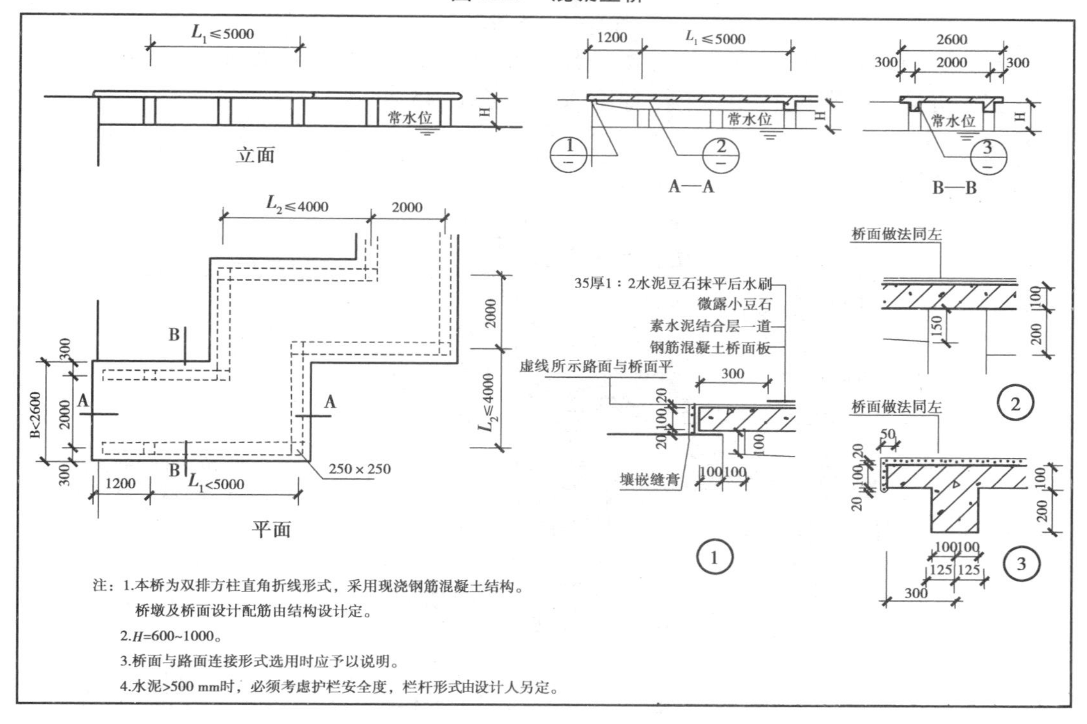


图 8.40 混凝土桥构造详图

# 8.5 栈道构造

栈道是指沿滨水湿地沿线或者悬崖峭壁修建的一条道路，有木栈道、玻璃栈道等。

## 8.5.1 木栈道与木平台构造

木栈道在古代指人们为了在深山峡谷通行道路，且平坦无阻，便在河水隔绝的悬崖绝壁上用器物开凿一些棱形的孔穴，孔穴内插上石桩或木桩，上面横铺木板或石板，可以行人和通车。在现代园林中，木栈道常常出现在滨水空间或者湿地公园中，作为游憩观景的小道，如图8.41所示。

图8.41　木栈道

现举一个木栈道实例，该木栈道与木平台连接（平面图如图8.42所示）。该栈道构造层次包含地板、龙骨、横梁、立柱、基础等，如图8.43—图8.45所示。

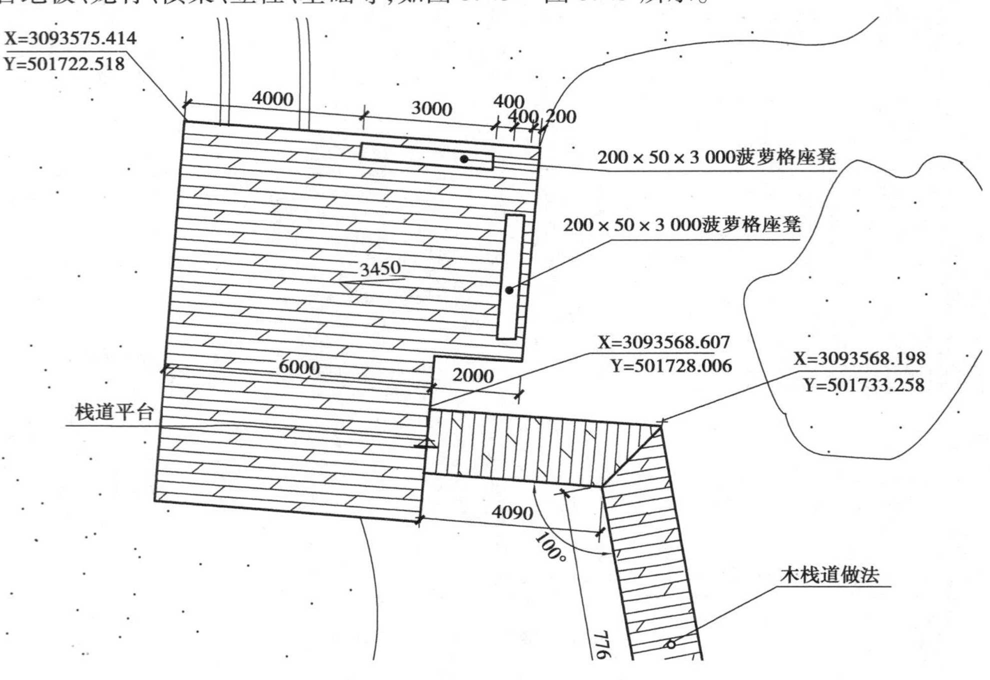


图8.42　木栈道与木平台平面图

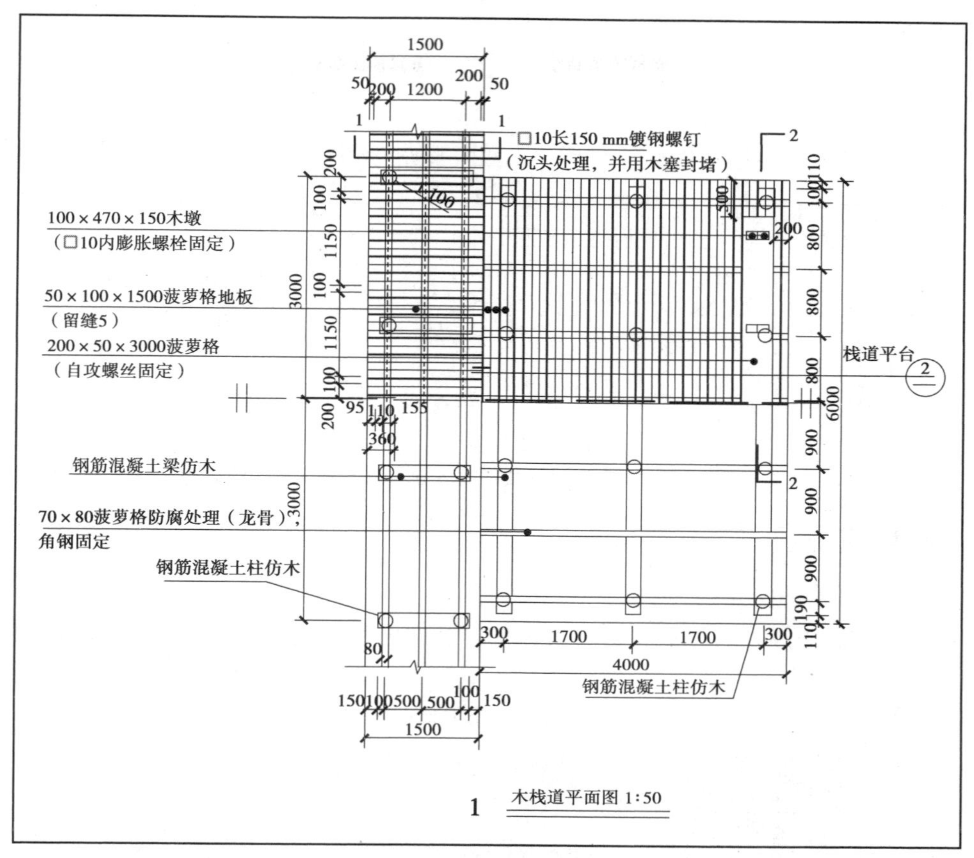

图 8.43 木栈道平面图

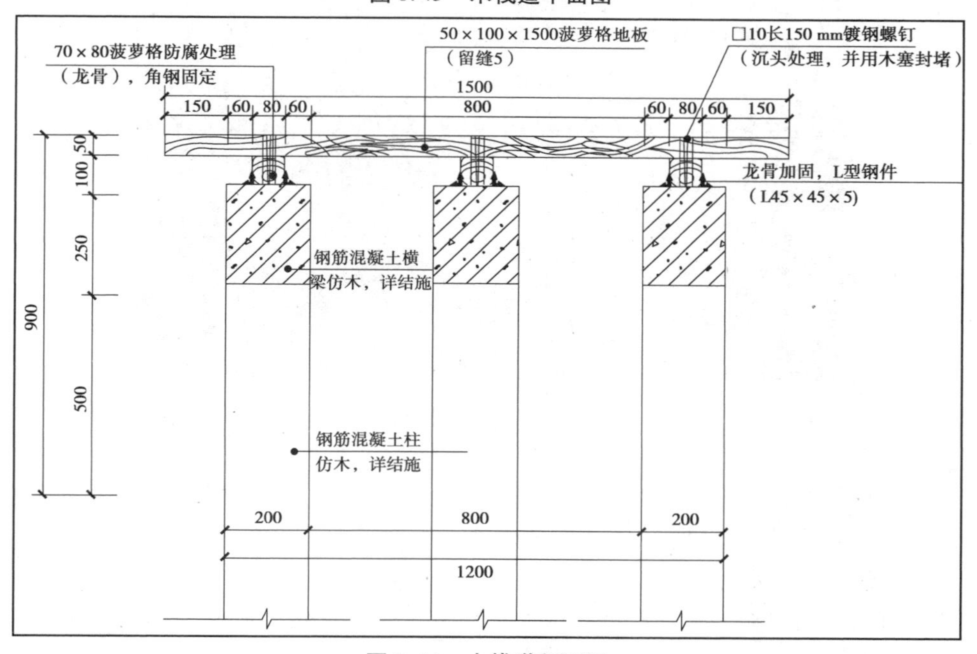

图 8.44 木栈道剖面图

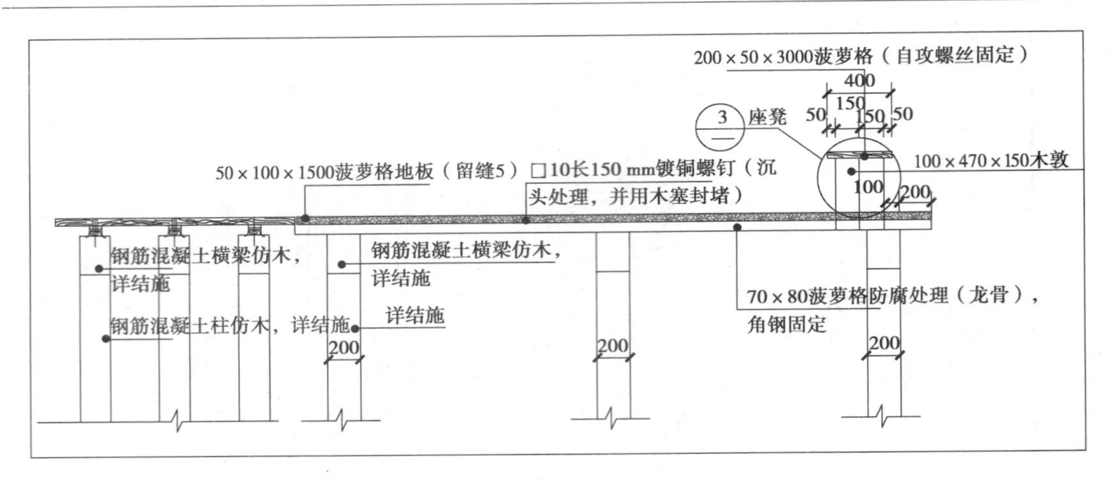


图 8.45　栈道平台剖面图

## 8.5.2　玻璃栈道

(1)玻璃栈道的概念

玻璃栈道一般出现在大型风景区或者风景名胜区中的悬崖峭壁处,以双层钢化夹胶玻璃为面层材料,作为游人行走的道路,也作为观景的通道,如图 8.46 所示。该种类型的栈道视线通透,能看见栈道下方的风景,能达到惊险刺激的效果。

图 8.46　玻璃栈道

(2)玻璃栈道的制作材料

制作玻璃栈道的材料可分两阶段供应,第一阶段主要为防护、锚杆、钢筋混凝土和钢结构等相关原材料,第二阶段为玻璃、栏杆和装饰相关材料。

(3)玻璃栈道构造实例

玻璃栈道由钢筋混凝土基础加钢结构及玻璃踏面组合而成。其中,踏步面玻璃为三层夹胶玻璃,每块玻璃均定制,其构造实例如图 8.47 所示。

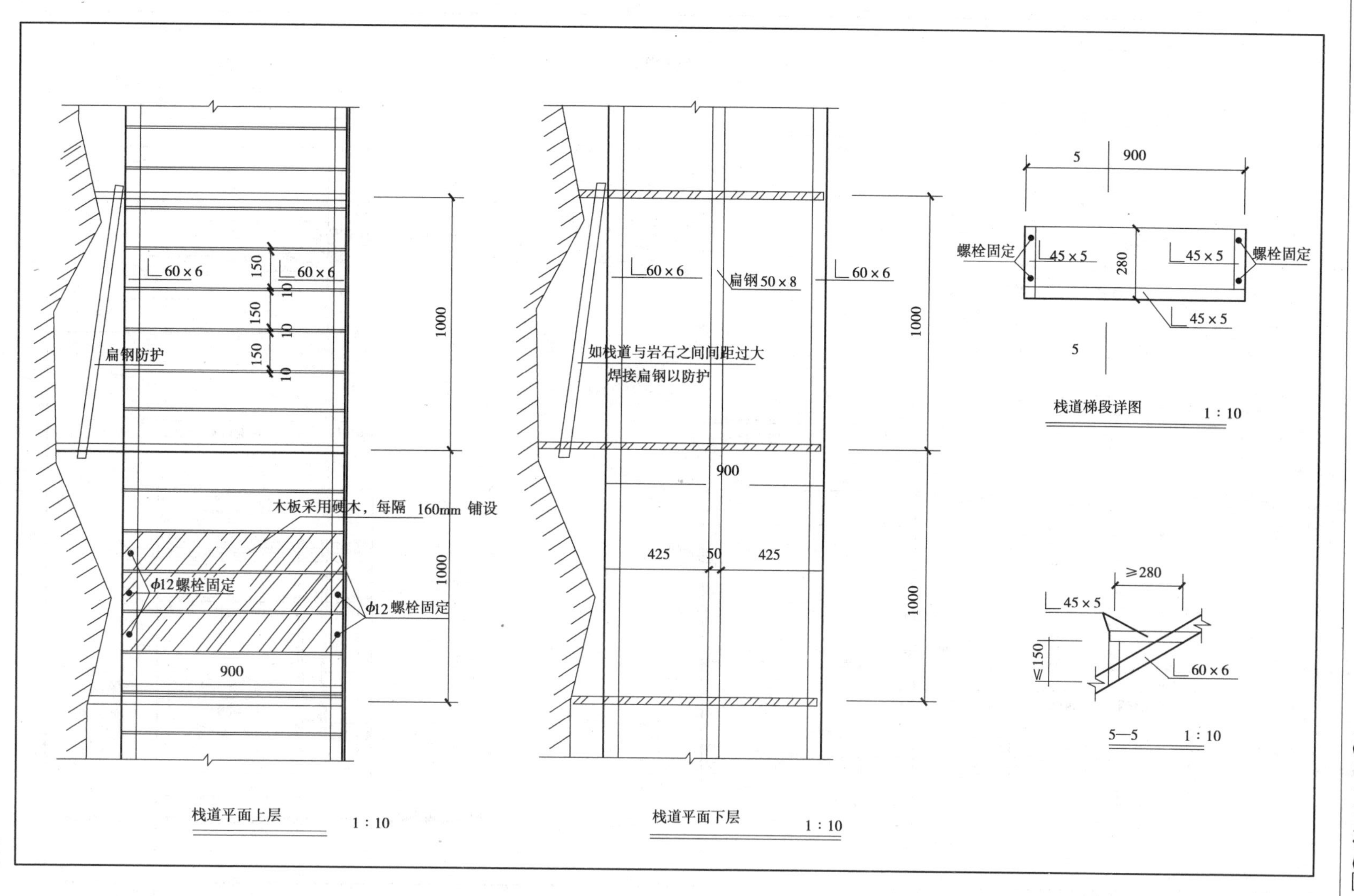
60×6
150
10
扁钢防护
1000
木板采用硬木，每隔 160mm 铺设
φ12螺栓固定
φ12 螺栓固定
900
栈道平面上层 1:10
60×6
扁钢 50×8
如栈道与岩石之间间距过大
焊接扁钢以防护
900
425
50
425
栈道平面下层 1:10
5
900
螺栓固定
45×5
280
栈道梯段详图 1:10
≥280
≤150
60×6
5—5 1:10

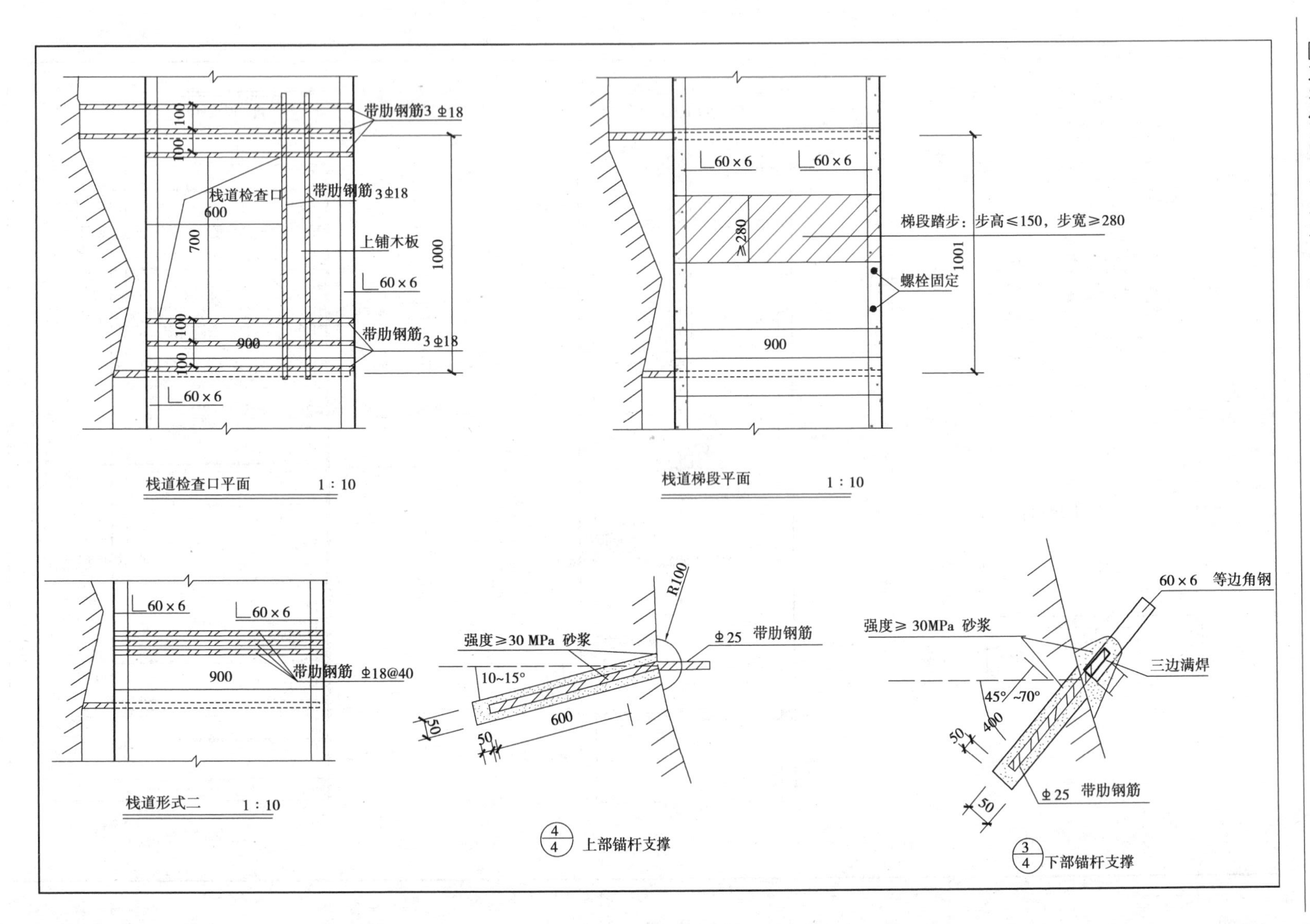

带肋钢筋3 Φ18
100
100
100
栈道检查口
600
带肋钢筋 3Φ18
700
上铺木板
1000
60×6
100
100
900
带肋钢筋 3 Φ18
60×6
栈道检查口平面 1:10
60×6
60×6
≥280
梯段踏步：步高≤150，步宽≥280
1001
螺栓固定
900
栈道梯段平面 1:10
60×6
60×6
900
带肋钢筋 Φ18@40
栈道形式二 1:10
R100
强度≥30 MPa 砂浆
Φ25 带肋钢筋
10~15°
600
50
50
4/4 上部锚杆支撑
60×6 等边角钢
强度≥ 30MPa 砂浆
三边满焊
45°~70°
400
50
Φ25 带肋钢筋
50
3/4 下部锚杆支撑

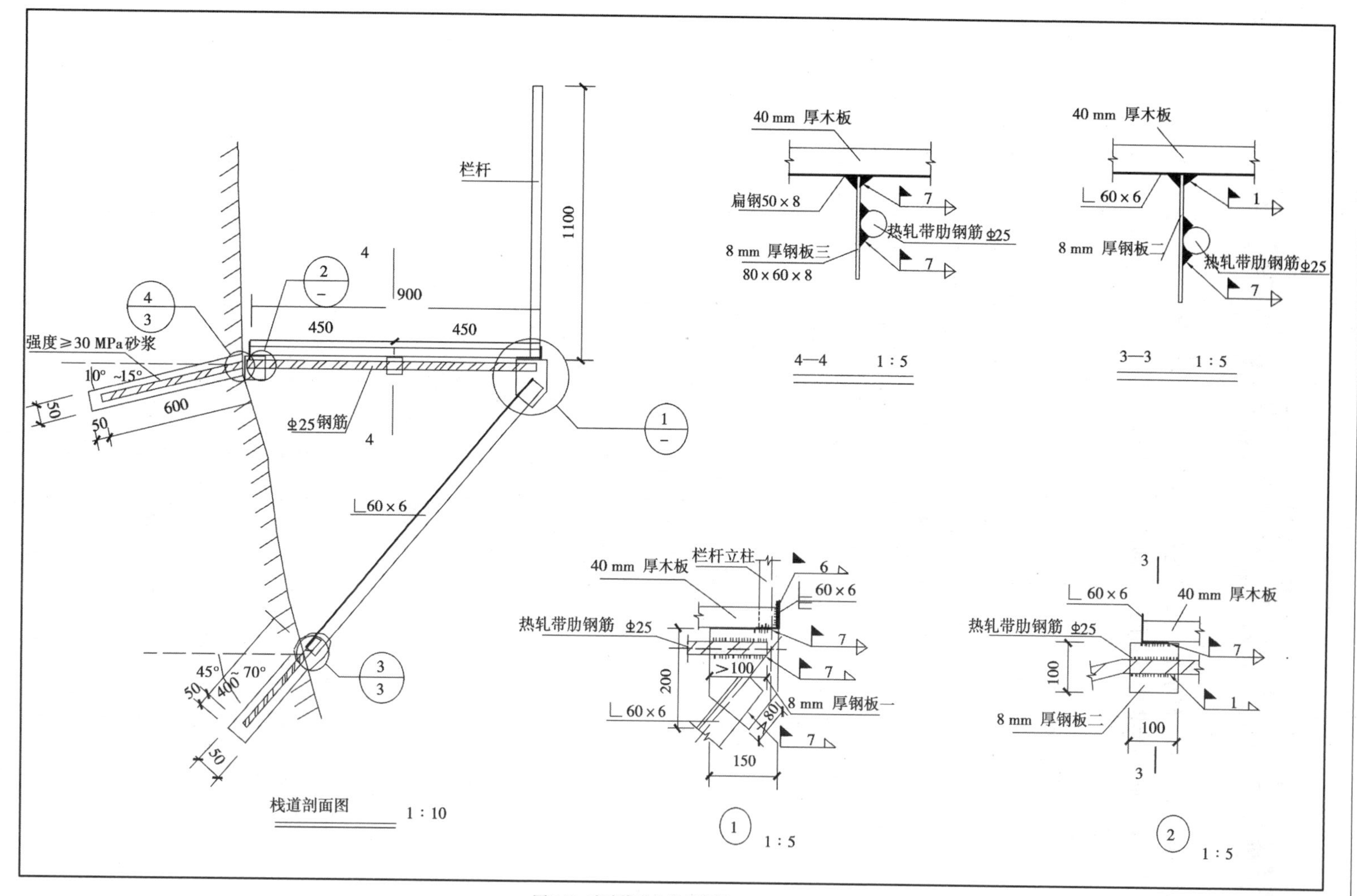


图8.47 玻璃栈道构造示例图

## 思考题

1. 园林景观中的建筑小品主要分为哪几类?
2. 选 2 ~3 种景观建筑小品简要说明其构造要点有哪些。

# 9 道路广场及小品构造

## 本章导读

本章主要介绍景观中道路与广场的构造、道路与广场附属工程的构造(其中包括户外家具、花池、树池、台阶、标识牌、沙坑),假山与景石的构造,水景工程的构造,了解及掌握其构造特点,以为后期学习打下良好基础。

## 9.1 道路与广场构造

### 9.1.1 道路构造

#### 1) 道路的构造层次

路面结构按照使用要求、受力状况、土基支撑条件和自然因素影响程度的不同分为若干层,最常见的构造从上而下分别为:面层、基层、垫层和路基。高级道路的结构由面层、结合层、基层、底基层、垫层和路基6部分组成(图9.1)。

(1)面层

面层直接接触外部环境,包括行车、行人以及与大气接触。它需承受较大行车荷载的垂直力、水平力和冲击力的作用,以及降水侵蚀和气温变化的影响,同时也是人们目力所能及的部分。因此,它需具备一定的强度、抗变形能力,较好的水稳定性和温度稳定性,耐磨、平坦、不易打滑以及美观等特性。园林景观常用的种类主要有乱石铺地、碎大理石冰裂铺地、砖花地、卵石铺地、青石板地坪、大理石地坪、花岗石地坪、小青瓦地坪以及砖、卵石、透水混凝土铺地等(图9.2)。

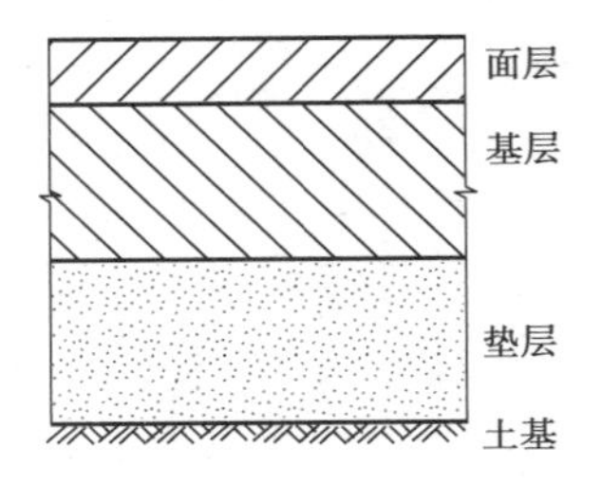


(a)低、中级路面构造

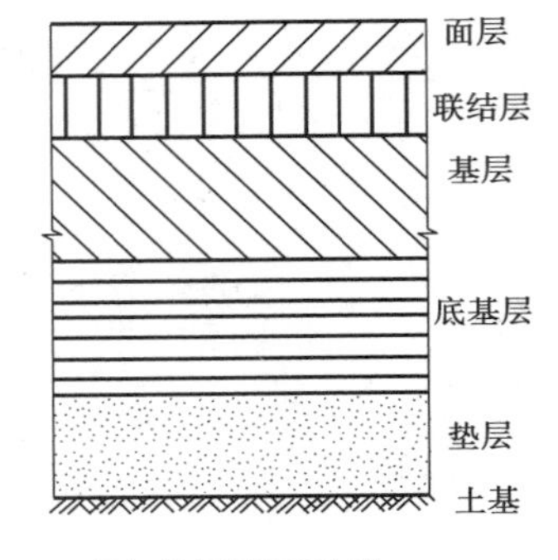


(b)高级路面构造

**图9.1　道路结构形式**

(a)透水混凝土铺地

(b)青砖嵌花岗岩铺地

(c)多孔陶粒透水砖铺地

**图9.2　道路面层铺装**

(2)结合层

结合层是采用块料铺筑面层时,处在面层和基层之间,用于结合、找平、排水而设置的一层。根据实际情况,结合层通常使用30厚1∶1.5～1∶3干硬性水泥砂浆,或者30～50 mm粗砂等材料。

(3)基层

基层在垫层之上,是路面结构的承重层。它一方面承受由面层传下来的荷载,一方面把荷载传给垫层和路基。因此,垫层要有一定的强度和刚度,并有良好的扩散能力。同时,需要足够的水稳定性和足够的平整度。基层材料一般结合类稳定土或稳定碎(砾)石、贫水泥混凝土、天然砂砾、各种碎石或砾石、片石碎石或圆石,以及各种工业废料和土、砂、石所组成的混合料等。对于灰土基层,一般实厚15 cm,虚铺厚度为21～24 cm。

(4)垫层

垫层是指基层或底基层与路基之间的结构层次,主要起扩散荷载应力和改善路基水温状况的作用,以保证面层和基层的强度、刚度和稳定性不受土基水温状况变化而造成不良的影响。垫层常用材料为石灰土、砂、砂石和手摆片石等。

(5)路基

路基是路面的基础,一般由自然土层构成,其作用是为道路提供平整基面,承受路面荷载。因此,要求路基要有一定的密实度、强度和稳定性,从而保证路面的强度和平整度。若路基的稳定性不良,应采取措施,以保证路面的使用寿命。

①路基的强度。车辆行驶荷载反复作用下,对通过路面结构传布下来的车轮压力相应产生的垂直变形的抵抗能力。

②路基的稳定性是指在外界自然因素变动作用的影响下,路基强度能保持相对稳定,从而在最不利地质、水文与气候条件下,仍能够保持一定强度,保证由行车荷载引起的路基变形不超过容许限度。

③路基的最小临界高度是指路槽底或路基的路肩边缘距地下水位和地表积水的最小必要高度,即为路基的最小临界高度。

④路基的最小填土高度是指路基顶面边缘距原自然地面的高度。不同的土壤,其最小填土高度有所不同,砂性土 0.3 ~0.5 m、黏性土 0.4 ~0.7 m、粉性土 0.5 ~0.8 m。

⑤路基土的分类及性质。路基土分为巨粒土、粗粒土、细粒土和特殊土。其中,巨粒土和粗粒土应注意密实度、防止粗细粒料的局部集中;砂性土透水性强,毛细作用小,强度和水稳定性好,比较理想;粉性土吸水性强浸水易流动,干时易被压碎;黏性土透水性差,干时坚硬,浸水后能保水但承载力小。

**2）道路的结构层**

道路路面按力学特性的不同分为刚性路面和柔性路面。刚性路面为板体作用,抗弯强度大,弯沉小,其破坏取决于极限弯拉强度,如水泥混凝土路面,其中,常见的是混凝土路面,这种路面必须按照有关规范设置温度伸缩缝;柔性路面抗弯强度小,弯沉变形大,易产生累积变形,其破坏取决于极限垂直变形和弯拉应变,如各类沥青路面和块材构筑的道路,可以不设置温度伸缩缝。

**3）常用路面铺装**

常见的铺装类型主要有 4 种,即刚性整体、刚性单体、柔性整体和柔性单体,如图 9.3 所示。

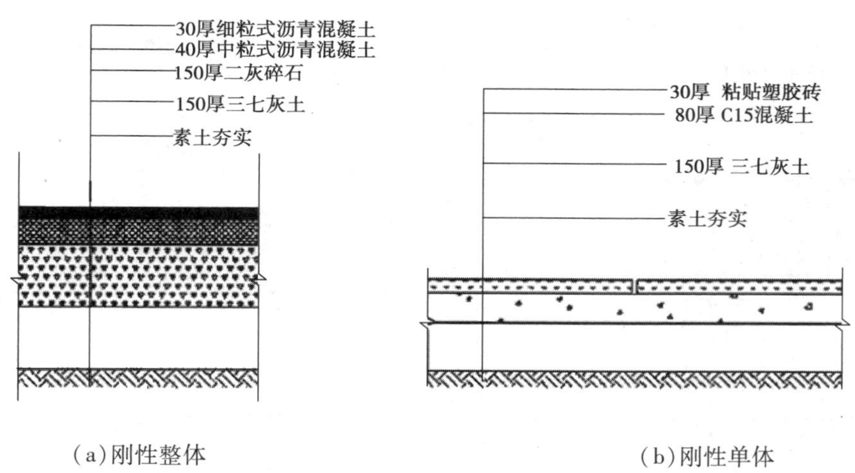


(a)刚性整体

(b)刚性单体

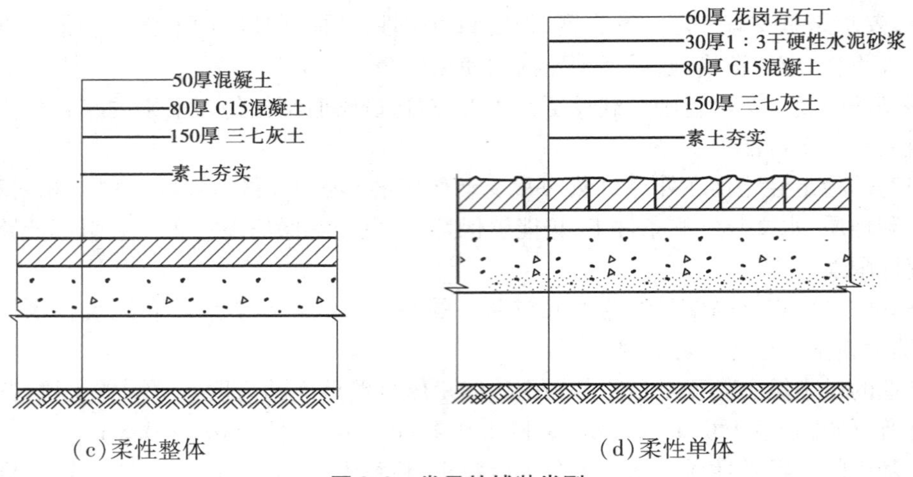


(c)柔性整体　　(d)柔性单体

**图9.3　常见的铺装类型**

图9.3 中的三七灰土,是以石灰、黏土按3∶7的比例配制而成的,常用于地面或道路垫层。

(1)整体路面

①水泥混凝土路面。构造常采用120~220 mm厚200号混凝土路面板;20 mm厚粗砂垫层;200 mm厚3∶7灰土路基,碾实率>98%(环刀取样)。根据经常车流选择面板,宜用厚度:小轿车为120 mm;卡车为180 mm;大客车为220 mm(图9.4)。这种路面应按照有关规范设置温度伸缩缝。

②沥青混凝土路面。构造常采用40 mm厚沥青混凝土面层压实,50~70 mm厚碎石,150 mm厚3∶7灰土,路基碾实。车行路灰土基层宜用厚度:小轿车为150 mm;卡车为200 mm(图9.5)。

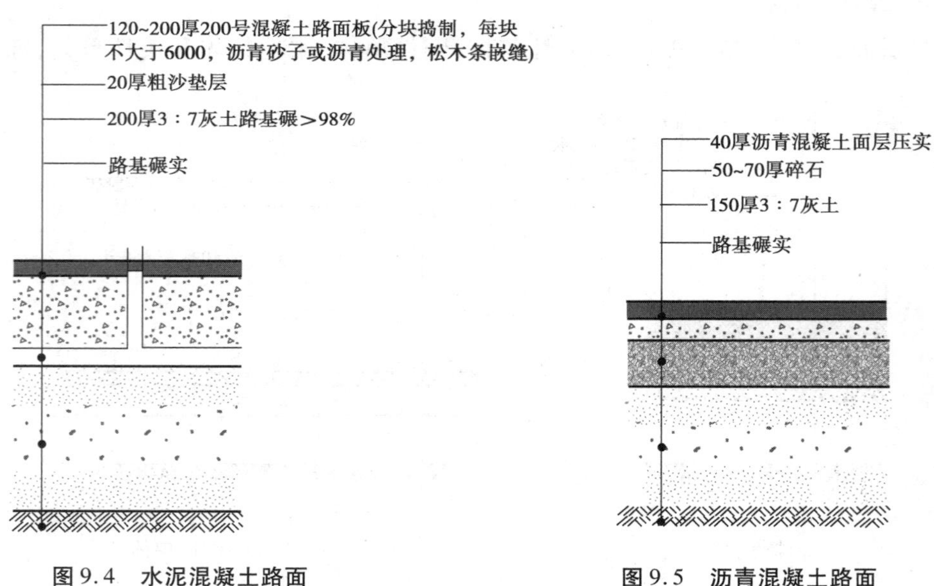


**图9.4　水泥混凝土路面**　　**图9.5　沥青混凝土路面**

(2)常用块料路面构造

块料路面是指采用片材铺装的路面。

①石片铺地。人行道或活动广场采用30 mm厚花岗岩火烧板做面层,30 mm厚1∶3干硬水泥砂浆做结合层,150mm厚3∶7灰土做基层,路基素土夯实(图9.6)。

②碎石片铺地。采用30 mm厚碎大理石块或花岗岩块稀铺磨光做面层,25 mm厚1∶3干硬水泥砂浆及灌缝(灌缝需加色),50 mm厚150号素混凝土,150 mm厚3∶7灰土做基层,路基素土夯实(图9.7)。

③塑胶砖铺地。采用30 mm厚1∶3水泥砂浆粘贴塑胶砖做面层,80 mm厚C15混凝土做基层,150 mm厚3∶7灰土做垫层,路基素土夯实(图9.8)。

④水洗石铺地。采用25 mm厚1∶3白水泥水洗石做面层,80厚C15混凝土,150厚3∶7灰土素土做基层,路基素土夯实(图9.9)。

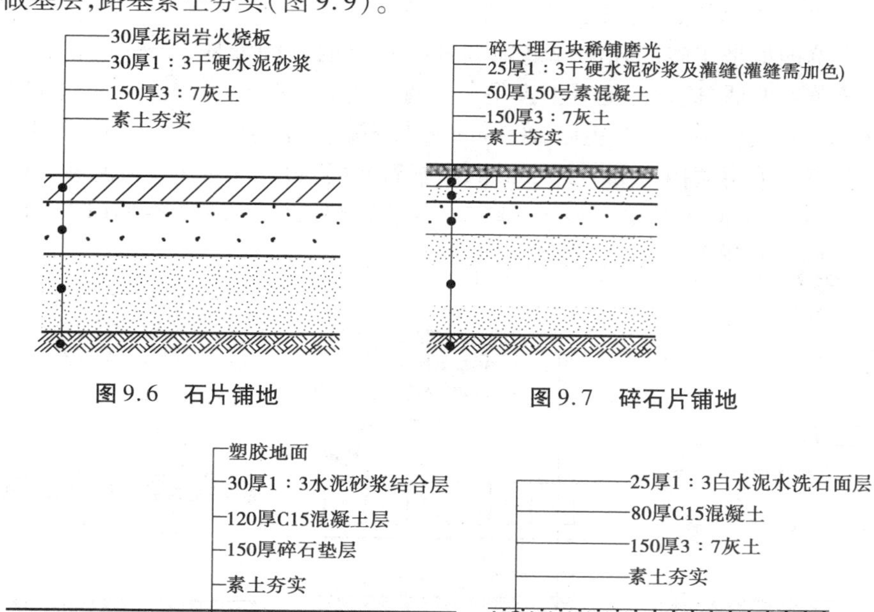


图9.6　石片铺地

图9.7　碎石片铺地



图9.8　塑胶砖铺装

图9.9　水洗石铺地

**4)板材砌块铺装构造**

①板材铺地包括石板,采用30～60 mm厚石板做面层,30 mm厚1∶3水泥砂浆做结合层,70 mm厚C10混凝土做基层,路基素土夯实(图9.10)。预制混凝土砖,采用60 mm厚混凝土砖做面层,25 mm厚粗砂做结合层,150 mm厚3∶7灰土做基层,路基素土夯实(图9.11)。

②乱石路,采用150～200 mm厚稀铺乱石块做垫层,50 mm厚黄土垫层及掺草籽灌缝,路基素土夯实(图9.12)。

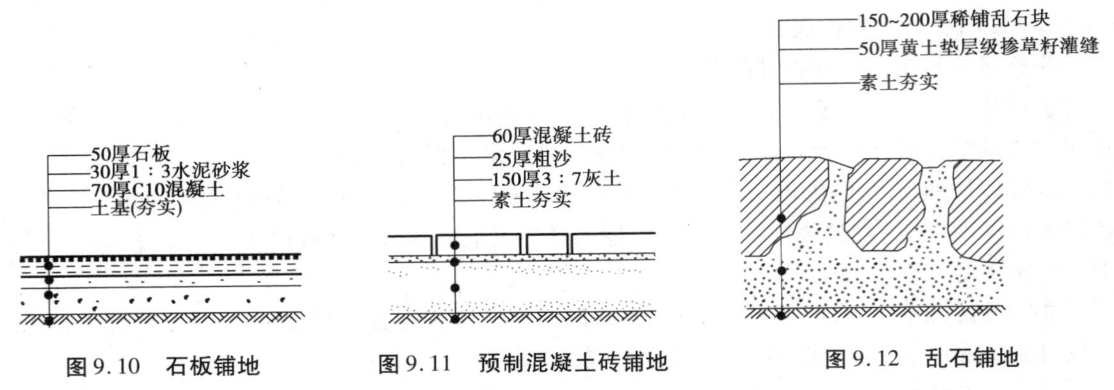


图9.10 石板铺地　　图9.11 预制混凝土砖铺地　　图9.12 乱石铺地

③水泥彩砖铺地。采用50 mm厚水泥方格砖做面层,25 mm厚1:3白灰砂浆为结合层,150 mm厚3:7灰土做基层,路基素土夯实(图9.13)。

④砌块嵌草铺地是在砖的孔洞或缝隙间种植青草的一种铺地,有些可用作停车场的地坪。如果青草茂盛的话,这种铺地看上去是一片青草地,且平整、坚硬。常采用110 mm厚预制块,其间植草做面层,30 mm厚粗砂,200 mm厚碎石做基层,路基素土夯实(图9.14)。

⑤卵石路面。采用粒径为30~50 mm的卵石做面层,40 mm厚1:2水泥砂浆嵌卵石做结合层,80 mm厚C15混凝土基层,150 mm厚3:7灰土做垫层,路基素土夯实(图9.15)。

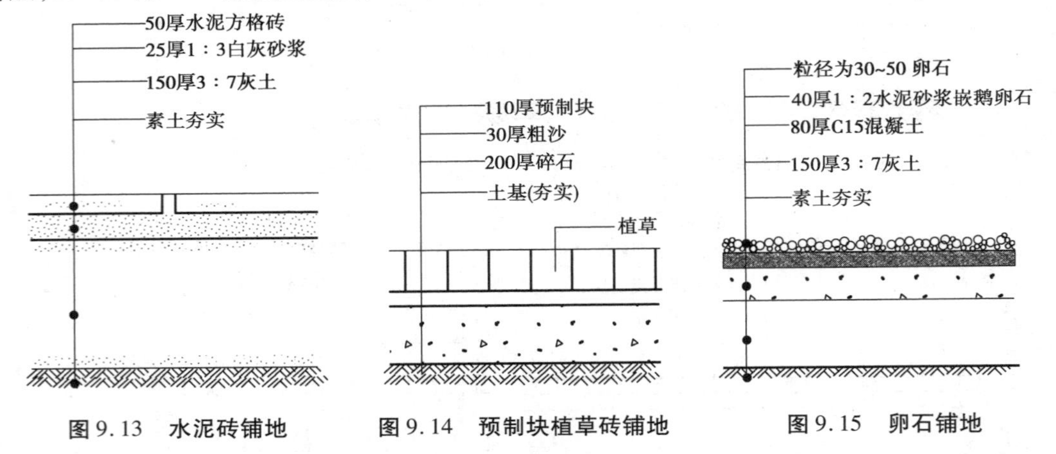


图9.13 水泥砖铺地　　图9.14 预制块植草砖铺地　　图9.15 卵石铺地

⑥预制混凝土砖。采用60 mm厚混凝土砖做面层,25 mm厚粗砂做结合层,150 mm厚3:7灰土做基层,路基素土夯实。

### 5）汀步

汀步是采用板块状材料按一定的间距在水中按一定间隙铺装成的路面,设置于地上或草坪则称为步石。这种路面具有简易、造价低、铺装灵活、适应性强、富有情趣等特点,既可作永久性园路,也可作临时性便道。按照汀步平面形状特点和板材排列布置方式,可把汀步分为规则式和自然式两类。

规则式汀步板材的宽度应为400~500 m,板材之间的净距宜为50~150 mm。在同一条汀步路上,板材的宽度规格及排列间距都应当统一。自然式汀步的板材形状不规则,常为某种材料的自然形状,其形状、大小不必一致,布置与排列方式也不要求整齐划一,应自然错落的布置。板材之间的净距也可以不统一,宜在50~200 mm范围内变化。

（1）荷叶汀步

板材由圆形面板、支撑墩（柱）和基础三部分构成。圆形面板宜设计成2～4种尺寸规格，如直径为450 mm、600 mm、750 mm 、900 mm 等。采用C20细石混凝上预制面板，面板顶面可仿荷叶进行抹面装饰。抹面材料用白色水泥加绿色颜料调成浅果绿色，再加绿色细石子，按水磨石工艺抹面。荷叶汀步的支柱可用混凝土柱，也可用石柱，其设计按般矮柱处理。基础应牢固，至少要埋深300 mm，其底面直径不得小于汀步面板直径的2/3。

（2）板式汀步

板式汀步的铺砌板平面形状可为长方形、正方形、圆形、梯形、三角形等。梯形和三角形铺砌板主要是用来相互组合，组成板面形状有变化的规则式板材路面。铺砌板宽度和长度可根据设计确定，其厚度常设计为80～120 mm，板面可以用彩色水磨石来装饰，不同颜色的彩色水磨石铺路板能够铺装成美观的彩色路面（图9.16、图9.17）。

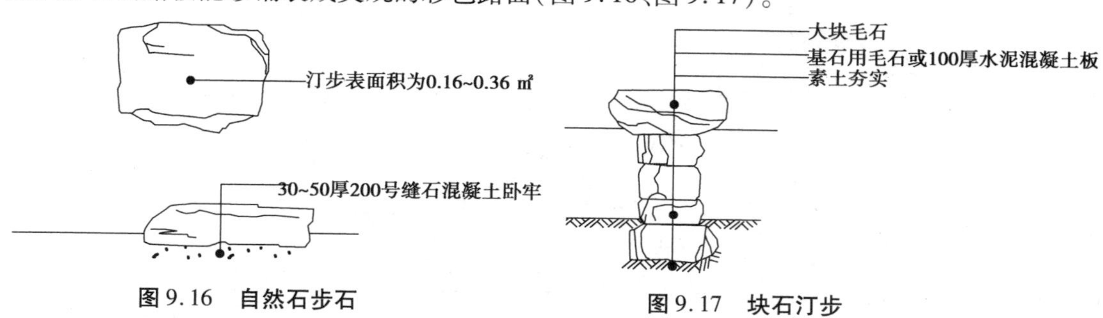


图9.16　自然石步石

图9.17　块石汀步

**6）道路附属构筑物**

道路附属构筑物，一般包括道牙、雨水井、排水沟、涵洞等。

（1）道牙（路缘石）

道牙是设在道路路面的边缘，用于区分车行道、人行道、分隔带、绿化带等的界石，也称为侧石或缘石。侧平石可以起到保障行人、车辆的交通安全和保证路缘整齐的作用。道牙的材料一般采用混凝土、石材或砖材。

道牙基础宜与地床同时填挖碾压，以保证有整体的均匀密实度。结合层用1∶3、2 cm厚的白灰砂浆。安装道牙要平稳牢固，后用M10水泥砂浆勾缝。道牙背后要用灰土夯实，其宽度为50 cm，厚度为15 cm，密实度为90%以上（图9.18）。

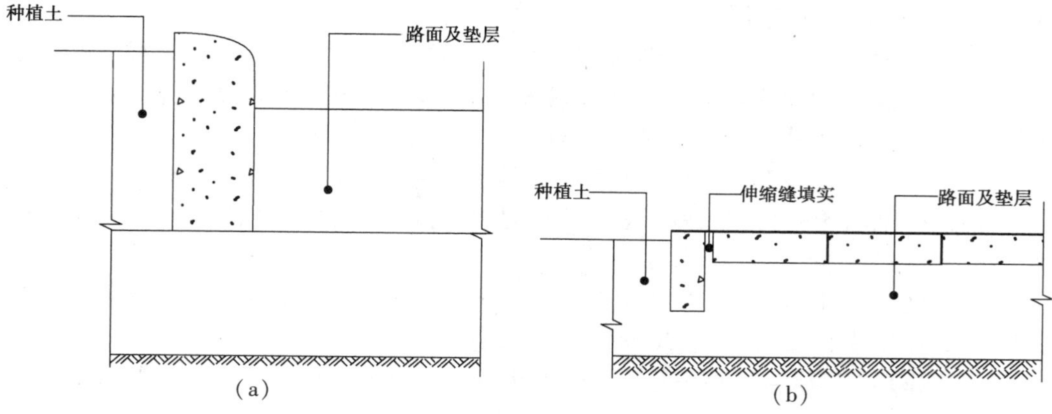


图9.18　道牙构造

(2)道路排水

排水沟可采用盘形剖面或平底剖面,并可采用多种材料,例如:现浇混凝土、预制混凝土、花岗岩、普通石材或砖,砂岩很少被使用。花岗岩铺路板和卵石的混合使路面有了质感的变化,卵石由于其粗糙的表面会使水流的速度减缓,这一点的运用在某些环境中会显得十分重要(图9.19)。

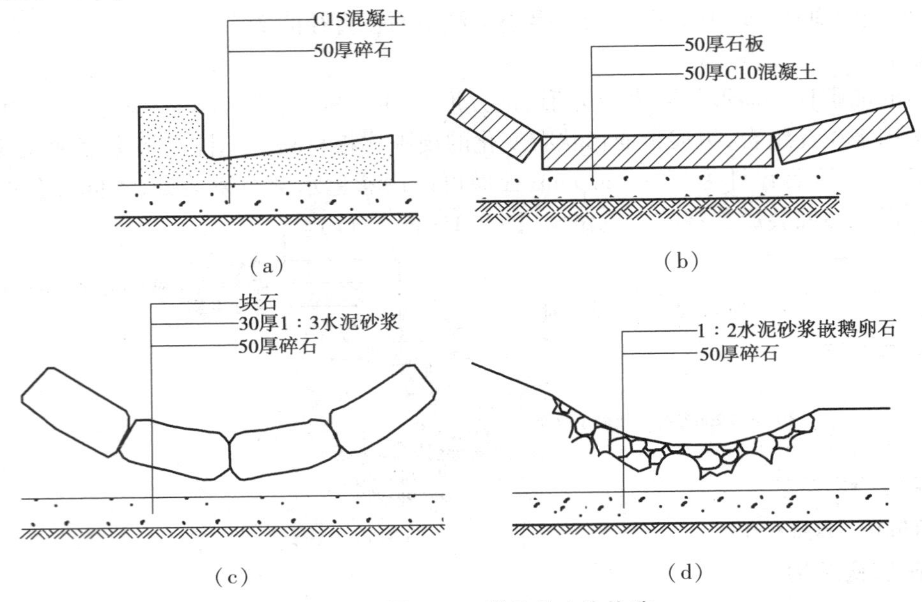


图9.19　道路排水沟构造

## 9.1.2　广场构造

城市广场有两大功能,一是集散人流,二是活动休息。以集散人流为目的的广场,大多设在入口内外,大型城市公共建筑的前面,主次干道相交处有时也有一定面积的广场出现。以活动休息为目的的场地,有林中广场、水边草坪、山上眺望台以及由亭廊花架围合而成的各种休息活动场所。城市广场的铺装占地面积较大,地面除了常用整体现浇的混凝土铺装之外,还经常用各种抹面、贴面、镶嵌及砌块铺装等方法进行装饰美化。各种路面的铺装形式一般都可以在广场地面铺装中采用。

与道路构造相同,在广场构造中路基是关键,广场的平整度和耐久性很大程度上依靠广场路基来支撑。同时,面层铺装的材料也在极大程度上影响了道路广场的使用寿命及使用舒适度。因此,总结出以下广场材料的选择要点:

①城市人行广场铺装石材厚度应≥30 mm,其中荔枝面石材厚度不小于30 mm。

②地面不宜铺设自然面和剁斧面等凹凸面材料,行走舒适感差;也不宜大面积采用光面材料,避免滑倒伤人。

③城市行车广场铺装石材厚度不得低于60 mm,小型车辆通行的园路广场铺装石材厚度不小于30 mm,石材强度不得低于30 MPa(图9.20)。

④对于圆扇形广场铺装,小面积类型可采用100 mm×100 mm等小尺寸石材铺装,大面积类型可采用300 mm×300 mm尺寸的石材铺装,半径为150 mm的圆心铺装可采用整石(图9.21)。

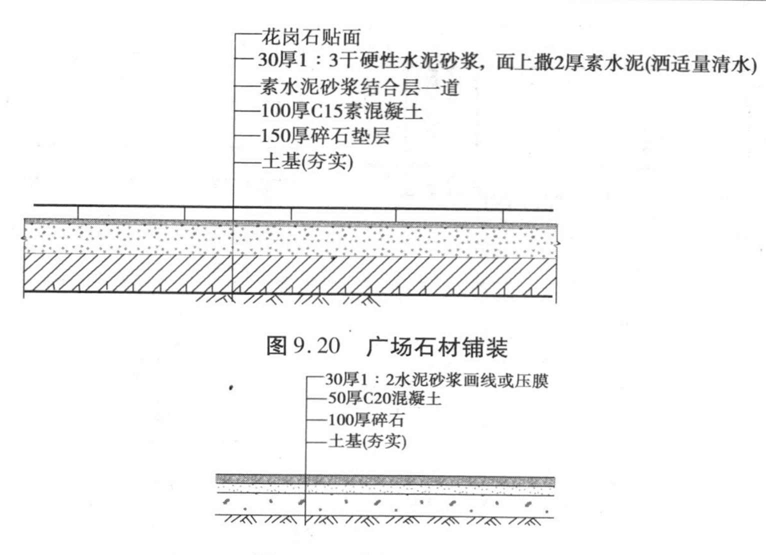


图 9.20 广场石材铺装

图 9.21 广场混凝土铺装

⑤大面积的广场铺装不宜使用冰裂纹的铺装方式，耗费大量的人力、物力和财力，无特殊效果要求时，建议不采用此类做法。

⑥广场拼花宜采用洗米石或者卵石立铺等少量切割的材料完成拼花铺装，避免材料的过多切割造成浪费和衔接不当。

⑦注意控制收边材料的选择以及景墙或者花池等构筑物的布置，避免出现过多的空间分割，降低广场的功能性。

### 9.1.3 道路与广场附属工程构造

#### 1）户外家具

户外家具是指在开放或半开放性户外空间中，为方便人们健康、舒适、高效地开展公共性户外活动而设置的用具，其主要涵盖了城市公共户外家具、庭院户外休闲家具、商业场所户外家具、便携户外家具等四大类产品。本节提到的属城市公共户外家具，其基本内容一般是指城市景观设施中的休息设施部分，例如用于室外或半室外空间的休息桌、椅、伞等。

户外家具是决定建筑物室外空间功能的物质基础和表现室外空间形式的重要元素。区别于一般家具的特点在于作为城市景观环境的组成元素，它更具有普遍意义上的“公共性”和“交流性”的特征。

由于户外家具位置的特殊性，在材料选择方面应着重考虑材料的经久耐用，耐腐蚀，耐水湿，耐温差等性能，故采用木材、石材、混凝土较多，如图 9.22(a)、(b)所示。

户外家具的各种尺寸应该符合人体尺度，能让人们在使用时感到舒适。

#### 2）花池

花池是围合花灌木种植所用的小型构造物，池内填种植土，设排水孔，其高度一般不超过 600 mm，主要用于景观装饰和环境美化。花池造型丰富，装饰性和功能性都较强，在材料选择上主要选择耐候性强，不腐蚀，坚固耐用的材料，如砖砌体或混凝土。部分花池若因整体效果表现的需求而选用木材，因木材强度低、容易腐朽，可以铺上防水层后再用砖垒(图 9.23)。

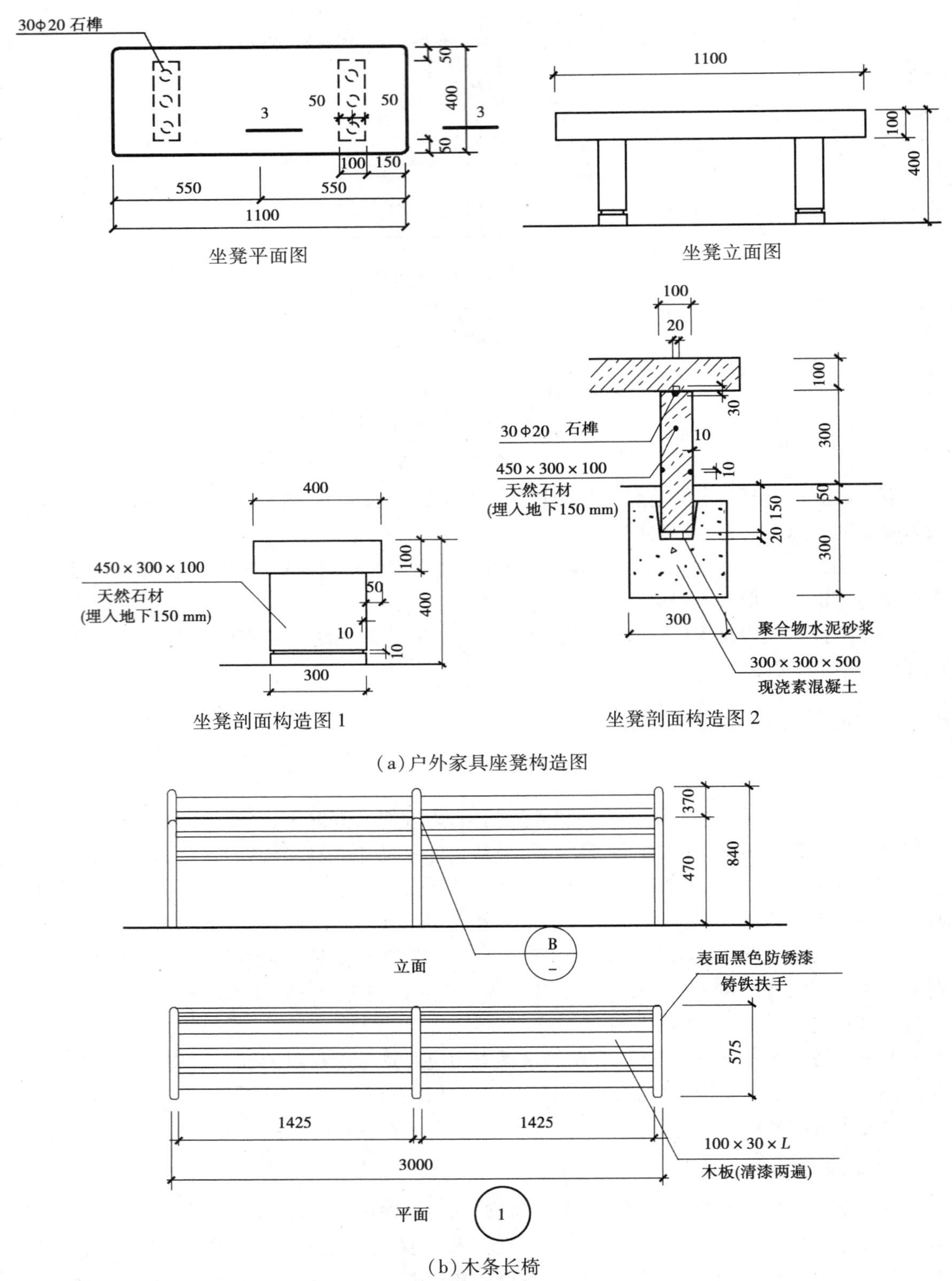


图 9.22 户外设施长条木椅构造图

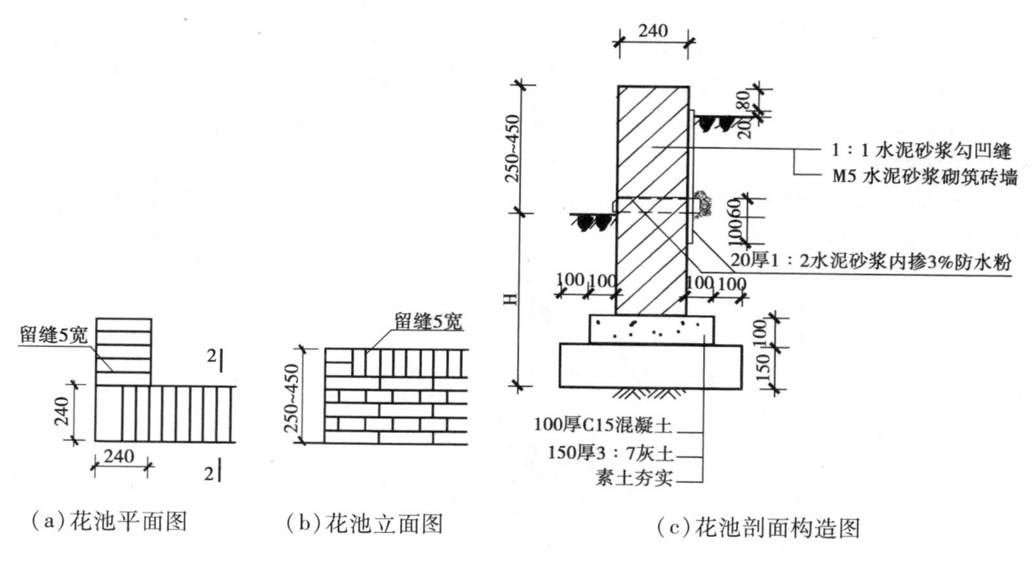


（a）花池平面图　　（b）花池立面图　　（c）花池剖面构造图

**图9.23　花池构造图**

### 3）树池

树池是种植树木的人工构筑物，是城市道路及广场树木生长所需的最基本的空间。

（1）树池的分类

树池按照形状大致可分为方形树池、圆形树池、钢结构造型树池和方形叠级树池；按使用环境可以分为行道树树池、坐凳树池、临水树池、水中树池、跌水树池、参阶树池等。

（2）树池的规格

树池的规格根据树高、胸径、根茎大小、根系水平等因素共同决定。一般情况下，正方形树池以1.5 m×1.5 m较为合适，最小不要小于1 m×1 m；长方形树池以1.2 m×2.0 m为宜，圆形树池直径则不小于1.5 m。城市公园、广场等公共场所的树池高度一般在350～500 mm，可供行人休息。具体的树池规格见表9.1。

**表9.1　树坑的尺寸**

| 树　高 | 必要有效的标准树池尺寸 | 树池篦子尺寸 |
|---|---|---|
| 3 m左右 | 直径60 cm以上，深50 cm左右 | 直径750 mm左右 |
| 4～5 m | 直径80 cm以上，深60 cm左右 | 直径1 200 mm左右 |
| 6 m左右 | 直径120 cm以上，深90 cm左右 | 直径1 500 mm左右 |
| 7 m左右 | 直径150 cm以上，深100 cm左右 | 直径1 800 mm左右 |
| 8～10 m | 直径150 cm以上，深150 cm左右 | 直径2 000 mm左右 |

（3）树池处理方式

树池处理方式分为硬质处理、软质处理和软硬结合处理。

硬质处理指使用硬质材料架空、铺设树池表面的方式。此方式又分为固定式和不固定式。传统的铁箅子以及近年使用的玻璃钢箅子、碎石砾粘合铺装等，均属固定式。而用卵石、树皮、陶粒覆盖则属于不固定式。

软质处理是将低矮植物种植在树池内,用于覆盖树池表面的方式。一般北方城市常用大叶黄杨、金叶女贞等灌木或冷季型草坪、麦冬类、白三叶等地被植物进行覆盖。这种方式能增加绿地量,也经济简便。

软硬结合指同时使用硬质材料和园林植物对树池进行覆盖的方式。如对树池铺设透空砖,嵌草砖(图9.24)。

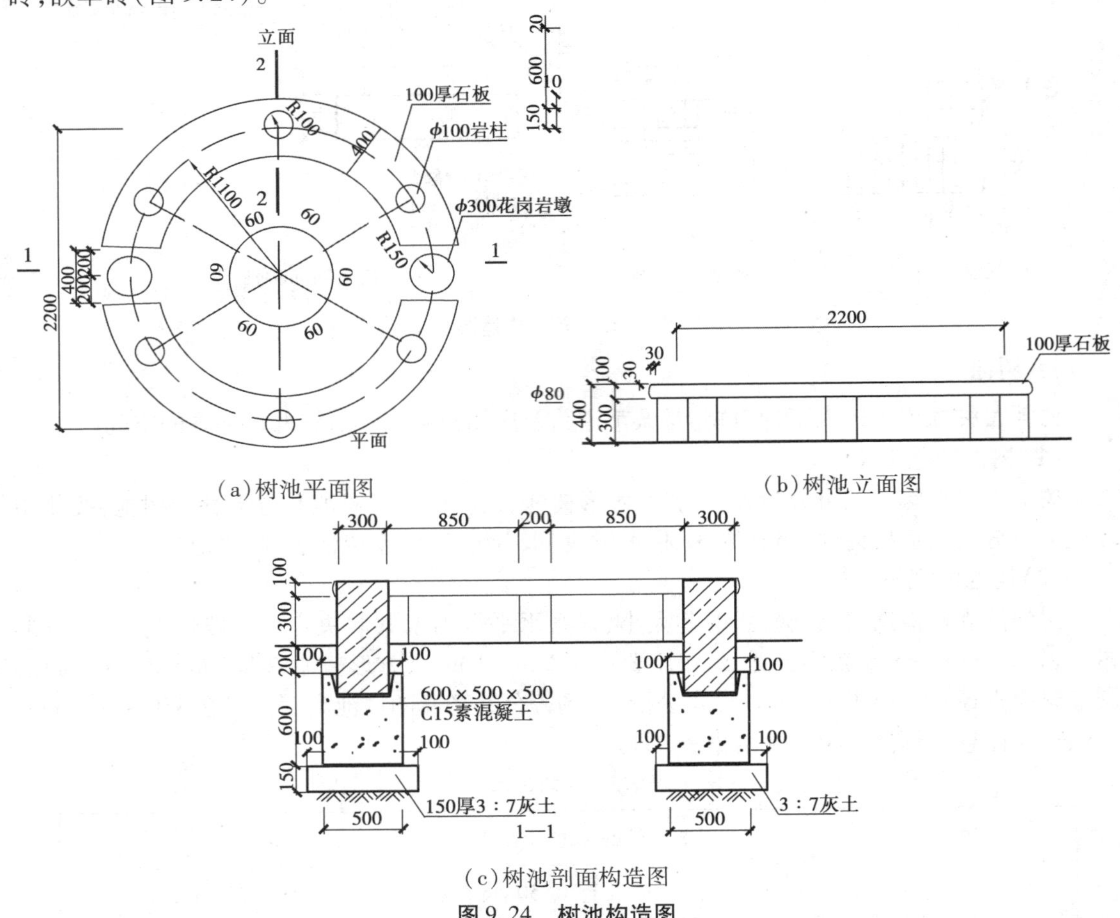


(a)树池平面图

(b)树池立面图

(c)树池剖面构造图

**图9.24 树池构造图**

### 4)台阶

台阶一般是指用砖、石、混凝土等筑成的、一级一级供人上下的构筑物,多设置在建筑大门前或室外有着高差的路上。周边环境不同,设计要求不同时,对其进行的处理也不同。

台阶由面层、垫层和基层3个部分组成。

面层就是台阶面的装饰面层,一般是由水泥砂浆、水磨石、天然石材、人造石材等材料构成。天然石料中最常用的为花岗岩,可以用整石,厚度为10~15 cm。但不宜采用光面及亚光面的花岗岩,让外部空间产生眩光的同时也不利于防滑。陶土砖、防腐木、马赛克等材料能为台阶增加颜色和质感上的变化。台阶的材料和颜色与周边环境的不同能起到对比强烈,暗示空间变化的功能。

垫层一般由混凝土、石材或者砖砌体构成。

基层一般是夯实的土壤，在寒冷地区，为了防止冻害，在基层与混凝土垫层之间还应设砂垫层。台阶踏步的踢面一般 150 mm 高，踏面一般 300 mm 宽。

常见的台阶构造图如图 9.25 所示。

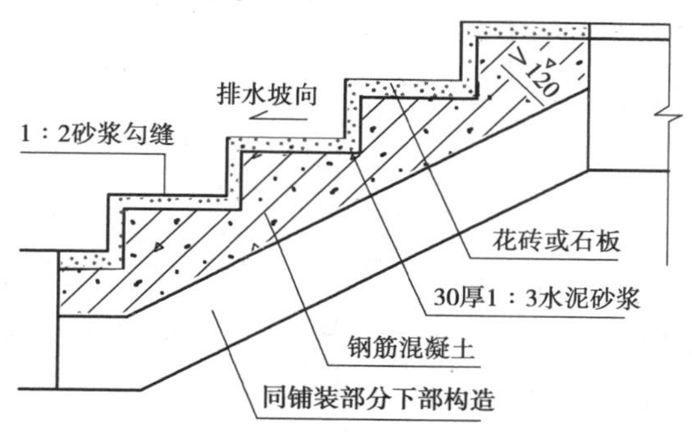


图 9.25　台阶构造图

5）**标识牌**

标识标牌作为日常生活中随处可见的物品，如路牌、路标、信息指示牌、导向牌等。标识牌的出现给人们生活带来了极大的便捷。在材料的选择上通常选用不锈钢镜面或拉丝板，钛金板，玻璃，亚克力板，铜板，铝板，冷轧板，大理石，不锈钢管，实木作为表面材料，内部结构采用不锈钢管，黑色金属型材为加强材料，发光源用 LED 灯、等离子灯、霓虹灯、导光板等相关材料。

（1）按材质分类

木材标识牌：被广泛应用在园林、动物园、公园等一些旅游风景区，给人的感觉自然亲切、传统回归。

石材标识牌：但是它和木材所表现出来的肌理效果十分好，风格独特，文化味道浓郁，是其他材料不能代替的。常见石材有青石、花岗石、大理石等。

金属标识牌：如铝合金、不锈钢、冷轧钢板。

在没有特别指定板面的情况下，用金属作为标牌的板面或文字的主材料以及用金属作为标识的主载体。

合成材料：常见的有亚克力板、玻璃钢、铝塑板、PVC 板、阳光板、弗龙板等。

（2）按工艺分类

不锈钢腐蚀、平面拉丝、反光、感光、铜版画、丝网印、热转印、亚克力雕刻、亚克力吸塑、鼓面的、平面的、亮边的、喷漆的、钛金、喷沙。

（3）按用途分类

安全标志牌、电力标志牌、消防标志牌、卡通标志牌、疏散标志牌。

常见标识牌构造图如图 9.26 所示。

6）**沙坑**

这里介绍的沙坑是指儿童游戏沙坑，幼儿对沙子有着与生俱来的亲近，有条件的幼儿园一般也都会在户外设置玩沙区。通过玩沙区活动，孩子们可以发展感知觉，可以练习大小肌肉的动作，可以掌握基本的沙的知识，可以发展创造力，还可以获得情绪上的满足，如图 9.27 和图 9.28 所示。

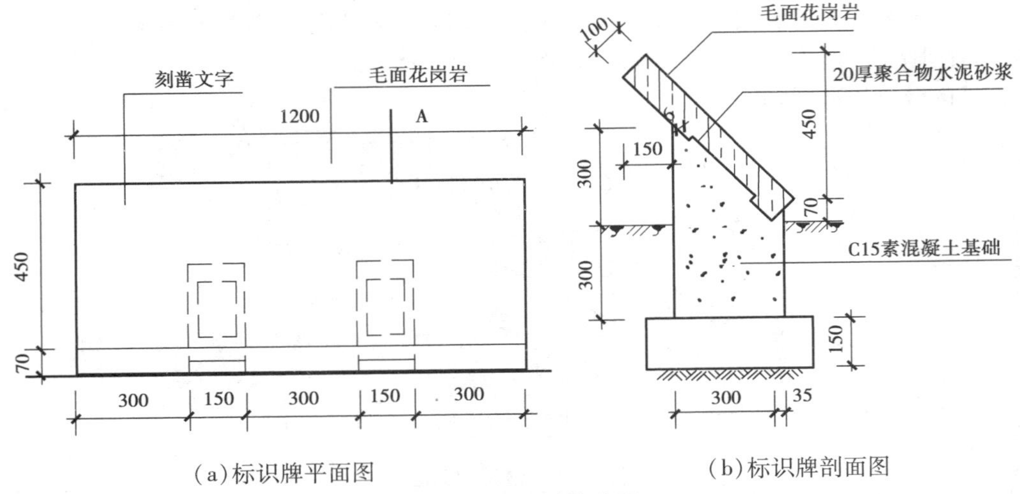


(a)标识牌平面图　　(b)标识牌剖面图

图 9.26　标识牌构造图

图 9.27　室内沙坑示意图

图 9.28　户外沙坑示意图

(1)沙坑设置要点

①沙池位置尽可能选择在向阳背风处,有利于幼儿玩沙时进行日光浴,并定期进行沙土消毒。

②幼儿园沙池深为 0.3 ~0.5 m,其大小面积与办园规模相协调。沙池应使用安全细软的天然黄沙或白沙,禁用工业用沙,并定期消毒。沙池应有良好的排水功能。

③沙坑的面积按每个儿童 1 $m^2$左右设置。班级规模和园所沙池面积(含沙箱面积)分别不小于 10 $m^2$、20 $m^2$、30 $m^2$ 和 40 $m^2$。如要确保一个班的儿童同时使用,则面积不能小于 30 $m^2$。

④为了不让沙子流失,其边缘应该较高于地面;沙坑的边框设计不仅要起到拦沙的作用,也要考虑儿童的坐息和跨越,因此不宜太高。

⑤高于地面的沙坑边缘如果是由水泥或瓷砖砌成,会有一定的安全隐患。可以对沙坑坚硬的边缘进行软化处理,如用轮胎堆边或户外木包边。

⑥沙坑还要便于排水,故应在底部设排水管道。为了改善沙坑的排水性能,可在沙坑底部以大粒砾或焦炭衬底,并设排水沟。

⑦沙坑可以设计成各种形状,常用的有方形、矩形、多边形、圆形、曲线与直线组合形。从使用和美观考虑,直线多形成的交角最好做成圆弧。

(2)沙坑构造

沙坑建造内容主要包括:测量放线、基础开挖、粗造型、排水管安装、边缘造型、细造型、沙坑上沙、沙坑管理等。沙坑的构造实例如图 9.29、图 9.30 所示,构造中应注意排水管的设置。

丁腈橡胶地脚螺栓
厚50木缘石
550×150C20钢筋混凝土
30厚1:3水泥砂浆
100厚碎石垫层
素土夯实
净沙(细)
100厚碎石垫层
素土夯实
R40
30
100
400
600
ϕ10@200
50
150
50
Φ80合成树脂透水管
沙坑做法1:10


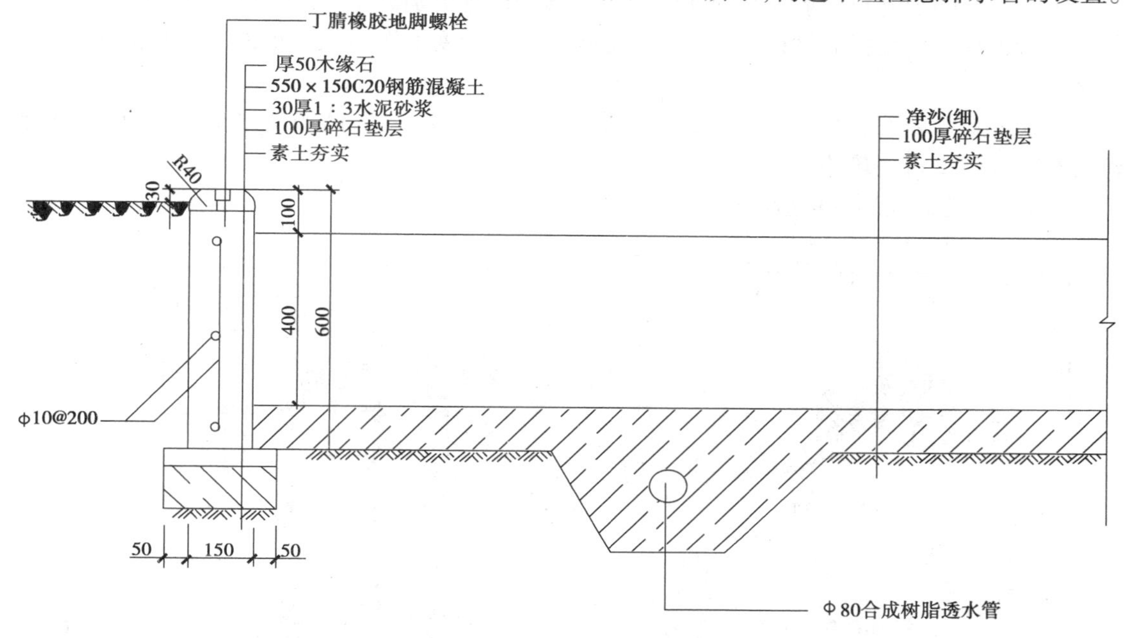

图 9.29 沙坑做法一

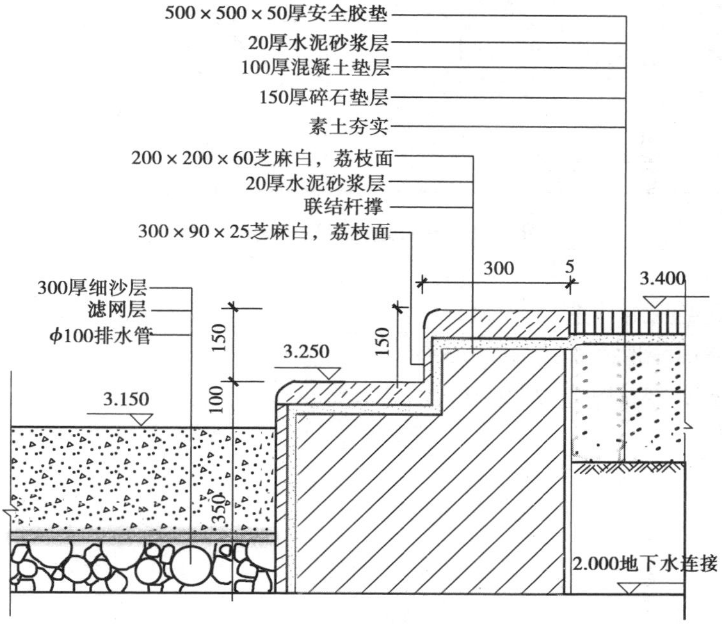

500×500×50厚安全胶垫
20厚水泥砂浆层
100厚混凝土垫层
150厚碎石垫层
素土夯实
200×200×60芝麻白,荔枝面
20厚水泥砂浆层
联结杆撑
300×90×25芝麻白,荔枝面
300厚细沙层
滤网层
ϕ100排水管
300
5
3.400
150
150
3.250
100
3.150
350
2.000地下水连接


图 9.30 沙坑做法二

7）地面变形缝构造实例

(1)构造要求

①所选择的盖缝板的形式必须能够符合所属变形缝类别的变形需要。

②所选择的盖缝板的材料及构造方式必须能够符合变形缝所在部位的其他功能需要，如防水、防火、美观等。

③在变形缝内部应当用具有自防水功能的柔性材料来塞缝，例如挤塑型聚苯板、沥青麻丝、橡胶条等，以防止热桥的产生。

(2)车行地面变形缝构造(图9.31)

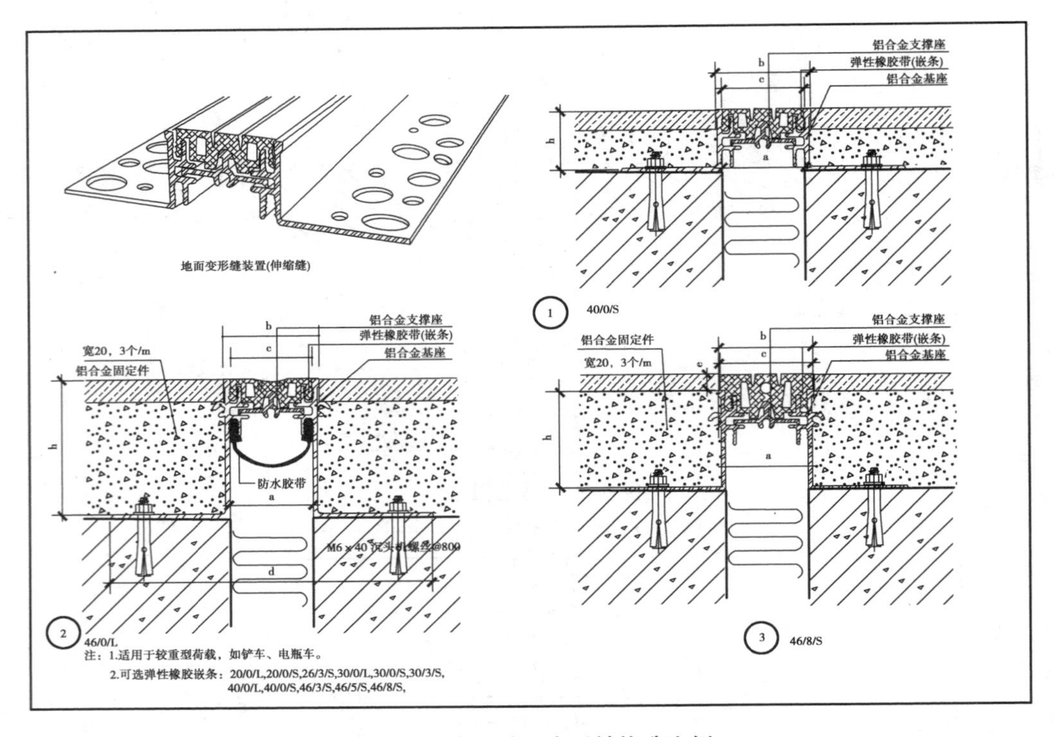


图9.31 车行地面变形缝构造实例

(3)人行地面变形缝构造(图9.32)

(4)混凝土路面变形缝构造(图9.33)

(5)铺装路面变形缝构造(图9.34)

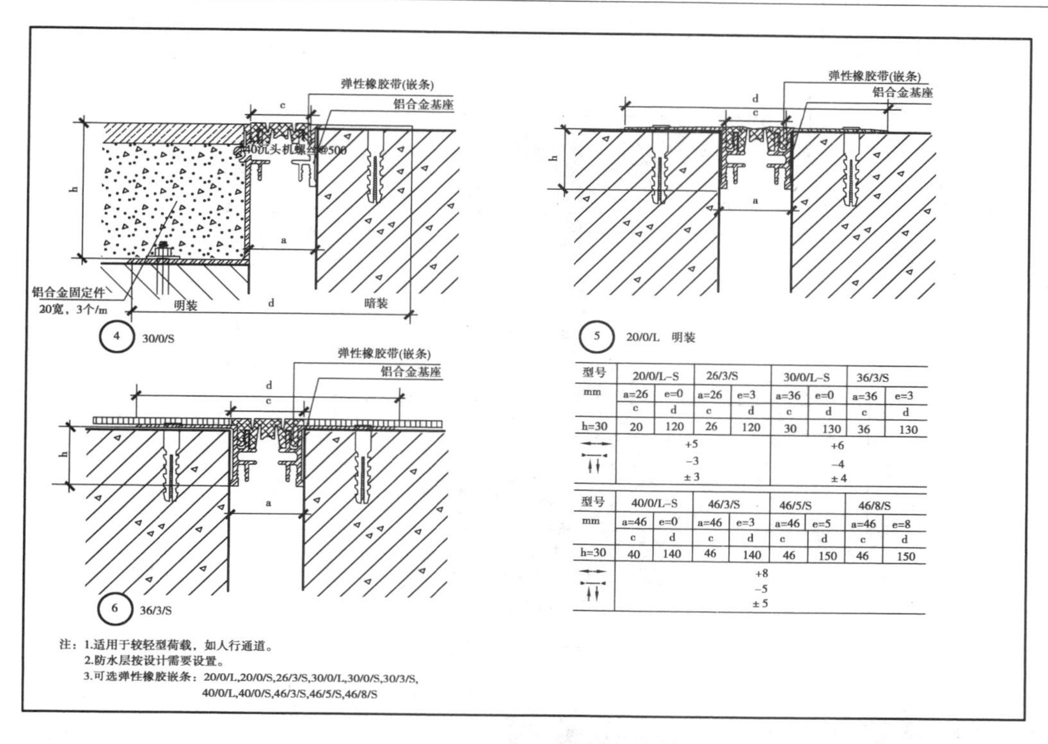


| 型号 | 20/0/L-S | | 26/3/S | | 30/0/L-S | | 36/3/S | |
|---|---|---|---|---|---|---|---|---|
| mm | a=26 | e=0 | a=26 | e=3 | a=36 | e=0 | a=36 | e=3 |
| | c | d | c | d | c | d | c | d |
| h=30 | 20 | 120 | 26 | 120 | 30 | 130 | 36 | 130 |
| | +5<br>−3<br>±3 | | | | +6<br>−4<br>±4 | | | |

| 型号 | 40/0/L-S | | 46/3/S | | 46/5/S | | 46/8/S | |
|---|---|---|---|---|---|---|---|---|
| mm | a=46 | e=0 | a=46 | e=3 | a=46 | e=5 | a=46 | e=8 |
| | c | d | c | d | c | d | c | d |
| h=30 | 40 | 140 | 46 | 140 | 46 | 150 | 46 | 150 |
| | +8<br>−5<br>±5 | | | | | | | |

图 9.32　人行地面变形缝构造实例

变形缝设置：净的混凝土路面（当路面宽度 <7 m 时不设纵向缝）平面如图 9.33 所示。

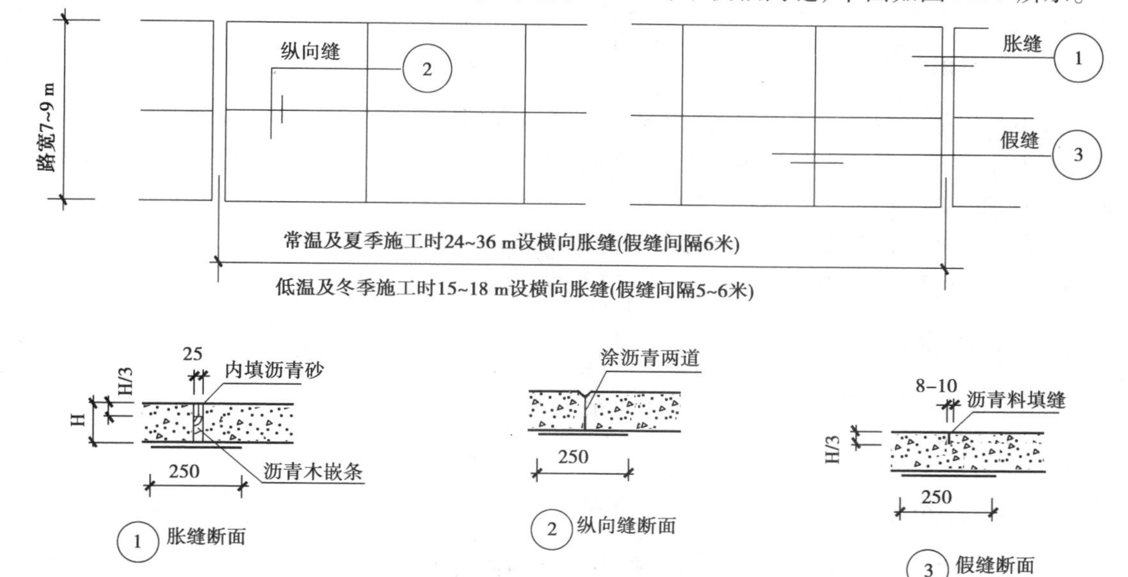


图 9.33　混凝土路面变形缝构造实例

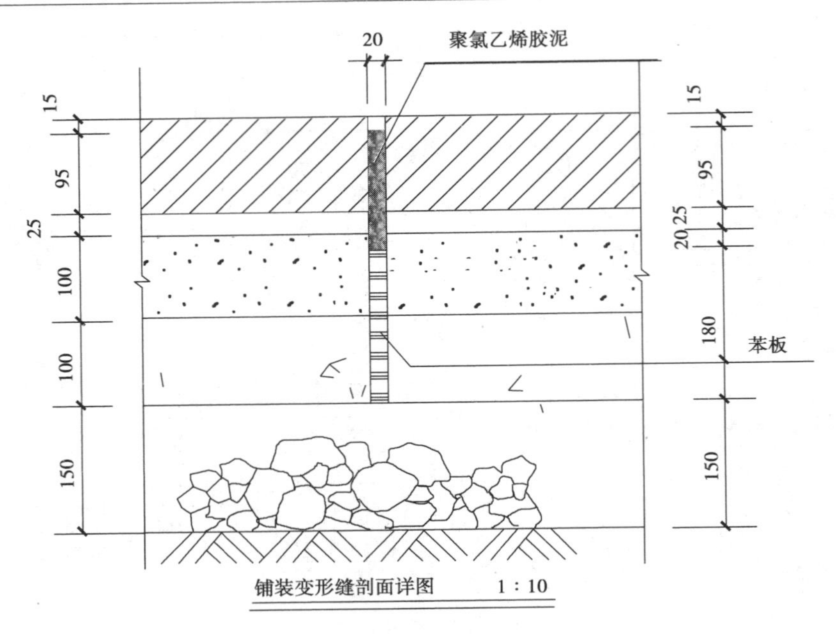


图9.34 铺装变形缝构造实例

## 9.2 假山与景石工程构造

### 9.2.1 假山的功能

假山是以造景游览为主要目的，充分结合其他方面的功能作用，以土、石等为材料，以自然山水为蓝本并加以艺术的提炼和夸张，用人工再造的山水景物的通称。假山具有多方面的造景功能，如构成景观的主景或地形骨架，划分和组织空间，布置庭院、驳岸、护坡、挡土，设置自然式花台。还可以与景观建筑、道路、场地和植物组合成富于变化的景致，借以减少人工气氛，增添自然生趣，使景观建筑融汇到山水环境中。

### 9.2.2 假山材料

假山的材料可以概括几大类：湖石（包括太湖石、房山石、英石、灵璧石、宣石）、黄石、青石、石笋等。

### 9.2.3 置石的方法

置石是用石材或仿石材布置成自然露岩景观的造景手法。置石还可结合它的挡土、护坡作为种植床或种植池等实用功能，用以点缀风景园林空间。置石能够用简单的形式，体现较深的意境，达到“寸石生情”的艺术效果。

## 9.2.4 各类假山构造

(1)叠石假山

叠石的方式则主要有流云式与堆秀式。所谓流云式,就是用挑、飘、挎、斗的手法模仿天空间流云飘荡,给人以舒展飞逸之感。所谓堆秀式,就是并不追求透漏,不留太多的空洞,而模拟自然山脉的悬崖峭壁,比之于流云式,则显得庄重峻伟(图9.35)。

(2)GRC假山

GRC(GlassFiber Reinforced cement的缩写)是玻璃纤维强化水泥的简称,它是将抗碱玻璃纤维加入低碱水泥砂浆中硬化后所产生的高强度的复合物(图9.36)。

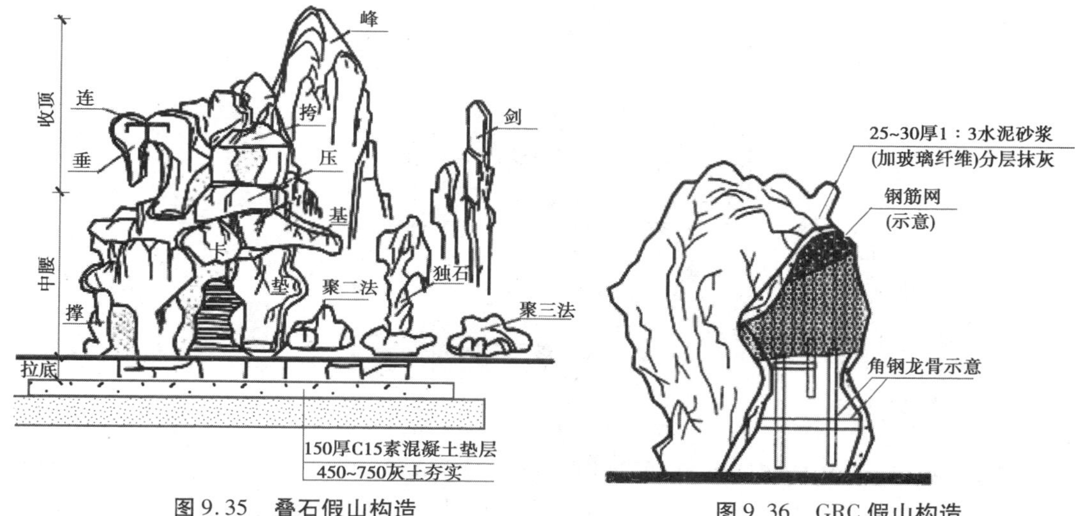


图9.35 叠石假山构造

图9.36 GRC假山构造

(3)钢丝网抹灰假山(图9.37)

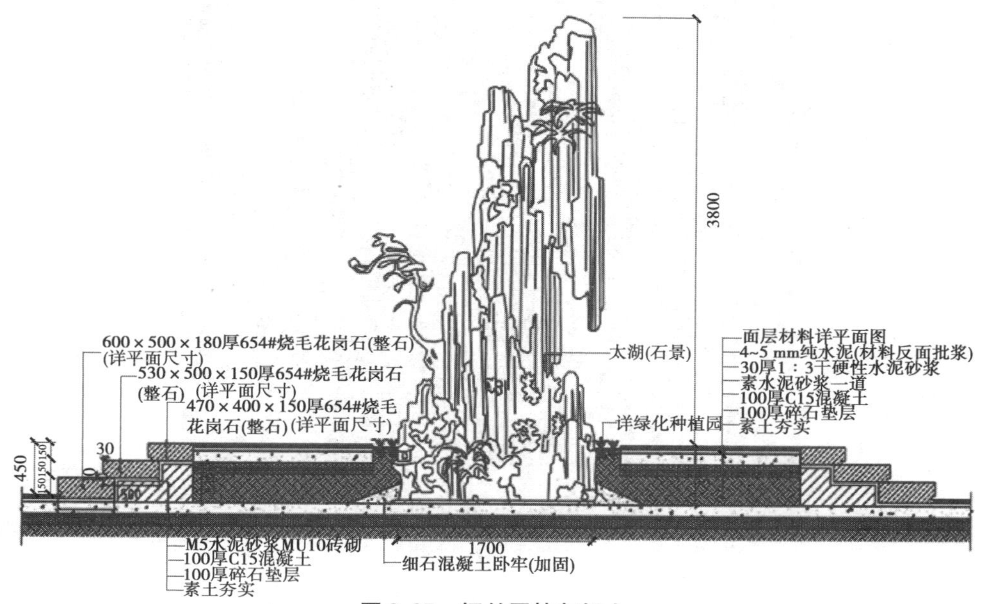


图9.37 钢丝网抹灰假山

钢丝网抹灰假山的构造(由里至外)层次:型钢结构骨架,钢筋网(例如 φ10@200 双向);钢丝网,水泥砂浆或细石混凝土以及 GRC 等,真石漆,憎水剂。

(4)玻璃钢假山(9.38)

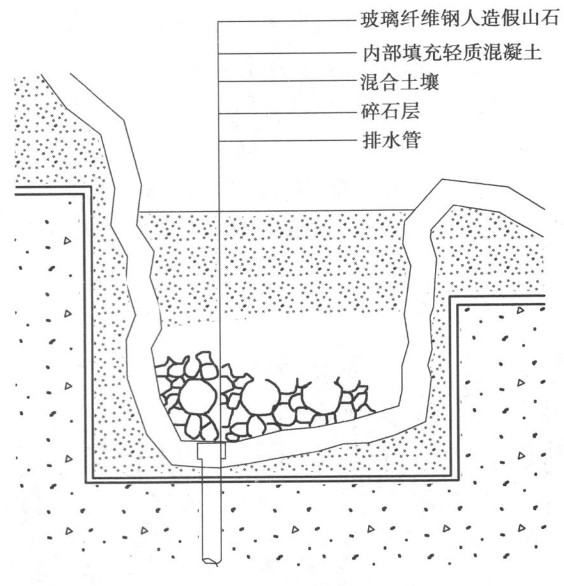


图 9.38　玻璃钢假山

### 9.2.5　景石构造

景石是指不具备山形,但以奇特的怪石形状为审美特征的石质观赏品。景石与假山一样,都是园林中的重要景物形式。景石示意图及构造图如图 9.39、图 9.40 所示。

图 9.39　景石图

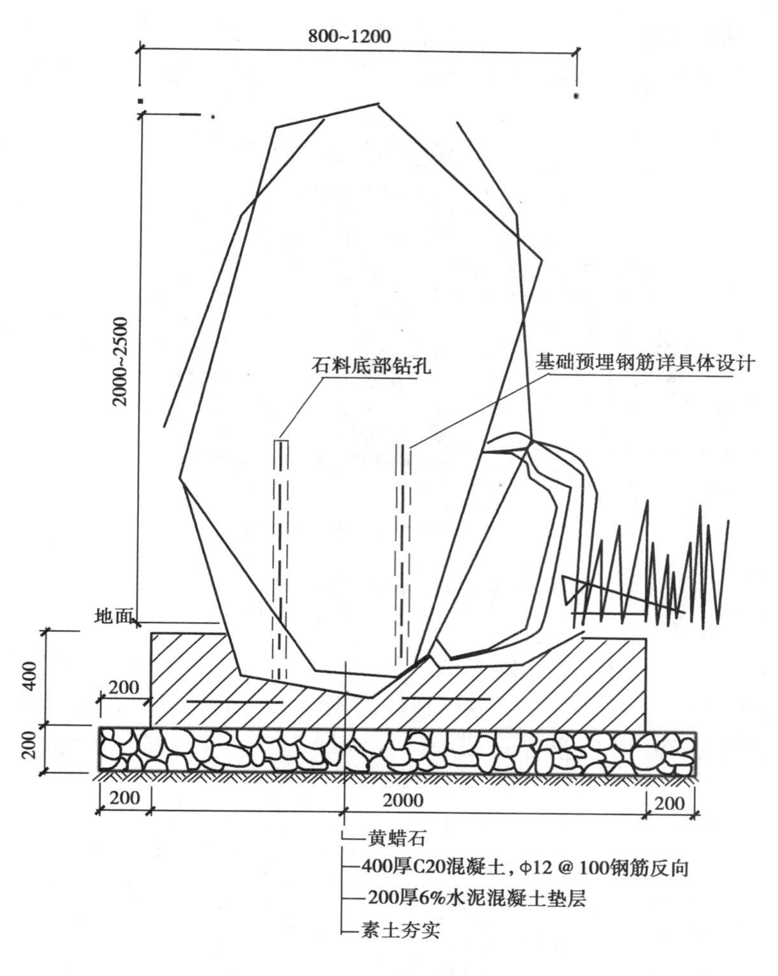


图 9.40 景石构造图

## 9.3 水景工程构造

水景工程设计是园林中与水景相关工程的总称，包括水景设计、水景构造（如水池、人工湖泊与溪流、喷泉跌水等）设计，本节重点介绍相关构造。

### 9.3.1 水池构造

水池是由自然水形成的小型坑洼或由人工修建、具有防渗作用的蓄水设施。其形式多样，布局灵活，在景观园林中应用广泛，是局部空间或小规模环境绿地创建水景的主要形式之一，常与建筑、雕塑、小品、山石、植物等组合造景。

园林景观用人工水池，按修建的材料和结构可分为刚性结构水池、柔性结构水池、临时简易水池三种。

(1)刚性结构水池

刚性水池是钢筋混凝土整体现浇的水池，特点是池底池壁均配钢筋网，再整体浇筑混凝土，使用寿命长、防漏性好，适用于大部分的各式各样的水池，施工图绘制的内容如图 9.41 所示。

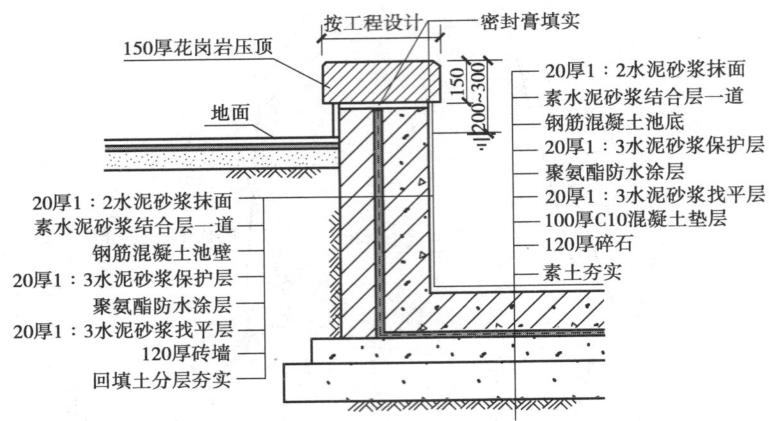


图 9.41　刚性结构水池

(2)柔性结构水池

柔性结构水池一般为自然形式的水池，岸壁常采取块石、卵石饰面压顶或镶嵌景石的方式，是选用柔性不渗水材料做防水层，可以选择的不渗水材料有玻璃布沥青席、三元乙丙橡胶(EPDM)薄膜、聚氯乙烯(PVC)衬垫薄膜、膨润土防水毯等。柔性结构水池的施工图如图9.42 所示。

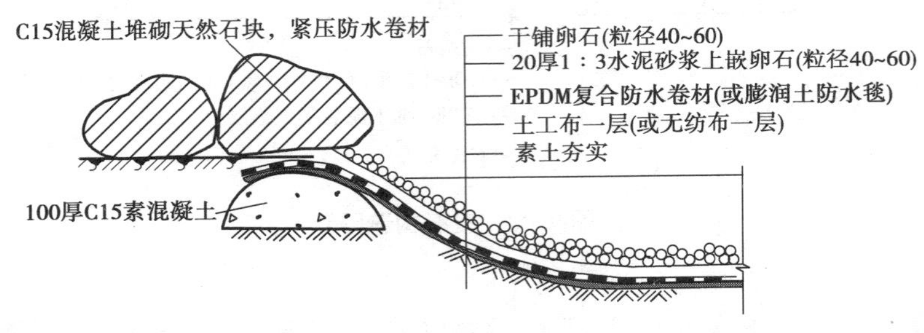


图 9.42　柔性结构水池

(3)临时简易水池

简易水池结构简单，安装方便，使用完毕后能随时拆除，甚至还能反复利用。一般适用于节日、庆典、小型展览等水池的施工。

临时水池根据安置位置的不同，结构形式不一。对于铺设在硬质地面上的水池，一般采用角钢焊接、红砖砌筑或者泡沫塑料制成池壁，再用吹塑纸、塑料布等分层将池底和池壁铺垫，并将塑料布反卷包住池壁外侧，用素土或其他重物加以固定，如图 9.43 所示。内侧池壁可用树桩做成驳岸，或用盆花遮挡，池底可视需要再铺设砂石或点缀少量卵石；另一种可用挖水池基坑的方法建造，先按设计要求挖好基坑并夯实，再铺上塑料布(塑料布应至少留 15 cm 在池缘)，并用天然石块压紧，完成简易临时水池的安置，如图 9.44 所示。

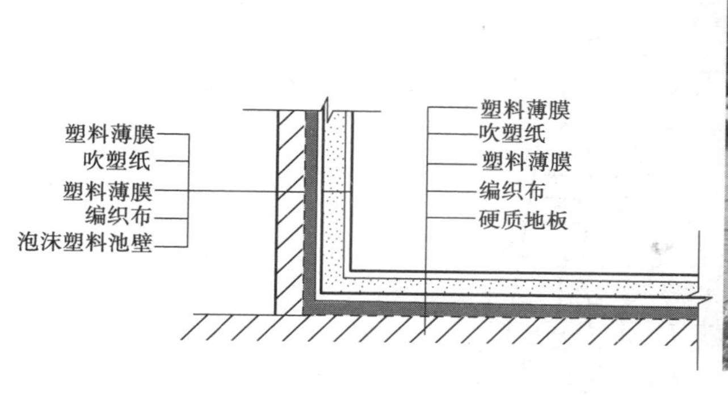

图9.43 简易结构水池

图9.44 简易水池安装现场(出自网络)

## 9.3.2 驳岸构造

一面临水的挡土墙称为驳岸,位于园林水体边缘与陆地交界处,是保护湖岸稳固,防止冲刷或被水淹所设置的构筑物。大多岸壁为直墙、有明显的墙身,岸壁坡度 >45°,设计施工时应注意设施与常水位、高水位、20 年、50 年或 100 年水位及水位线的关系。

(1)砌石驳岸

砌筑上又可分为干砌和浆砌两种,前者往往用于斜坡式,后者用于垂直式。

干砌石是不用胶结材料的块石砌体。它依靠石块自身重量及石块接触面间的摩擦力在外力作用下保持稳定,如图 9.45 所示。

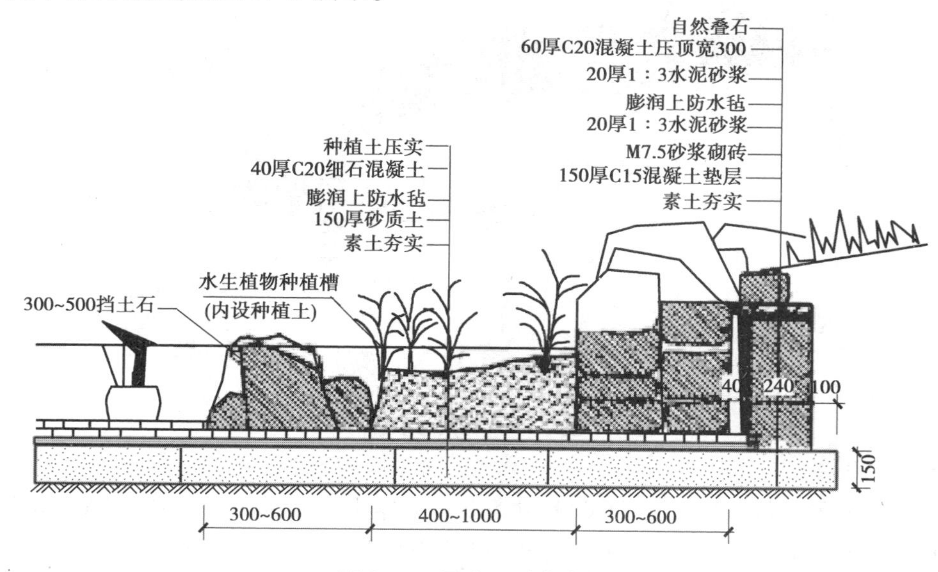


图9.45 干砌石驳岸举例

浆砌块石驳岸:选用较大块石($\phi$300 mm 以上),并用 M10 水泥砂浆砌筑,为使驳岸整体性加强,带做混凝土压顶,内放 206 统长钢筋,构造基本同挡土墙。一般每隔 25 ~ 30 m 应设置一道伸缩缝,缝宽 20 ~ 30 mm,内嵌防腐木板条或沥青油毡等,如图 9.46 所示。

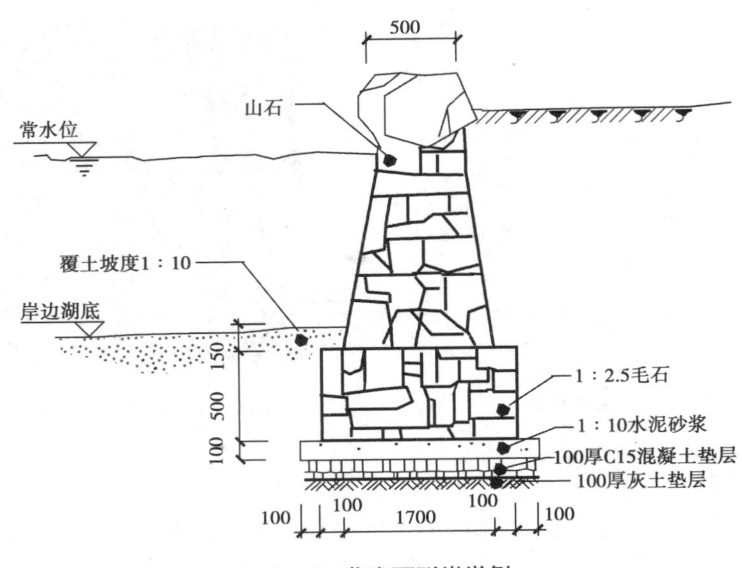


图9.46　浆砌石驳岸举例

(2)混凝土驳岸

一般设置在高差较大或表面要求光滑的水池壁处,或是不适宜用砂浆砌块的石驳岸处,如图9.47所示。

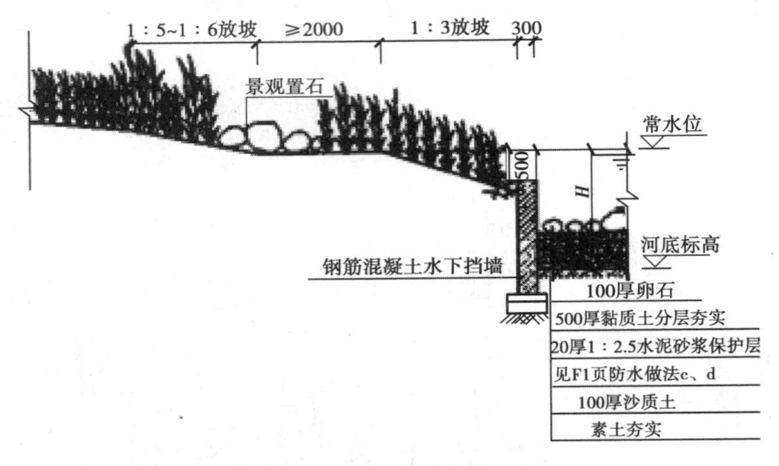


图9.47　混凝土驳岸

(3)竹桩驳岸

用下涂柏油的竹杆,打入土中1 000~1 500 mm,露出泥面500 mm,间距400~600 mm安设,背面用涂柏油的竹片用铅丝与毛竹扎牢,以防土塌落。构造简单,施工简便,适用于临时工程。但竹桩耐腐性不强,虽经防腐处理,仍然会在较短时间就会烂掉,如图9.48所示。

木桩混合式样驳岸:在护脚2 m左右处,可用木柴沉褥作垫层(即沉排),即用树木枝干编成排,桩入土1 500~2 500 mm,桩顶上缘应保证不露出低水位,再于其上加盖砌石板条石等重物使之沉下。适宜水流速度不大处,也适宜做成码头,如图9.49所示。

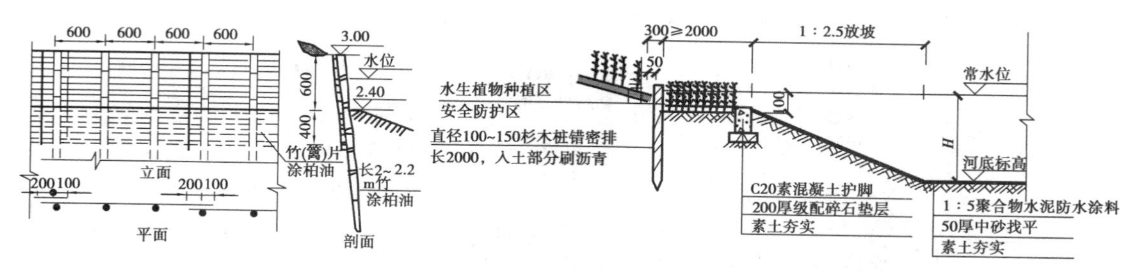


图9.48　竹桩驳岸

图9.49　木桩混合式样驳岸

(4)石笼、片石、草坡驳岸

为使沿岸自然,多采用自然缓坡与水景植物结合。再设置驳岸保护护堤。石笼驳岸一般考虑碎石大小,网格规格多为2 m×1 m×1 m,3 m×1 m×1 m,4 m×1 m×1 m,2 m×1 m×0.5 m,4 m×1 m×0.5 m,表面保护状态有热镀锌、热镀铝合金和涂PVC等。片石和草坡驳岸根据水面高度进行1:1.5放坡,其施工图设计如图9.50、图9.51所示。

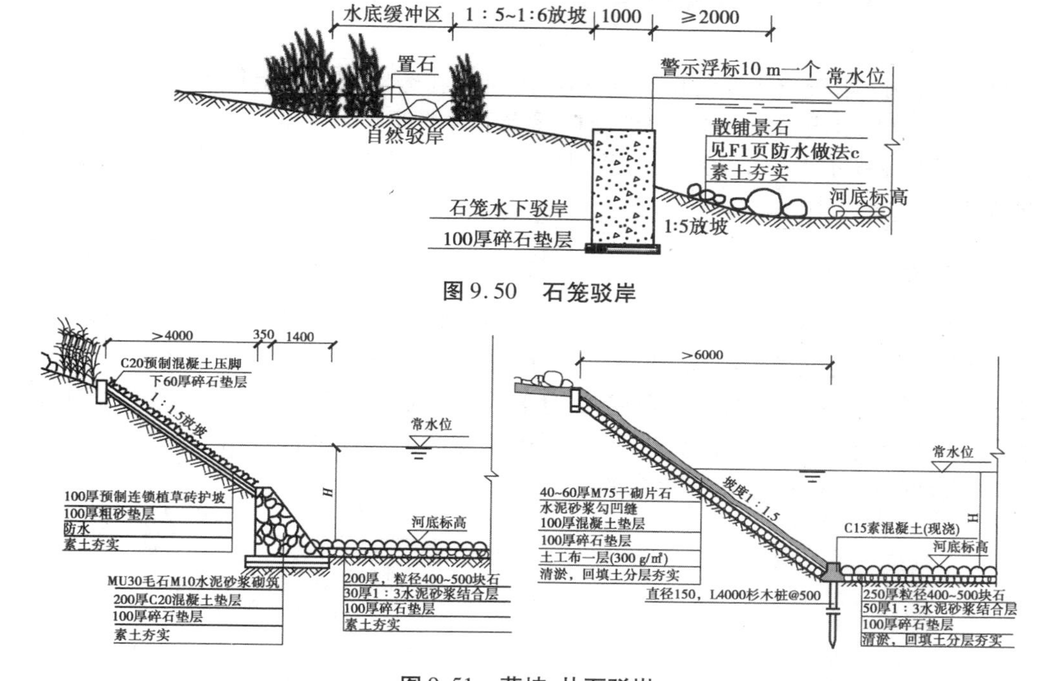


图9.50　石笼驳岸

图9.51　草坡、片石驳岸

### 9.3.3　人造溪流构造

人造溪流的形态应曲折变化,水面宽窄形成对比,可设置汀步、小桥、点石等小品。溪流布置最好选择有一定坡度的基址,依流势而设,池底坡度为1%~2.5%为宜,急流处5%左右,缓流处0.5%~1%。游人可涉入的溪流,水深应设计在300 mm以内,以防止儿童溺水,水底还应作防滑处理。用于儿童嬉水和游泳的溪流,应安装过滤装置(一般可将瀑布、溪流及水池的过滤装置集中设置)保证水质达标。

人工开设溪流的溪底溪壁宜采用钢筋混凝土结构,碎石垫层上铺上沙子(中砂或细沙),垫层25~50 mm,盖上防水材料,然后现浇混凝土(厚度100~150 mm),其上抹水泥砂浆约

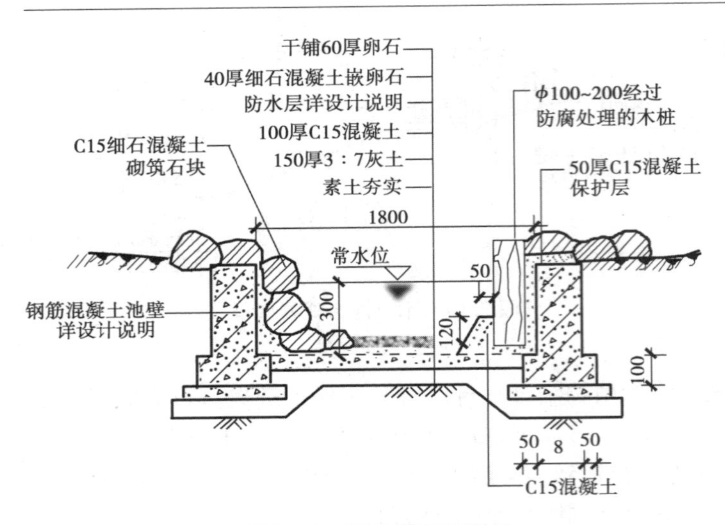


图 9.52　溪流剖面图举例

30 mm厚，再铺素水泥浆 20 mm厚，最后放入卵石。池底可选用大卵石、砾石、水洗砾石、瓷砖、石料等铺砌处理。水底应设计防水层以防渗漏，如图 9.52 所示。

人造溪流构造设计和绘制要点如下：

①平面图应表示：水源的源、尾，网格尺寸和定位尺寸，溪流的不同宽度，水的流向，剖切位置和详图索引等。

②剖面图应表示：溪流坡向、坡度、沟底、沟壁等的构造做法、不同高程的设计。

如果小溪较小、水较浅而且溪底土质良好，可直接在夯实的溪道上铺设一层 25 ~ 50 mm 厚的沙子，再将衬垫薄膜盖上，形成柔性结构溪水。衬垫薄膜纵向的塔接长度不得小于 300 mm，留于溪岸的宽度不得小于 200 mm，并用砖、石等重物压紧，最后用水泥砂浆把石块直接粘在衬垫薄膜上。

## 9.3.4　人造瀑布构造

人造瀑布系统一般由水源（上流）、动力设备、瀑布口（落水口）、瀑布支座（瀑身）、承水池潭、排水设施（下流）等几部分组成，如图 9.53 和图 9.54 所示。跌水和瀑布在设计上有较多相似之处，它们往往与假山和叠石组合成景，且设计时一般都需要与给排水工程师合作，特别是需要利用循环水系时。对于造型设计，有时还需要结构工程师负责结构部分的设计和绘图，而园林设计师负责构造部分的施工图。

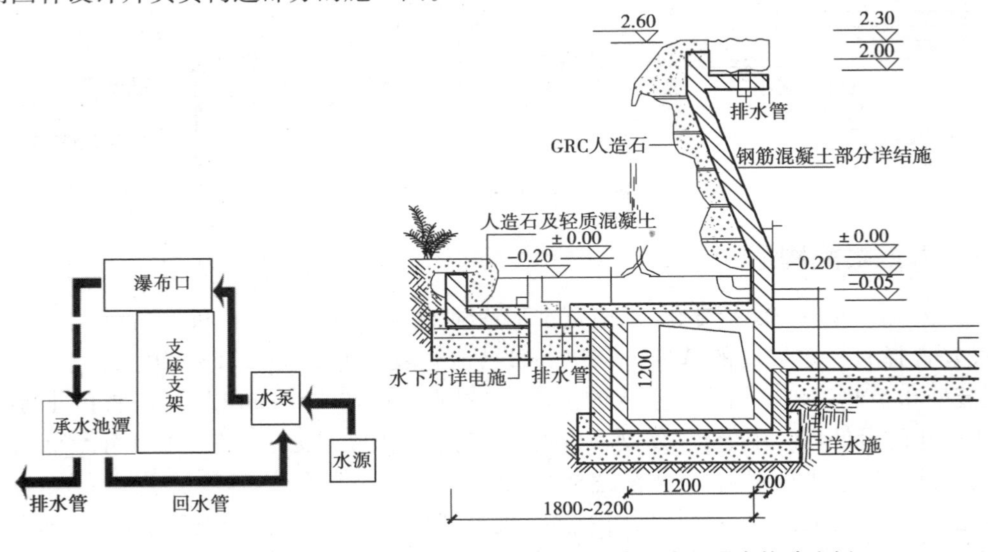


图 9.53　瀑布系统构成图　　图 9.54　常见人工瀑布构造实例

(1)人造瀑布和跌水的施工图设计和绘制要点

①平面图应表示:形状、细部尺寸、落水位置、落水形式、水循环系统示意、剖切位置和详图索引等。

②立面图应表示:形状、宽度、高度、水流界面细部纹样、落水细部、详图索引等。

③剖面图应表示:跌水高度、级差,水流界面构造、材料、做法、详图索引等。

(2)人造瀑布主要组成部分的设计要点

①水源:出水口的上端应设计一个缓冲水池。

②动力设备:水泵是提升水流到瀑布口的基本动力设备,由给排水工程师设计。

③瀑布口:直接决定瀑布出水形状。

④瀑布支座和瀑布口共同决定瀑身,瀑布支座形式最常见有假山(石山)、承重墙体、金属杆件支架等。

⑤承水池潭:同一般的水池设计。如设计为自然式水池,池边置分水石、回水石、溅山石,水深不小于1.2 m。如为规则式水池,可用浅池,水深为600 mm以上。瀑布的落差越大,池水应越深;落差越小,池水则可越浅。受水池的宽度不小于瀑身高度的2/3。

### 9.3.5　跌水构造

跌水是瀑布的变异,外形像楼梯,是指规则形态的落水景观,多与建筑、景墙、挡土墙等结合,构筑方法和瀑布基本一样。材质多为砖块、厚石板、混凝土。最常见的形式有两种:一种是每层分别设水槽,水经堰口溢出,其跌水形式较柔和;另一种每层不设水槽,水从台阶顶部层叠滚落而下,其形式较活泼。如施工图实例如图9.55、图9.56所示。

图9.55　跌水景观

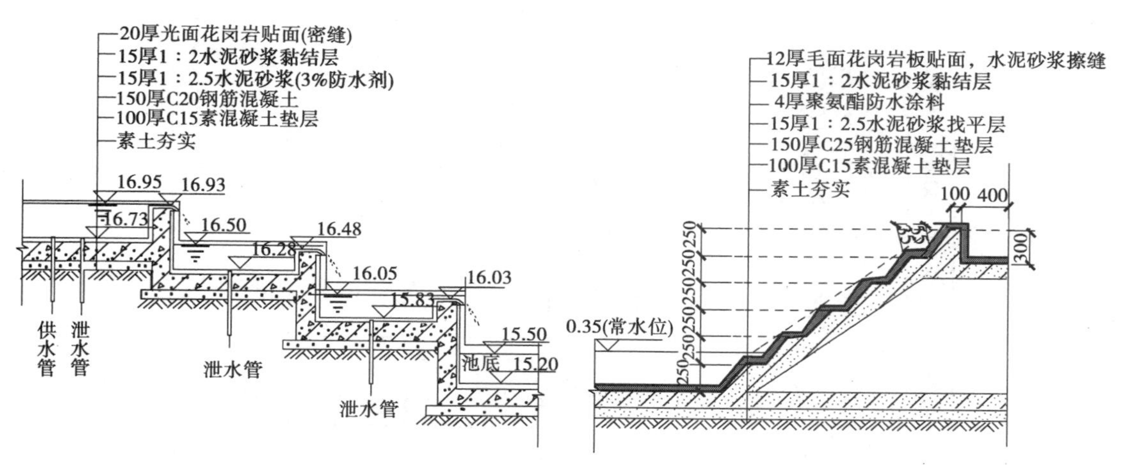


图9.56　常见人工跌水类型施工图实例

### 9.3.6 喷泉构造

喷泉系统一般由喷头、管道、水泵三部分组成。施工程序一般是先按照设计将喷泉池和地下水泵房修建起来,并在修建过程中结合着进行必要的给水排水主管道安装。水泵吸入池水并对水加压,然后管道将一定压力的水输送至喷头,由喷头喷出,根据喷头类型喷出不同形态的水流。而喷头的构造和造型决定喷泉的造型,有单射流喷头、喷雾喷头、环形喷头、回转型喷头、扇形喷头等,喷出形态见表9.2。

表9.2 喷泉形态

| 名称 | 喷泉水型 | 备注 | 名称 | 喷泉水型 | 备注 |
|---|---|---|---|---|---|
| 单射型 | 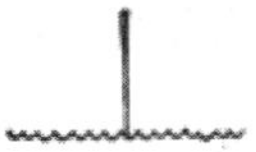 | 单独布置 | 水幕型 | 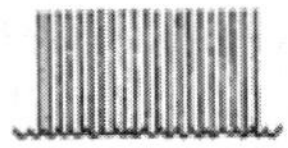 | 在直线上布置 |
| 拱顶型 |  | 在圆周上布置 | 向心型 |  | 在圆周上布置 |
| 圆柱型 |  | 在圆周上布置 | 编织型 | 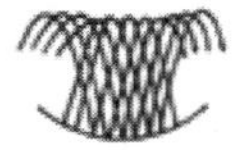 | 布置在圆周上向外编织 |
| 编织型 | 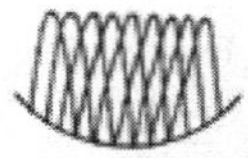 | 在圆周上向内编织 | 篱笆型 |  | 在直线或圆周上编成篱笆 |
| 屋顶型 |  | 布置在直线上 | 旋转型 | 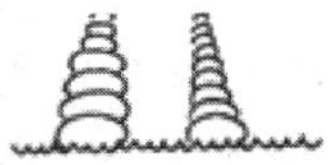 | 单独布置 |
| 圆弧型 |  | 布置在曲线上 | 吸力型 | 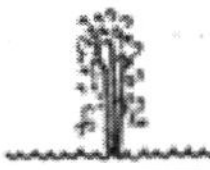 | 有吸水型吸气型吸水气型 |
| 喷雾型 | 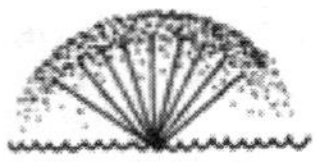 | 单独布置 | 洒水型 |  | 在曲线上布置 |
| 扇型 |  | 单独布置 | 孔雀型 |  | 单独布置 |
| 半球型 |  | 单独布置 | 牵牛花型 |  | 单独布置 |
| 多层花型 | 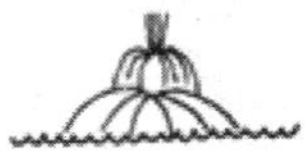 | 单独布置 | 蒲公英型 |  | 单独布置 |

水池的进水口、溢水口、泵坑等要设置在池内较隐蔽的地方,较小喷泉不需要设置水泵,如图9.57所示。水池形状、大小根据环境和设计需要定位,泵坑位置、穿管的位置宜靠近电源、水源。水池大小应考虑喷高,一般水池半径最大为喷高的1~1.3倍,平均池宽为喷高的3

倍。池底、池壁防水层的材料,宜选用防水效果较好的卷材,如三元乙丙防水布、氯化聚乙烯防水卷材等。在冬季冰冻地区,各种池底、池壁的作法都要求考虑冬季排水出池,因此,水池的排水设施一定要便于人工控制。池体应尽量采用硬性混凝土,并严格控制砂石中的含泥量,以保证施工质量,防止漏透,较大水池的变形缝间距一般不宜大于200 mm。水池设变形缝应从池底、池壁一直沿整体断开。变形缝止水带要选用成品,采用埋入式塑料或橡胶止水带。施工中浇注防水混凝土时,要控制水灰比在0.6以内。施工中必须加强对变形缝、施工缝、预埋件、坑槽等薄弱部位的施工管理,以保证防水层的整体性和连续性。特别是在卷材的连接和止水带的配置等处,施工中所有预埋件和外露金属材料,必须进行防腐防锈处理。

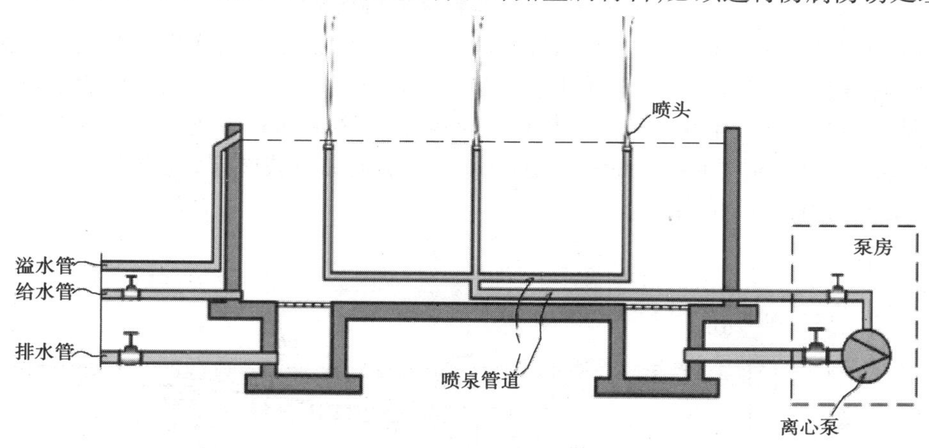


(a)离心泵喷泉

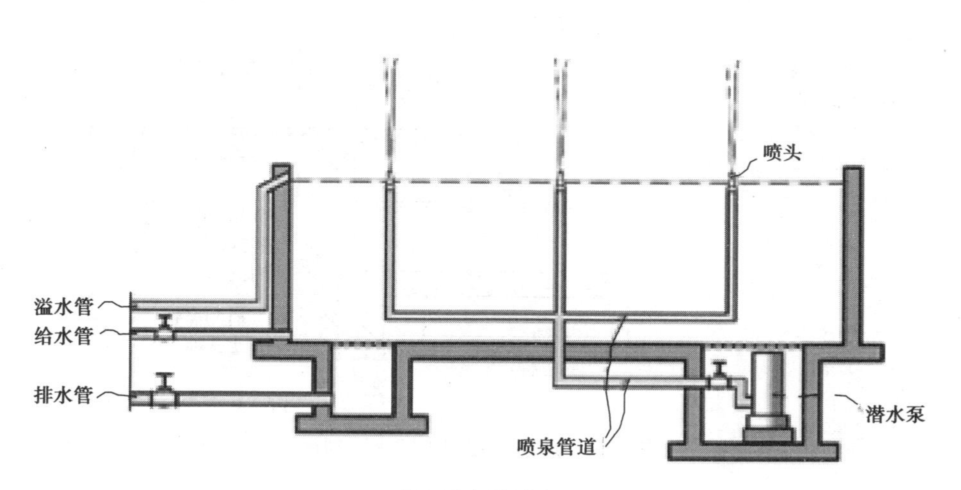


(b)潜水泵喷泉

图9.57 水泵工作原理

## 9.3.7 水生植物种植池构造

种植池是种植水生植物的人工构筑物,基本的方式可分为水面配置、浅水配置和深水配置,常组合应用这3种方式,形成较为自然的水景。图9.58为水生植物种植池剖面示图,其中(a)图为水生植物种植槽,用以种植潜水生植物如慈姑、水葱等;(b)图为深水植物种植池,

(c)图为中间种植浅水性水生植物,余下部分种植深水性水生植物。

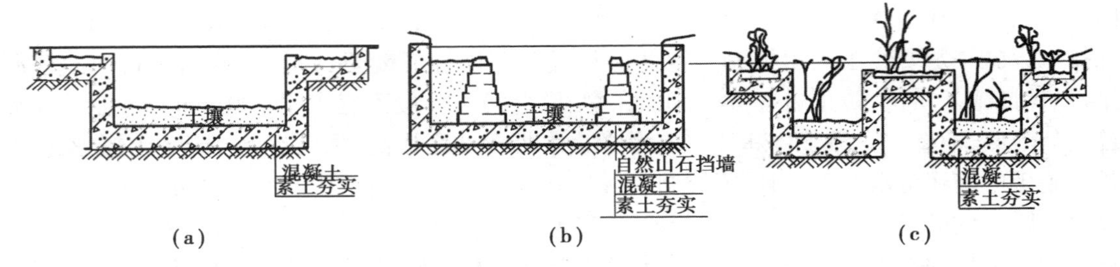


图9.58　水生植物种植池剖面图

在园林施工时,种植水生植物有两种不同的技术途径:一是在池底砌筑栽植槽,铺上至少150 mm厚的培养土,将水生植物植入土中;二是将水生植物种在容器中,再将容器沉入水中。此方法因移动方便,比较常用。容器选用口径至少450～600 mm,深度至少为380～450 mm。如广州流花湖公园水池剖面(图9.59),池底采用混凝土和石块垫层,池壁防水砂浆铺面,顶端多用混凝土压顶,卵石贴面。

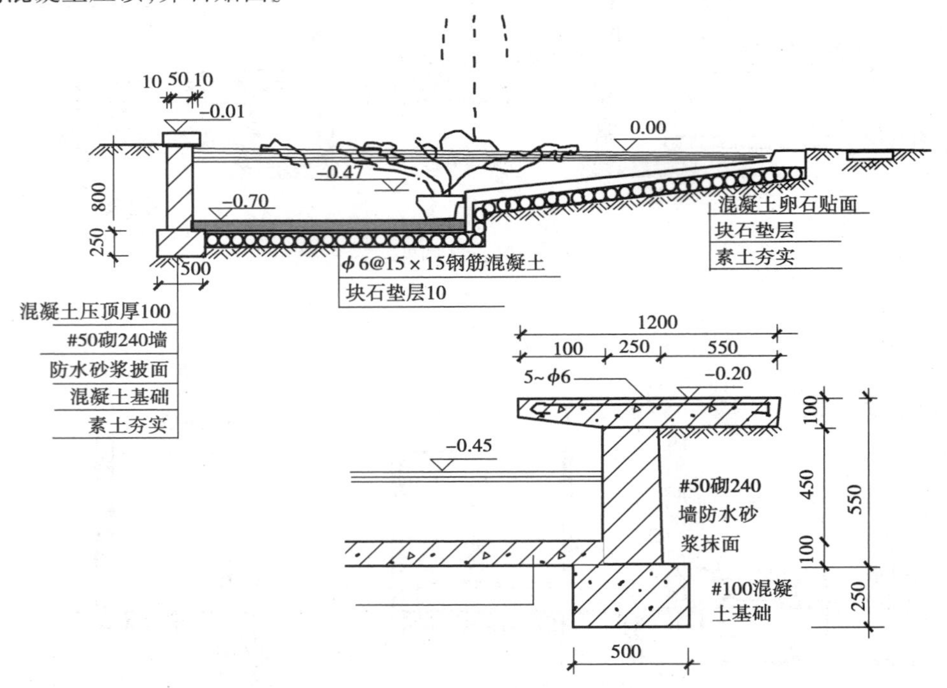


图9.59　广州流花湖公园水池剖面

## 9.3.8　排水沟构造

园林排水主要是收集雨水和少量污水。园林地形起伏多变,有利于地面雨水的排除,且园林中的大量植物可以吸收部分雨水,有利于就近排入水体。同时,还需要考虑旱季植物对水的需要,注意保水、滞水设计。所以,园林设计的排水形式多样,包括地表、沟渠、管道、道路等。

排水沟在于引水,将各种水源的水流,引排至桥涵或路基范围以外的指定地点。横断面形式一般采用矩形或梯形,尺寸大小应经过水力水文计算选定(图9.60)。

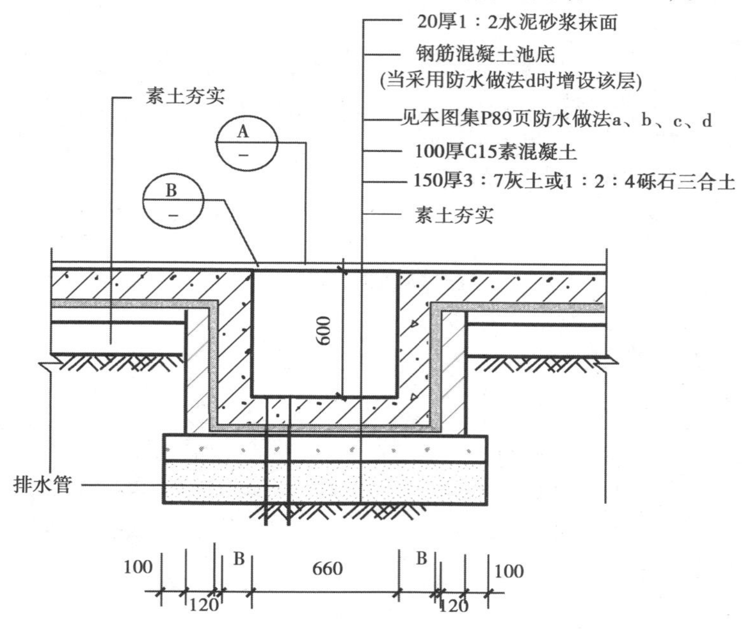


图9.60 排水沟构造

在地面上用于排放雨水的排水沟(又称边沟),其形式多种多样:铺设道路上的L型边沟、步车道分界牙砖铺筑的街渠、铺设在停车场内园路上的碟形边沟以及铺设在用地分点、入口等场所的L型边沟(U型沟)、还有缝型边沟和与路面融为一体的加装饰的边沟等,如图9.61所示。

图9.61 地面排水沟样式

使用L型边沟,在路宽6 m以下的道路,应采用250型钢筋混凝土L型边沟,对宽6 m以上的道路,应在双侧使用300型或350型的钢筋混凝L型边沟。U型沟则常选用240型或300型成品。用于车道路面上的U型边沟,其沟箅结构应考虑能够通行车辆荷载,而且最好选择可用螺栓固定不产生噪声的沟箅。步行道、广场上的U型沟沟箅,应选择细格栅类,以免行人的鞋跟陷入其中。在建筑的入口处,一般不采用L型边沟排水,而是以缝形边沟、集水坑等设施排水,以免破坏入口处的景观。其构造大样参照图9.62。

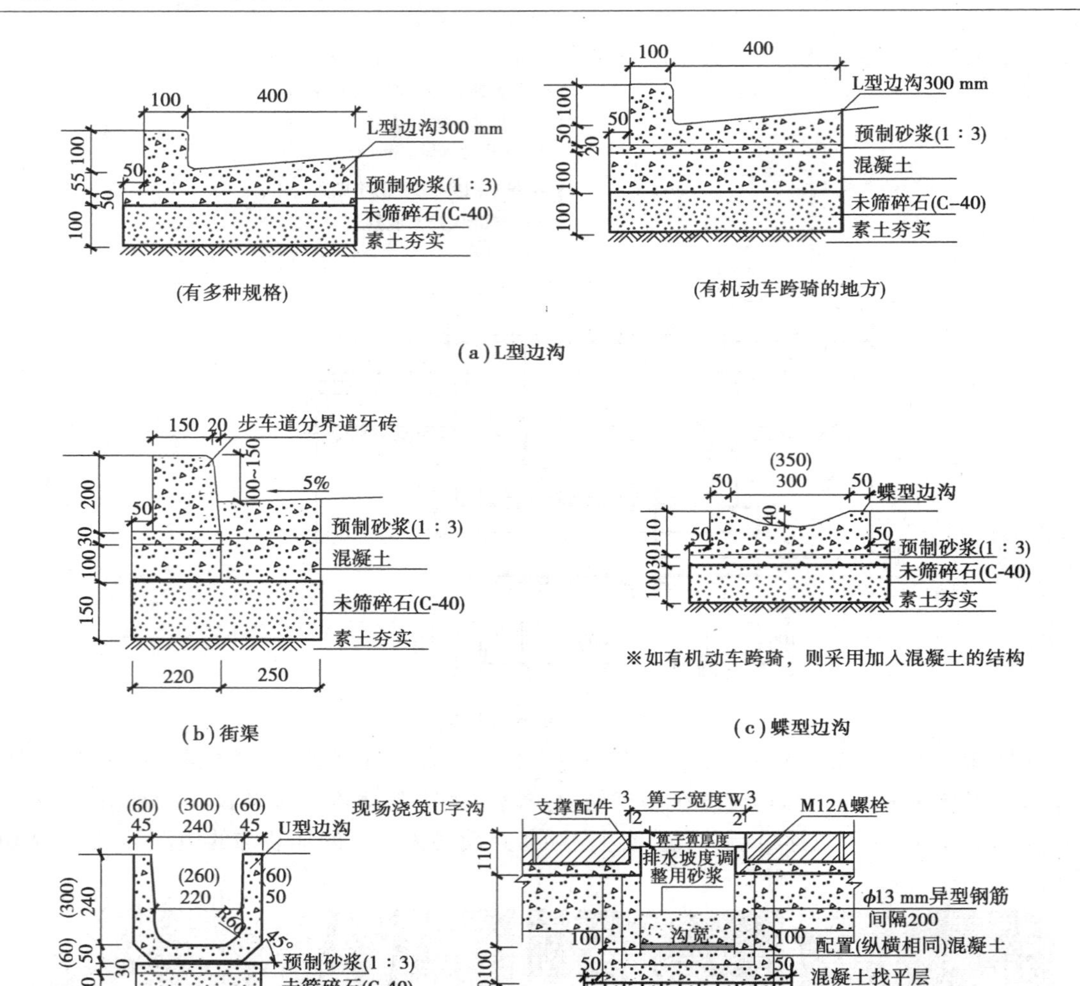


图 9.62　地面排水沟构造

# 思考题

1. 一般道路路面结构是什么？高级道路路面结构是什么？
2. 常见路面铺装类型为哪几类？
3. 汀步的定义是什么？
4. 水景工程设计是指什么？

# 附录
# 园林景观工程材料与构造设计实训

### 园林景观工程材料与构造实训任务书

## 一、实训目的

实训是《园林景观工程材料与构造》课程实践性教学的重要环节，是每个学习景观工程技术的学生必须经历的专业技能训练。通过训练使得学生进一步巩固景观工程图的绘制表现能力，将课本的材料与构造理论知识在实践中得以运用，强化理解，提高学习工效。同时通过共同完成实训任务，锻炼学生团队合作的能力。

## 二、实训任务

学生以组为单位，每组6~7人。要求学生选择一处校园景观，合作完成校园景观材料与构造的测绘及调研工作，每组提交一份完整的图纸资料及相关的调研资料。每人至少独立绘制完成一张CAD（图幅：A2）图纸的工作量。

## 三、实训具体内容及进度参考

| 序号 | 工作内容 | 成　果 | 时间安排 |
|---|---|---|---|
| 1 | 制订实训工作计划，任务分解 | 实训工作计划一份（Word） | 0.5天 |

续表

| 序号 | 工作内容 | 成　果 | 时间安排 |
|---|---|---|---|
| 2 | 按照景观的构造组成,集体设计一张景观材料与构造调研表并填写。内容涉及景观整体情况及材料与详细构造(位置、形式、材料、尺寸、节点处理、面层装饰及备注说明等) | 调研表格一份 | 0.5 天 |
| 3 | 实施景观测绘 | 手绘草图实测 | 2 天 |
| 4 | 绘制景观的竣工图包括平面图(局部平面图)、立面图、剖面图、各部分节点详图 | 完整的景观测绘竣工图一份 | 2 天 |
| 5 | 整理实训成果,小组总结工作情况,分析原因找到经验教训。做出工作总结。打印成果 | 工作总结一份(Word) | 0.5 天 |
| 6 | 上交实训成果 | 全部成果 A4 纸打印 | 0.5 天 |

## 四、实训时间地点要求

实训时间:7 月 3 日至 7 月 9 日。

工作时间:上午 8:00—11:35,下午 2:30—6:05,实训地点:校园内自选(每组两台电脑)。

## 五、实训成果要求

(1)制订团队工作实施方案一份(Word 制,A4 纸打印)

实训项目经理(小组自选)主持,大家共同拟定工作方案,内容包括实训目的、实训调研测绘对象、调研团队、工作分工及责任人、工作步骤(有时间节点)、工作标准或实训成果等。

(2)整理景观各部分构成(使用 Excel、Word 制作表格,A4 纸打印)

结合本教材内容,对测绘景观进行构造调研,设计调研表,内容包括项目、部位、类型、材料、尺寸、构造层次、节点处理、面层装饰、连接方式、细部处理及备注说明和照片等。

(3)实训绘图成果(CAD 作图 A2 图幅,A4 纸打印,格式参照手绘图要求)

①绘制景观平面图,要求制作平面总图以及局部放大平面图。

②绘制立面图至少一幅。

③绘制剖面图至少一幅,要求要剖到地形等标高变化较大,构造相对复杂的部位。

④绘制详图。参照教材参考书绘制构造节点详图每组至少 3 个。

(4)实训工作总结一份(A4 打印)

在项目经理主持下,对实训整个过程进行总结。不少于少 1 500 字。其中每个成员自己总结部分不少于 150 字,总结自己工作中的成绩和不足,以及以后努力的方向。

(5)成果装订要求

工作计划、构造信息表、CAD 图及工作总结要装订在一起,每组要有封面设计,左侧面装订(CAD 图打印到 A4 纸,并提交电子版)。

## 六、实训用具

皮卷尺、钢卷尺、铅笔、橡皮、计算器、CAD、OFFICE 等软件、电脑。

## 七、实训成绩评定

根据交图时间，完成内容与质量、测绘期间的表现等综合评分，成绩分优、良、中、及格和不及格五个等级。图面表达必须符合制图标准，构造及尺寸符合规范，凡是严重不符合规范或三次点名不到，期间抄袭他人成果的，情节严重者，成绩记为不及格。

## 八、适用专业

本任务书适用于风景园林及其相关专业。

# 参考文献

[1] 赵岱. 园林工程材料应用[M]. 南京:江苏人民出版社,2011.
[2] 文益民. 园林建筑材料与构造[M]. 北京:机械工业出版社,2011.
[3] 索温斯基. 景观材料及其应用[M]. 孙兴文,译. 北京:电子工业出版社,2011.
[4] 高军林,李念国,杨胜敏. 建筑材料与检测[M]. 北京:中国电力出版社,2008.
[5] 彭军. 景观材料与构造[M]. 天津:天津大学出版社,2011.
[6] 武佩牛. 园林建筑材料与构造[M]. 北京:中国建筑工业出版社,2007.
[7] 易军,等. 园林硬质景观工程设计[M]. 北京:科学出版社,2010.
[8] 张丹,姜虹. 风景园林建筑结构与构造[M]. 北京:化学工业出版社,2016.
[9] 易军. 园林工程材料识别与应用[M]. 北京:机械工业出版社,2009.
[10] 杨维菊. 建筑构造设计:上册[M]. 北京:中国建筑工业出版社,2005.
[11] 田永复. 中国园林建筑构造设计[M]. 3 版. 北京:中国建筑工业出版社,2015.
[12] 孟兆桢,毛培琳,黄庆喜,等. 园林工程[M]. 北京:中国林业出版社,1996.
[13]《建筑设计资料集》编委会. 建筑设计资料集:第 8 集[M]. 2 版. 北京:中国建筑工业出版社,1996.
[14] 阿伦·布兰克. 园林景观构造及细部设计[M]. 罗福午,黎钟,译. 北京:中国建筑工业出版社,2002.
[15] 埃米莉·科尔. 世界建筑经典图鉴[M]. 陈镌,王方戟,译. 上海:上海人民美术出版社,2003.
[16] 尼古拉斯·T. 丹尼斯,凯尔·D. 布朗. 景观设计师便携手册[M]. 刘玉杰,吉庆萍,俞孔坚,译. 北京:中国建筑工业出版社,2002.
[17] 詹姆斯·埃里森. 园林水景[M]. 姜怡,姜欣,译. 大连:大连理工大学出版社,2002.

[18] 吴为廉. 景观与景园建筑工程规划设计:上册[M]. 北京:中国建筑工业出版社,2005.
[19] 吴为廉. 景观与景园建筑工程规划设计:下册[M]. 北京:中国建筑工业出版社,2005.
[20] 丰田幸夫. 风景建筑小品设计图集[M]. 黎雪梅,译. 北京:中国建筑工业出版社,1999.
[21] 凯瑟琳·迪伊. 景观建筑形式与纹理[M]. 周剑云,唐孝祥,侯雅娟,译. 杭州:浙江科学技术出版社,2004.
[22] 潘雷. 景观设计 CAD 图块资料集[M]. 北京:中国电力出版社,2005.
[23] 唐海燕,等. 民用建筑构造[M]. 重庆:重庆大学出版社,2016.
[24] 唐璐. 钢材的景观表现力分析研究[D]. 北京:北京林业大学,2013:14-17.